Vorträge
Reden
Erinnerungen

Springer-Verlag Berlin Heidelberg GmbH

Max Planck

Vorträge
Reden
Erinnerungen

Herausgegeben von Hans Roos
und Armin Hermann

Springer

Dr. Dr. Hans Roos
Professor Dr. Max Planck Nachlass
Brucknerstrasse 1
31141 Hildesheim

Professor Dr. Armin Hermann
Historisches Institut, K II 10a
Universität Stuttgart
70174 Stuttgart

Die vorliegende Ausgabe basiert zum Teil auf *Vorträge und Erinnerungen*
von Max Planck, 5. Auflage, © S. Hirzel, Stuttgart 1949

Die Deutsche Bibliothek – CIP-Einheitsaufnahme
Planck, Max: Vorträge, Reden, Erinnerungen / Max Planck. Hrsg.: Hans Roos ; Armin Hermann
Berlin ; Heidelberg ; New York ; Barcelona ; Hongkong ; London ; Mailand ; Paris ; Singapur ; Tokio :
ISBN 978-3-642-62520-6   ISBN 978-3-642-56594-6 (eBook)
DOI 10.1007/978-3-642-56594-6

ISBN 978-3-642-62520-6

http://www.springer.de

© Springer-Verlag Berlin Heidelberg 2001
Ursprünglich erschienen bei Springer-Verlag Berlin Heidelberg New York 2001
Softcover reprint of the hardcover 1st edition 2001

Satz und Umbruch: LE-TeX Jelonek, Schmidt & Vöckler GbR, Leipzig
Einbandgestaltung: Erich Kirchner, Heidelberg

Gedruckt auf säurefreiem Papier   SPIN: 10788684   56/3141/mf - 5 4 3 2 1 0

Vorwort

1922 erschien im Verlag von S. Hirzel in Leipzig „Gesammelte Reden und Aufsätze" von Max Planck mit dem Titel „Physikalische Rundblicke".

In einer neuen Auflage (1933) hielt Planck es für zweckmässig, von den früheren Schriften etwa die Hälfte wegzulassen und andere – nur die nach seiner Meinung wesentlichsten – mit aufzunehmen. Das neue Buch erschien mit dem Titel „Wege zur physikalischen Erkenntnis" „Reden und Vorträge".

Im Vorwort zur 4. Auflage (1944) heisst es u. a. „Das Buch erscheint in einer durch die Weltereignisse schwer erschütterten Zeit..."

Planck's Haus in Berlin-Grunewald war bei einem Fliegerangriff total zerstört worden. Er lebte zu dieser Zeit in Rogätz bei Magdeburg.

Die 5. Auflage – ergänzt u.a. durch „Sinn und Grenzen der exakten Wissenschaft", „Zur Geschichte der Auffindung des physikalischen Wirkungsquantums" und „Persönliche Erinnerungen" – erschien 1949 mit dem Titel „Vorträge und Erinnerungen". Bis 1979 sind als reprografische Nachdrucke dieser Auflage (wissenschaftliche Buchgesellschaft Darmstadt) zahlreiche weitere Auflagen erschienen. Das jetzt im Springer-Verlag erscheinende Buch „Vorträge, Reden, Erinnerungen" unterscheidet sich wesentlich von der 5. Auflage des Hirzel-Verlages. Es erscheint aus Anlass des 100jährigen Jubiläums: Max Planck hat am 14.12.1900 in der Sitzung der „Deutschen Physikalischen Gesellschaft" in Berlin das Resultat seiner Untersuchungen vorgetragen. Das war die Geburtsstunde der Quantentheorie.

Hildesheim,
April 2001   *Hans Roos*

Inhaltsverzeichnis

Faksimiles

Berlin, 6. Juli 1890.

Sehr verehrter Herr Collega!

Verzeihen Sie freundlichst, wenn
ich Ihre Zeit durch eine kurze
Frage in Anspruch nehme. — Ich habe
Ihre "Grundgleichungen der Elektrodynamik
für ruhende Körper" mit zu großem
Interesse u. nachhaltem Genuß
studirt, als daß ich nicht versuchen
sollte, ein Hinderniß hinwegzuräumen
das, wenn auch nur formell,
in seinen Folgen entweder
für mich oder für Sie lästig
werden könnte.

Brief von Max Planck an Heinrich Hertz

Princeton. 10. XI. 47.

Sehr geehrte Frau Planck!

Nun hat auch Ihr Mann seine Tage vollendet, nachdem er Grosses geschaffen und viel Bitteres erlebt hat. Es war eine schöne und fruchtbare Zeit, die ich in seiner Umgebung miterleben durfte. Sein Blick war auf die ewigen Dinge gerichtet, und er nahm doch thätigen Anteil an allem, was der menschlichen und zeitlichen Sphäre angehörte. Wie anders und besser stände es um die Menschenwelt, wenn mehr von seiner Eigenart unter den Führenden sein würden. So scheint es aber nicht sein zu können; die edlen Charaktere müssen zu jeder Zeit und allenthalben isoliert bleiben, ohne das Treiben äusserlich beeinflussen zu können.

Die Stunden, die ich in Ihrem Hause verbringen durfte, und die vielen Gespräche, welche ich unter vier Augen mit dem wunderbaren Manne führte, werden für den Rest des Lebens zu meinen schönsten und ungetrübten Erinnerungen gehören. Daran kann die Thatsache nichts ändern, dass uns ein tragisches Geschehen auseinander gerissen hat.

Mögen Sie in den Tagen der Einsamkeit Trost darin finden, dass Sie in das Leben des verehrten Mannes Sonne und Harmonie gebracht haben. Von ferne teile ich mit Ihnen den Schmerz des Abschiedes und grüsse Sie in alter Herzlichkeit.

Ihr
A. Einstein.

Kondolenzbrief von Albert Einstein an Marga Planck

4. Oktober 1947.

Liebe Frau Menzer!

Ein Großer ist von uns gegangen. Wir wissen nicht wohin. Das scheint immer noch viel selbstverständlicher als sonst. [...]

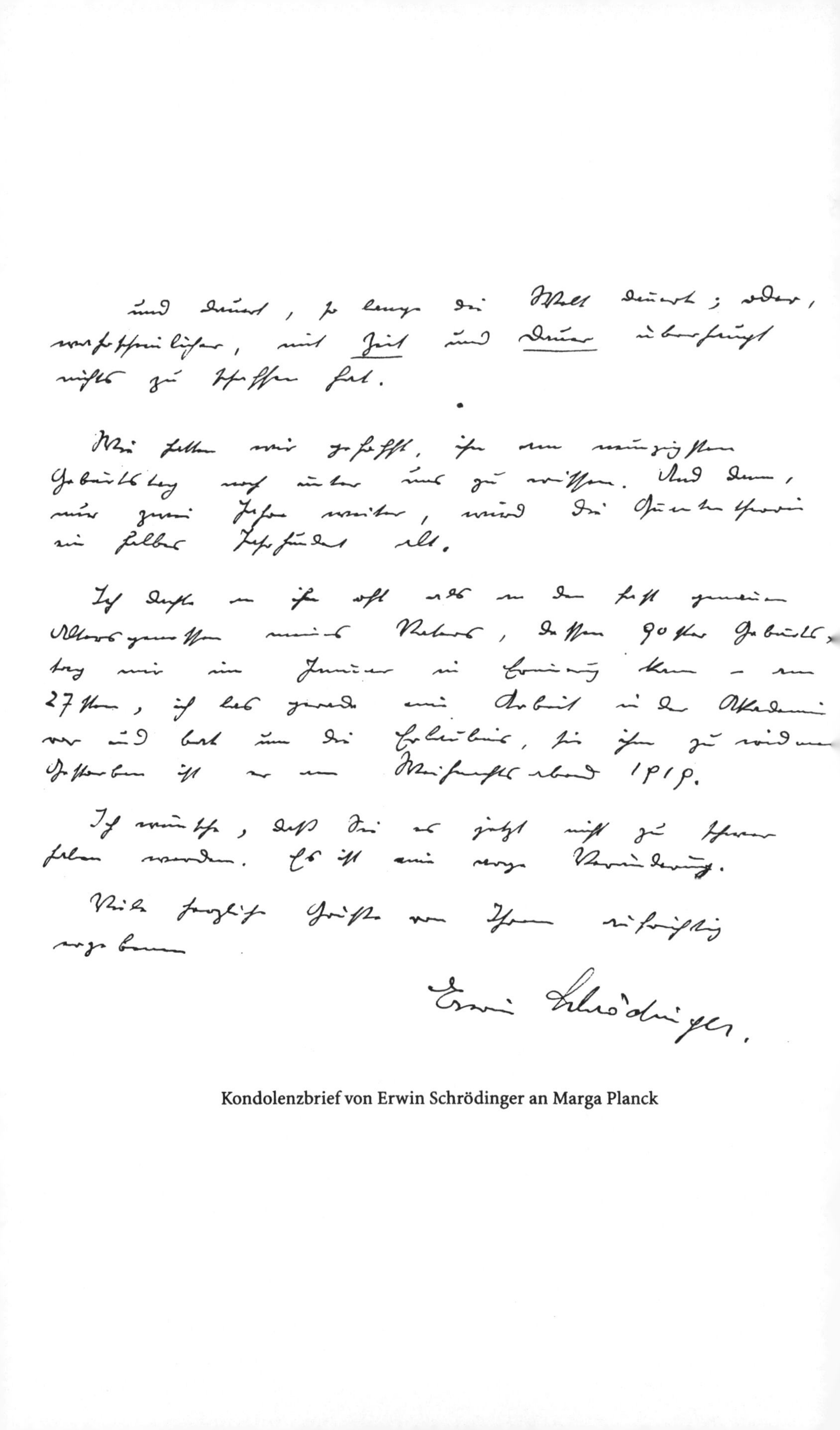

Kondolenzbrief von Erwin Schrödinger an Marga Planck

Geschichte der Physik, Erinnerungen

Zur Geschichte der Auffindung
des physikalischen Wirkungsquantums

Fassung letzter Hand

Da mit dem Auftreten des elementaren Wirkungsquantums eine neue Epoche in der physikalischen Wissenschaft anhebt, fühle ich gegenüber den Physikern einer späteren Generation das Bedürfnis und die Verpflichtung, den mehrfach verschlungenen Weg, auf dem ich zur Berechnung dieser universellen Konstanten gelangt bin, so wie es sich in meinem Gedächtnis spiegelt, in einer zusammenfassenden Darstellung nach bestem Wissen zu schildern.

I

Zu diesem Zweck muß ich zunächst etwas weiter, bis zu meinen Universitätsstudienjahren, zurückgreifen. Was mich in der Physik von jeher vor allem interessierte, waren die großen allgemeinen Gesetze, die für sämtliche Naturvorgänge Bedeutung besitzen, unabhängig von den Eigenschaften der an den Vorgängen beteiligten Körper. In dieser grundsätzlichen Einstellung hatte mich namentlich mein Mathematiklehrer H. Müller vom Maximiliansgymnasium in München erzogen. Daher fesselten mich im besonderen Maße die beiden Hauptsätze der Thermodynamik. Während aber der erste Hauptsatz, der Satz der Erhaltung der Energie, einen sehr einfachen und leicht faßlichen Sinn besitzt, und daher keinen Anlaß zu besonderen Erläuterungen darbietet, bedarf das richtige Verständnis des zweiten Hauptsatzes eines genauen Studiums. Ich lernte diesen Satz in meinem letzten Studienjahr (1878) durch die Lektüre der Schriften von R. Clausius kennen, die mich ohnedies durch die ausgezeichnete Klarheit und Überzeugungskraft der Sprache besonders angezogen[1]. Clausius leitete den Beweis seines zweiten Hauptsatzes aus der Hypothese ab, daß „die Wärme nicht von selbst aus einem kälteren in einen wärmeren Körper übergeht". Diese Hypothese bedarf einer besonderen Erläuterung. Denn mit ihr soll nicht nur ausgedrückt werden, daß die Wärme nicht direkt aus einem kälteren in einen wärmeren Körper übergeht, sondern auch, daß es auf keinerlei Weise möglich ist, Wärme aus einem kälteren Körper in

---

[1] R. Clausius, Die mechanische Wärmetheorie, 1876.

einen wärmeren Körper zu schaffen, etwa durch einen passend ersonnenen Kreisprozeß, ohne daß in der Natur irgendeine sonstige, als Kompensation dienende Veränderung eintritt, welche die Eigenschaft hat, daß sie nicht rückgängig werden kann, ohne eine andere bleibende Veränderung zurückzulassen. Nur wenn man diese weitgehende Behauptung der Hypothese zur Voraussetzung macht, ist es möglich, den allgemeinen Beweis des zweiten Hauptsatzes zu führen. Die vielfachen Angriffe, welche der Clausiussche Beweis erfahren hat, beruhen zum wesentlichen Teil auf einer Verkennung des vollständigen Inhalts seiner Hypothese.

In dem Bestreben, mir über diesen Punkt möglichst Klarheit zu schaffen, kam ich auf eine Formulierung der Hypothese, die mir einfacher und bequemer zu sein schien. Sie lautet: „Der Prozeß der Wärmeleitung läßt sich auf keinerlei Weise vollständig rückgängig machen." Damit ist dasselbe ausgedrückt wie durch die Clausiussche Fassung, ohne daß es einer besonderen Erläuterung bedarf. Man muß nur die Worte „auf keinerlei Weise" und „vollständig" gehörig beachten. Sie wollen besagen, daß man bei dem Versuch, den Prozeß rückgängig zu machen, ganz beliebige Hilfsmittel benutzen darf, mechanische, thermische, elektrische, chemische, nur mit der Bedingung, daß nach Beendigung des angewandten Verfahrens die benutzten Hilfsmittel sich wieder genau in dem nämlichen Zustand befinden wie am Anfang, als man sie in Benutzung nahm. Es soll eben überall in der ganzen Natur der Anfangszustand des Prozesses wiederhergestellt sein. Einen Prozeß, der sich auf keinerlei Weise vollständig rückgängig machen läßt, nannte ich „natürlich", heute heißt er „irreversibel".

Aber der Fehler, den man durch die allzu enge Interpretation des Clausiusschen Satzes begeht, und den ich mein ganzes Leben hindurch unermüdlich zu bekämpfen suchte, ist, wie es scheint, vorläufig immer noch nicht auszurotten. Denn bis auf den heutigen Tag begegne ich statt der obigen Definition der Irreversibilität der folgenden: „Irreversibel ist ein Prozeß, der nicht in umgekehrter Richtung verlaufen kann." Das ist nicht ausreichend. Denn von vornherein ist es sehr wohl denkbar, daß ein Prozeß, der nicht in umgekehrter Richtung verlaufen kann, auf irgendeine Weise, durch eine passend konstruierte Vorrichtung, sich vollständig rückgängig machen läßt. Auf diesen tieferen Sinn der Irreversibilität beruht es gerade, daß der zweite Hauptsatz nicht nur für die Wärmeerscheinungen, sondern für alle beliebigen Naturvorgänge Bedeutung besitzt.

Nach Maßgabe der vorstehenden Definition zerfallen sämtliche Vorgänge in der Natur in zwei Klassen: in reversible und irreversible Prozesse (ich sagte damals neutrale und natürliche Prozesse), je nachdem sie sich auf irgendeine Weise vollständig rückgängig machen lassen oder nicht. Daraus folgt, was nun das Wesentliche ist, daß die Entscheidung darüber, ob ein Naturvorgang irreversibel oder reversibel ist, nur von der Beschaffenheit des Anfangszustandes und des Endzustandes abhängt. Über die Art und über den Verlauf des Vorganges braucht man gar nichts zu wissen. Denn es kommt nur darauf an, ob man, vom Endzustand ausgehend, auf irgendeine Weise den Anfangszustand in der ganzen Natur wiederherstellen kann oder nicht. Im ersten Falle, dem der irreversiblen Prozesse, ist der Endzustand in einem gewissen Sinne vor dem Anfangszustand ausgezeichnet, die Natur besitzt sozusagen eine größere „Vorliebe" für ihn. Im zweiten Falle, dem der reversiblen Prozesse, sind die beiden Zustände gleichberechtigt. Als ein Maß für die Größe dieser Vorliebe ergab sich die Clausiussche Entropie, und als Sinn des zweiten Hauptsatzes das Gesetz, daß bei jedem Naturvorgang die Summe der Entropien aller an dem Vorgang beteiligten Körper zunimmt, im Grenzfall, für einen reversiblen Vorgang, unverändert bleibt. Die vorstehenden Ausführungen verarbeitete ich zu meiner Münchener Doktordissertation[2].

Der Eindruck dieser Schrift in der damaligen physikalischen Öffentlichkeit war gleich Null. Von meinen Universitätslehrern, dem Physiker Ph. v. Jolly und den Mathematikern L. Seidel und G. Bauer, denen ich die Grundlage meiner wissenschaftlichen Bildung verdanke, hatte, wie ich aus Gesprächen mit ihnen genau weiß, keiner ein Verständnis für ihren Inhalt. Sie ließen sie wohl nur deshalb als Dissertation passieren, weil sie mich von meinen sonstigen Arbeiten im physikalischen Praktikum und im mathematischen Seminar her kannten. Aber auch bei solchen Physikern, welche dem Thema an sich näher standen, fand ich kein Interesse, geschweige denn Beifall. Helmholtz hat die Schrift wohl überhaupt nicht gelesen, Kirchhoff lehnte ihren Inhalt ausdrücklich ab, mit der Bemerkung, daß der Begriff der Entropie, deren Größe nur durch einen reversiblen Prozeß meßbar und daher auch definierbar sei, nicht auf irreversible Prozesse angewendet werden dürfe. An Clausius gelang es mir nicht heranzukommen, er war in persönlicher Beziehung sehr zurückhaltend. Ein einmal unternommener Versuch, mich ihm in Bonn vorzustellen, führte zu keinem Ergebnis, weil ich ihn nicht zu Hause antraf. Mit C. Neumann in Leipzig hatte ich über das Thema eine Korrespondenz, die völlig resultatlos verlief.

Solche Erfahrungen hinderten mich jedoch nicht, tief durchdrungen von der Bedeutung dieser Aufgabe, das Studium der Entropie, die ich

---

[2]Über den zweiten Hauptsatz der mechanischen Wärmetheorie, München, Th. Ackermann, 1879.

neben der Energie als die wichtigste Eigenschaft eines physikalischen Gebildes betrachtete, weiter fortzusetzen. Da ihr Maximum das endgültige Gleichgewicht bezeichnet, so ergaben sich aus der Kenntnis der Entropie alle Gesetze des physikalischen und des chemischen Gleichgewichts. Dies führte ich in den folgenden Jahren in verschiedenen Arbeiten im einzelnen durch, zuerst für Aggregatzustandsänderungen, dann für Gasgemische und endlich für Lösungen. Überall zeigten sich fruchtbare Ergebnisse, so z. B. für die Dissoziationstheorie. Leider war mir aber darin, wie ich erst später entdeckte, der große amerikanische Theoretiker John Willard Gibbs zuvorgekommen, der die nämlichen Sätze, sogar teilweise in noch allgemeinerer Fassung, schon früher formuliert hatte[3], so daß mir auch auf diesem Gebiet keine besonderen Erfolge beschieden waren.

II

Dagegen stieß ich in dem Gebiet der strahlenden Wärme auf Neuland. Schon im Jahre 1860 hatte G. Kirchhoff den Satz kennen gelernt, daß in einem evakuierten, von total reflektierenden Wänden begrenzten Hohlraum, der ganz beliebige emittierende und absorbierende Körper enthält, sich mit der Zeit durch irreversible Vorgänge ein stationärer Strahlungszustand herausbildet, der von einer einzigen Variabeln, der allen Körpern gemeinsamen Temperatur T, abhängt. Es ist der nämliche Strahlungszustand, der in dem Vakuum herrscht, wenn die umgebenden Wände schwarz sind und die betreffende Temperatur besitzen. Ihm entspricht eine ganz bestimmte Verteilung der Strahlungsenergie auf die einzelnen Schwingungszahlen v des Spektrums. Diese sogenannte normale Energieverteilung wird also durch eine universelle, von keinerlei Material abhängige Funktion von T und v dargestellt, und da nach meiner Überzeugung ein Naturgesetz um so einfacher lautet, je umfassender es ist, so schien mir die Aufgabe besonders verlockend, nach dieser Funktion zu suchen.

Hierfür bot sich als direkter Weg die Benutzung der Maxwellschen elektro-magnetischen Lichttheorie, die sich einige Jahre vorher, dank der großen Hertzschen Entdeckung, den endgültigen Sieg errungen hatte. Ich dachte mir also den evakuierten Hohlraum erfüllt mit elektrisch schwingenden, Energie ausstrahlenden und absorbierenden Körpern und wählte, da es auf ihre Beschaffenheit nicht ankommt, solche von möglichst einfacher Natur aus, nämlich lineare Resonatoren oder Oszillatoren von be-

---

[3] J. W. Gibbs, Transactions of the Connecticut Academy 1873, 1876, 1878. Deutsche Übersetzung von W. Ostwald mit dem Titel Thermodynamische Studien, Leipzig, W. Engelmann, 1892.

stimmter Eigenfrequenz v und schwacher, nur durch Strahlung bewirkter Dämpfung. Meine Hoffnung ging dahin, daß für einen beliebig angenommenen Anfangszustand dieses Gebildes die Anwendung der Maxwellschen Theorie auf irreversible Strahlungsvorgänge führen würde, die in einen stationären Zustand, den des thermodynamischen Gleichgewichts, ausmünden mußten, in welchem die Hohlraumstrahlung die gesuchte normale, der Strahlung des schwarzen Körpers entsprechende Energieverteilung besitzt.

Demgemäß begann ich zunächst eine Untersuchung der Absorption und Emission elektrischer Wellen durch Resonanz[4]. Dabei war ich der Meinung, daß die Wechselwirkung zwischen einem durch eine elektrodynamische Welle erregten, Energie absorbierenden und emittierenden Oszillator und der ihn erregenden Welle einen irreversiblen Vorgang darstellt[5]. Diese Meinung, so allgemein ausgesprochen, ist aber irrig, worauf L. Boltzmann alsbald ausdrücklich hingewiesen hat[6]. Denn der ganze Vorgang kann ebensogut auch in gerade umgekehrter Richtung verlaufen. Man braucht nur in irgendeinem Zeitpunkt das Vorzeichen aller magnetischen Feldstärken, mit Beibehaltung der elektrischen Feldstärken, umzukehren. Dann saugt der Oszillator die in konzentrischen Kugelwellen emittierte Energie in ebensolchen Kugelwellen wieder ein und gibt die aus der erregenden Strahlung absorbierte Energie wieder von sich. Von Irreversibilität kann also bei einem derartigen Vorgang nicht die Rede sein.

Um daher in der Theorie der Wärmestrahlung auf dem eingeschlagenen Weg überhaupt weiterzukommen, ist die Einführung einer einschränkenden Bedingung notwendig, welche derartige singuläre, in der Natur wohl niemals stattfindende Vorgänge, wie konzentrische einwärts gerichtete Kugelwellen, und damit auch die Möglichkeit einer gleichzeitigen Umkehrung des Vorzeichens aller magnetischen Feldstärken von vornherein ausschließt. Diesen Schritt vollzog ich durch die Aufstellung der Hypothese der „natürlichen Strahlung"[7], deren Inhalt darauf hinausläuft, daß die einzelnen harmonischen Partialschwingungen, aus denen sich eine Wärmestrahlungswelle zusammensetzt, vollständig inkohärent sind. Auf der Grundlage dieser Hypothese entwickelte ich dann die Gesetze der Strahlungsvorgänge in einem von linearen Oszillatoren mit bestimmten Eigenfrequenzen und schwacher Dämpfung erfüllten evakuierten Hohlraum, zuerst für eine Hohlkugel, in deren Zentrum sich ein solcher Oszillator befindet, weil sich dann die Differentialgleichungen des Vorganges leicht

---

[4]Sitzungsber. Berl. Akad. Wiss. vom 21. 3. 95.
[5]Sitzungsber. Berl. Akad. Wiss. vom 4. 2. 97, S. 59.
[6]L. Boltzmann, Sitzungsber. Akad. Wiss. vom 17. 6. 97.
[7]Sitzungsber. Berl. Akad. Wiss. vom 7. 7. 98.

integrieren lassen, dann zusammenfassend für den allgemeinen Fall eines beliebigen Hohlraumes mit beliebig vielen Oszillatoren[8]. Als Resultat dieser Untersuchung ergab sich der Satz, daß die Wechselwirkungen eines Oszillators und der ihn erregenden Strahlung in der Tat stets einen irreversibeln Vorgang bilden, der im wesentlichen darin besteht, alle anfangs vorhandenen räumlichen und zeitlichen Schwankungen der Strahlungsintensität mit der Zeit auszugleichen. Wenn schließlich der stationäre Zustand eingetreten ist, so besitzt die Energie eines Oszillators von der Eigenfrequenz v und ganz beliebigem kleinem Dämpfungsdekrement den Wert[9]:

$$U = \frac{c^2}{v^2} \cdot K_v \, ,\qquad(1)$$

wo c die Lichtgeschwindigkeit und $K_v \cdot dv \cdot d\Omega \cdot dt$ die Energiemenge ist, welche ein linear polarisierter Strahl innerhalb des Spektralbezirks dv durch irgendein im durchstrahlten Hohlraum gelegenes Flächenelement $d\sigma$ senkrecht dazu innerhalb des Öffnungswinkels $d\Omega$ in der Zeit dt hindurchsendet. Das Wesentliche dieser Gleichung, welche mir unentbehrliche Dienste geleistet hat, besteht darin, daß nach ihr die Energie des mitschwingenden Oszillators nur von der Strahlungsintensität K_v und seiner Schwingungszahl v, nicht aber von seiner sonstigen Beschaffenheit abhängt.

Als Folge der Irreversibilität dieser Vorgänge läßt sich nun leicht eine Zustandsfunktion angeben, deren Wert mit der Zeit stets zunimmt, und die man daher als Entropie deuten kann. Die Entropie des ganzen betrachteten Gebildes setzt sich zusammen aus der Summe der Entropien aller Oszillatoren und der Entropie der Hohlraumstrahlung. Für die Entropie eines Oszillators setzte ich[10]:

$$S = -\frac{U}{av} \cdot \log \frac{U}{ebv} \, ,\qquad(2)$$

wo a und b zwei universelle Konstante sind und e, die Basis der natürlichen Logarithmen, nur aus Zweckmäßigkeitsrücksichten der Konstanten b als Faktor beigefügt ist, während der Ausdruck der Entropie der Hohlraumstrahlung sich ganz analog aus der Annahme ergab, daß jeder Strahl zugleich mit seiner Energie eine entsprechende Entropie mit sich führt, wodurch dann analog der räumlichen Energiedichte eine räumliche Entropiedichte bestimmbar wird.

---

[8]Sitzungsber. Berl. Akad. Wiss. vom 18. 5. 99.
[9]a. a. o. Gleichung (34).
[10]a. a. o. Gleichung (41).

Auf Grund dieser Festsetzungen konnte ich den Nachweis führen, daß die Entropie des Gesamtgebildes bei jedem beliebig gewählten Anfangszustand sowohl der Oszillatoren als auch der Hohlraumstrahlung mit der Zeit zunimmt – der stationäre Endzustand, der des thermodynamischen Gleichgewichts, in welchem die Entropie ihr Maximum erreicht, hängt in allen seinen Teilen von einem einzigen Parameter T ab, der gegeben ist durch die Beziehung:

$$\frac{\mathrm{d}S}{\mathrm{d}U} = \frac{1}{T},\qquad(3)$$

und der daher, thermodynamisch gesprochen, die absolute Temperatur bezeichnet. Substituiert man in dieser Gleichung den Wert von S aus (2) und berücksichtigt die Beziehung (1), so ergibt sich für die Strahlungsintensität der Schwingungszahl v:

$$K_v = \frac{bv^3}{c^2} \cdot \mathrm{e}^{-\frac{av}{T}}\qquad(4)$$

Dies ist das von W. Wien schon im Jahre 1896 aufgestellte Gesetz der normalen Energieverteilung, welches durch die damals (Mai 1899) vorliegenden Messungen im wesentlichen bestätigt wurde. Soweit schien alles in befriedigender Ordnung zu sein.

Aber schon bald darauf machte zuerst O. Lummer und E. Pringsheim, später auch F. Paschen, auf gewisse Abweichungen vom Wienschen Verteilungsgesetz aufmerksam, welche sie bei der Ausdehnung ihrer Versuche auf größere Wellenlängen gefunden hatten und welche im Laufe der beständig gesteigerten Genauigkeit der Messungen so deutlich wurden, daß an der allgemeinen Gültigkeit der Formel (4) ernstliche Zweifel aufsteigen mußten. Das veranlaßte mich, zu prüfen, ob nicht der Ausdruck (2) der Entropie eines Oszillators durch einen besseren ersetzt werden kann.

Bei der eingehenden Beschäftigung mit diesem Problem fügte es das Schicksal, daß ein früher von mir unliebsam empfundener äußerer Umstand: der Mangel an Interesse der Fachgenossen für die von mir eingeschlagene Forschungsrichtung, jetzt gerade umgekehrt meiner Arbeit als eine gewisse Erleichterung zugute kam. Damals hatte sich nämlich eine ganze Anzahl hervorragender Physiker sowohl von der experimentellen als auch von der theoretischen Seite her dem Problem der Energieverteilung im Normalspektrum zugewandt. Aber alle suchten nur in der Richtung, die Strahlungsintensität K_v als Funktion der Temperatur T darzustellen, während ich in der Abhängigkeit der Entropie S von der Energie U den tieferen Zusammenhang vermutete. Da die Bedeutung des Entropiebegriffs damals noch nicht die ihr zukommende Würdigung gefunden hatte, so kümmerte sich niemand um die von mir benutzte Methode, und ich konnte in aller Muße und Gründlichkeit meine Berechnungen anstellen, ohne von irgendeiner Seite eine Störung oder Überholung befürchten zu müssen.

Um nun einen tiefen Einblick in die Eigenschaften der Entropie zu gewinnen, berechnete ich zunächst ganz allgemein, ohne von der Beziehung (2) Gebrauch zu machen, die Entropieänderung, welche im ganzen eintritt, wenn ein in einem stationären Strahlungsfeld befindlicher Oszillator, dessen Energie um einen kleinen Betrag ΔU ihren dem Strahlungsfeld entsprechenden Wert U übersteigt, die Energie dU aus dem Strahlungfeld aufnimmt. Diese Entropieänderung ergab sich zu[11]:

$$\frac{3}{5} \cdot \frac{\mathrm{d}^2 S}{\mathrm{d}U^2} \cdot \Delta U \cdot \mathrm{d}U \; .$$

Da nun bei einer in der Natur wirklich eintretenden Veränderung dU und ΔJ jedenfalls entgegengesetzte Vorzeichen haben, und da dann nach dem zweiten Wärmesatz der vorstehende Ausdruck stets positiv ist, so folgt notwendig:

$$\frac{\mathrm{d}^2 S}{\mathrm{d}U^2} < 0 \; .$$

In der Tat liefert der Ausdruck (2) der Entropie, welcher zum Wienschen Verteilungsgesetz führt,

$$\frac{\mathrm{d}^2 S}{\mathrm{d}U^2} = -\frac{1}{avU} \tag{5}$$

Die auffallende Einfachheit dieser Beziehung legte mir den Gedanken nahe, sie durch eine passende anschauliche Überlegung direkt abzuleiten. Eine solche führte ich auch durch und gelangte auf diese Weise von einer anderen Seite her wieder zur Beziehung (2) und damit zum Wienschen Verteilungsgesetz. Ich sehe aber hier von der Wiedergabe ab, weil die Überlegung zwar einigermaßen plausibel, aber keineswegs zwingend ist. Daß sie in Wirklichkeit nicht zutrifft, ergibt sich aus der Tatsache, daß das Wiensche Verteilungsgesetz durch die Messungen nicht allgemein bestätigt wird. So waren meine Versuche, die Formel (2) zu verbessern, an einem toten Punkt angelangt, und ich stand im Begriff, sie endgültig aufzugeben.

Da trat ein Ereignis ein, welches in dieser Angelegenheit eine entscheidende Wendung bringen sollte. In der Sitzung der Deutschen Physikalischen Gesellschaft vom 19. Oktober 1900 teilte F. Kurlbaum die Resultate

---

[11] Ann. Physik I, 730 (1900).

der von ihm in Gemeinschaft mit H. Rubens für sehr große Wellenlängen
ausgeführten Energiemessungen mit, aus denen unter anderem hervor-
ging, daß mit steigender Temperatur die Strahlungsintensität des schwarzen Körpers immer angenäherter proportional der Temperatur T wird, im
krassen Gegensatz zum Wienschen Verteilungsgesetz (4), nach welchem die
Strahlungsintensität stets endlich bleiben mußte. Da mir dieses Ergebnis
schon einige Tage vor der Sitzung durch mündliche Mitteilung von seiten
der Autoren bekannt geworden war, so hatte ich Zeit, noch vor der Sitzung
die Folgerungen daraus auf meine Weise zu ziehen und zur Berechnung der
Entropie eines mitschwingenden Oszillators zu verwerten. Wenn für hohe
Temperaturen T die Strahlungsintensität K_v, proportional der Temperatur
wird, so ist nach (1) auch die Energie des Oszillators ihr proportional, also:

$$U = C \cdot T \, ,$$

und daraus nach (3) durch Integration:

$$S = C \cdot \log U \, .$$

Folglich:

$$\frac{\mathrm{d}^2 S}{\mathrm{d} U^2} = -\frac{C}{U^2} \, . \tag{6}$$

Diese Beziehung tritt also für große Werte von U an die Stelle der für kleine
Werte von U gültigen Beziehung (5). Sucht man nun nach einer allgemeinen
Beziehung, welche die beiden genannten (5) und (6) als Grenzfälle enthält,
so bietet sich als die einfachste die folgende dar:

$$\frac{\mathrm{d}^2 S}{\mathrm{d} U^2} = -\frac{1}{avU + \dfrac{U^2}{C}}$$

und durch Integration:

$$\frac{\mathrm{d}S}{\mathrm{d}U} = \frac{1}{T} = \frac{1}{av} \cdot \log\left(1 + \frac{a'v}{U}\right) \, , \tag{7}$$

wobei zur Abkürzung die Konstante $aC = a'$ gesetzt ist.

Dies ist, wenn man für U nach (1) wieder K_v einführt, die Formel für
das Energieverteilungsgesetz, welche ich, auf Wellenlänge umgerechnet,
in der genannten Sitzung der Deutschen Physikalischen Gesellschaft[12] im

---

[12] Sitzungsber. Deutsche Phys. Ges. 2, 202 (1900).

Laufe der sich an den Kurlbaumschen Vortrag anschließenden lebhaften Diskussion vorlegte und zur Prüfung empfahl.

Am Morgen des nächsten Tages suchte mich der Kollege Rubens auf und erzählte, daß er nach dem Schluß der Sitzung noch in der nämlichen Nacht meine Formel mit seinen Messungsdaten genau verglichen und überall eine befriedigende Übereinstimmung gefunden habe. Auch Lummer und Pringsheim, die anfänglich Abweichungen festgestellt zu haben glaubten[13], zogen bald darauf ihren Widerspruch zurück, da, wie mir Pringsheim mündlich mitteilte, sich herausstellte, daß die gefundenen Abweichungen durch einen Rechenfehler verursacht waren. Durch spätere Messungen wurde dann die Formel (7) wiederholt bestätigt, um so genauer, je feiner die experimentellen Methoden arbeiteten[14].

III

So durfte die Frage nach dem Gesetz der spektralen Energieverteilung in der Strahlung des schwarzen Körpers als endgültig erledigt betrachtet werden. Aber nun blieb das theoretisch wichtigste Problem zurück: eine sachgemäße Begründung dieses Gesetzes zu geben, und das war eine ungleich schwierigere Aufgabe; denn es handelte sich dabei um eine theoretische Ableitung des Ausdrucks der Entropie eines Oszillators, wie er sich aus (7) durch Integration ergibt. Er läßt sich in folgender Form schreiben:

$$S = \frac{a'}{a} \left[\left(\frac{U}{a'v} + 1 \right) \log \left(\frac{U}{a'v} + 1 \right) - \frac{U}{a'v} \log \frac{U}{a'v} \right]. \qquad (8)$$

Um diesem Ausdruck einen physikalischen Sinn geben zu können, waren ganz neue Betrachtungen über das Wesen der Entropie notwendig, die über das Gebiet der Elektrodynamik hinausführen.

Unter allen Physikern der damaligen Zeit war Ludwig Boltzmann derjenige, der den Sinn der Entropie am tiefsten erfaßt hatte. Er deutete die Entropie eines in einem bestimmten Zustand befindlichen physikalischen Gebildes als ein Maß für die Wahrscheinlichkeit dieses Zustandes, und erblickte den Inhalt des zweiten Hauptsatzes in dem Umstand, daß das Gebilde bei jeder in der Natur eintretenden Veränderung in einen wahrscheinlicheren Zustand übergeht. In der Tat war es ihm gelungen, in seiner kinetischen Gastheorie eine Zustandsfunktion H zu definieren[15], welche die

---

[13]M. v. Laue, Naturwiss. 29, 137 (1941).
[14]H. Rubens und G. Michel, Physik Z. 22, 569 (1921).
[15]L. Boltzmann, Vorlesungen über Gastheorie, l. Teil. Leipzig. J. A. Barth 1896, S. 33.

Eigenschaft besitzt, bei einer jeden in der Natur eintretenden Zustandsänderung an Größe abzunehmen, und die daher als die negativ genommene Entropie angesehen werden kann. Allerdings mußte er, um den Nachweis dieses berühmten H-Theorems führen zu können, zu der einschränkenden Hypothese greifen, daß der Zustand der Gasmoleküle „molekular ungeordnet" ist.

Ich selber hatte mich bis dahin um den Zusammenhang zwischen Entropie und Wahrscheinlichkeit nicht gekümmert, er hatte für mich deshalb nichts Verlockendes, weil jedes Wahrscheinlichkeitsgesetz auch Ausnahmen zuläßt, und weil ich damals dem zweiten Wärmesatz ausnahmslose Gültigkeit zuschrieb. Daß der Beweis der Irreversibilität der von mir betrachteten Strahlungsvorgänge auch nur unter der Voraussetzung der Hypothese der „natürlichen Strahlung" gelingen konnte, daß also eine solche einschränkende Hypothese in der Theorie der Strahlung ebenso notwendig ist und dort ganz die nämliche Rolle spielt, wie die der molekularen Unordnung in der Gastheorie, ist mit erst mit der Zeit vollkommen klar geworden.

Da sich mir aber nun kein anderer Ausweg öffnete, so versuchte ich es mit der Methode Boltzmann und setzte ganz allgemein für einen beliebigen Zustand eines beliebigen physikalischen Gebildes:

$$S = k \cdot \log W , \qquad (9)$$

wo W die gehörig berechnete Wahrscheinlichkeit des Zustandes bezeichnet.

Wenn diese Beziehung wirklich allgemeine Bedeutung besitzen soll, so muß, da die Entropie eine additive Größe, die Wahrscheinlichkeit aber eine multiplikative Größe ist, die Konstante k eine universelle, nur von den Maßeinheiten abhängige Zahl sein. Sie wird öfters verständlicherweise als die Boltzmannsche Konstante bezeichnet. Dazu ist allerdings zu bemerken, daß Boltzmann diese Konstante weder jemals eingeführt noch meines Wissens überhaupt daran gedacht hat, nach ihrem numerischen Wert zu fragen. Denn dann hätte er auf die Zahl der wirklichen Atome eingehen müssen – eine Aufgabe, die er aber ganz seinem Kollegen J. Loschmidt überließ, während er selber bei seinen Rechnungen stets die Möglichkeit im Auge behielt, daß die kinetische Gastheorie nur ein mechanisches Bild darstellt. Daher genügte es ihm, bei den gr. Atomen stehen zu bleiben. Der Buchstabe k hat sich erst ganz allmählich durchgesetzt. Noch mehrere Jahre nach seiner Einführung pflegte man statt dessen mit der Loschmidtschen Zahl L zu rechnen, welche die einem gr. Atom entsprechende Atomzahl ausdrückt.

Um nun die Beziehung (9) auf den vorliegenden Fall anzuwenden, dachte ich mir ein Gebilde, bestehend aus einer sehr großen Anzahl N

von gleichartigen Oszillatoren, und suchte die Wahrscheinlichkeit zu berechnen, daß dies Gebilde die vorgegebene Energie U_N besitzt. Da nun eine
Wahrscheinlichkeitsgröße nur durch Abzählung gefunden werden kann,
so war es vor allem notwendig, die Energie U_N als eine Summe von diskreten, einander gleichen Elementen ε anzusehen, deren Anzahl durch die
ebenfalls sehr große Zahl P bezeichnet sein möge. Also

$$U_N = N \cdot U = P \cdot \varepsilon \tag{10}$$

wobei U die mittlere Energie eines Oszillators bedeutet.

Dann bot sich als ein Maß der gesuchten Wahrscheinlichkeit W ohne
weiteres dar die Zahl der verschiedenen Arten wie die P Energieelemente
auf die (numeriert gedachten) N Oszillatoren verteilt werden können[16];
also

$$W = \frac{(P + N)!}{P!\, N!} \, . \tag{11}$$

Daraus nach (9) die Entropie des Oszillatorensystems:

$$S_N = N \cdot S = k \cdot \log \frac{(P + N)!}{P!\, N!}$$

und nach dem Stirlingschen Satz:

$$N \cdot S = k \left\{ (P + N) \log(P + N) - P \log P - N \log N \right\}$$

oder

$$S = k \left\{ \left(\frac{P}{N} + 1 \right) \log \left(\frac{P}{N} + 1 \right) - \frac{P}{N} \log \frac{P}{N} \right\} \, . \tag{12}$$

Die Ähnlichkeit der beiden Ausdrücke (8) und (12) springt in die Augen.
Es blieb also nur noch übrig, diejenigen Festsetzungen zu treffen, welche
nötig sind, um sie völlig identisch zu machen. Das geschieht, wenn man
setzt:

$$k = \frac{a'}{a} \quad \text{und} \quad \frac{P}{N} = \frac{U}{a'v} \, .$$

Daraus folgt nach (10) als Größe des Energieelements $\varepsilon = a'v$. Die
von der Natur der Oszillatoren unabhängige Konstante a' bezeichnete ich
mit h und nannte sie, da sie die Dimension eines Produktes von Energie und

---

[16] Sitzungsber. Dtsch. Physik. Ges. vom 14. 12. 1900, S. 240.

Zeit besitzt, das elementare Wirkungsquantum oder das Wirkungselement, im Gegensatz zum Energieelement $h\nu$. Mit den gemessenen Werten der Konstanten a und a' des Strahlungsgesetzes (7) ergaben sich die Werte von k und h:

$$k = 1{,}346 \cdot 10^{-16} \frac{\text{erg}}{\text{grad}} \,, \quad h = 6{,}55 \cdot 10^{-27} \text{ erg} \cdot \text{sec} \,.$$

Was nun die experimentelle Prüfung dieser Theorie anbelangt, so war eine solche damals zunächst nur in sehr beschränktem Maße möglich, weil hierfür nur die eine Konstante k zur Verfügung stand, deren Zahlenwert höchstens der Größenordnung nach einigermaßen bekannt war. Denn sie bedeutet nach Boltzmann[17] die sogenannte absolute Gaskonstante, aber nun nicht, wie dort, bezogen auf gr. Moleküle, also $R = 8{,}31 \cdot 10^7$ erg / grad, sondern bezogen auf die wirklichen Moleküle. Daher ist das Verhältnis $k / R = 1{,}62 \cdot 10^{-24}$ der Reduktionsfaktor, welcher die Masse einer gr. Molekel auf die Masse der wirklichen Molekel zurückführt, identisch mit dem reziproken Wert der Loschmidtschen Zahl L. Daraus berechnete ich auch den Wert des elektrischen Elementarquantums durch Multiplikation des Reduktionsfaktors mit der Ladung $2{,}895 \cdot 10^{14}$ (elektrostatisch) eines einwertigen gr. Ions zu $4{,}69 \cdot 10^{-10}$, während F. Richarz $1{,}29 \cdot 10^{-10}$, J. J. Thomsen $6{,}5 \cdot 10^{-10}$ gefunden hatte. Weitere Messungen des elektrischen Elementarquantums lagen damals nicht vor.

Mit diesem Ergebnis konnte ich also leidlich zufrieden sein. In der physikalischen Öffentlichkeit sah es freilich etwas anders aus. Die Berechnung des elektrischen Elementarquantums aus Wärmestrahlungsmessungen wurde sogar stellenweise nicht recht ernst genommen. Aber ich ließ mich durch solche Zweifel in dem Vertrauen auf meine Konstante k nicht irre machen. Völlige Sicherheit gewann ich allerdings erst, als mir bekannt wurde, daß E. Rutherford und H. Geiger durch Abzählen von α-Teilchen auf den Wert $4{,}65 \cdot 10^{-10}$ gekommen waren. Seitdem haben verfeinerte Messungsmethoden bekanntlich zu einer kleinen Erhöhung dieser Zahl geführt.

Viel aussichtsloser erschien die Aufgabe, den Zahlenwert der zweiten Konstanten, h, die zuerst völlig in der Luft hing, zu prüfen. Daher war es mir eine große Überraschung und Freude, als J. Franck und G. Hertz bei ihren Versuchen über die Erregung einer Spektrallinie durch Elektronenstöße eine Methode zu ihrer Messung fanden, wie man sie sich direkter nicht wünschen kann. Damit war auch der letzte Zweifel an der Realität des Wirkungsquantums verschwunden.

---

[17] L. Boltzmann, Sitzungsber. Wien. Akad. Wiss. (II) 76, 428 (1877).

Nun aber erhob sich das theoretisch allerschwierigste Problem, diesen sonderbaren Konstanten einen physikalischen Sinn beizulegen. Denn ihre Einführung bedeutete einen Bruch mit der klassischen Theorie, der viel radikaler war, als ich anfangs vermutet hatte. Zwar war das Wesen der Entropie als ein Maß der Wahrscheinlichkeit im Sinne Boltzmanns auch für die Strahlung endgültig festgestellt. Das zeigte sich besonders deutlich in einem Satz, von dessen Gültigkeit der mir am nächsten stehende meiner Schüler, Max v. Laue, mich in mehrfachen Gesprächen überzeugte, daß die Entropie zweier kohärenter Strahlenbündel kleiner ist als die Summe der Entropien der einzelnen Bündel, ganz entsprechend dem Satz, daß die Wahrscheinlichkeit des gleichzeitigen Eintreffens zweier von einander abhängiger Ereignisse verschieden ist von dem Produkt der Wahrscheinlichkeiten der einzelnen Ereignisse. Aber die Natur der Energieelemente $h\nu$ blieb ungeklärt. Durch mehrere Jahre hindurch machte ich immer wieder Versuche, das Wirkungsquantum irgendwie in das System der klassischen Physik einzubauen. Aber es ist mir das nicht gelungen. Vielmehr blieb die Ausgestaltung der Quantenphysik bekanntlich jüngeren Kräften vorbehalten, von denen ich hier, chronologisch geordnet, nur die Namen von A. Einstein, N. Bohr, M. Born, P. Jordan, W. Heisenberg, L. de Broglie, E. Schrödinger, P. A. M. Dirac nenne, während sich um den mathematischen Aufbau der Theorie unter den deutschen Physikern in erster Linie A. Sommerfeld, um die Förderung des physikalischen Verständnisses Cl. Schaefer verdient gemacht hat.

Die Entstehung und bisherige Entwicklung der Quantentheorie

Nobel-Vortrag, gehalten vor der Königlich Schwedischen Akademie der Wissenschaften zu Stockholm am 2. Juni 1920

Wenn ich den Sinn der mir am heutigen Tage obliegenden Verpflichtung, einen auf meine Schriften bezugnehmenden öffentlichen Vortrag zu halten, richtig verstehe, so glaube ich dieser Aufgabe, deren Bedeutung mir durch die Dankesschuld gegen den hochherzigen Gründer unserer Stiftung tief eingeprägt wird, nicht besser entsprechen zu können, als indem ich den Versuch mache, Ihnen die Geschichte der Entstehung der Quantentheorie in großen Zügen zu schildern und daran anknüpfend in knappem Rahmen ein Bild von der bisherigen Entwicklung dieser Theorie und ihrer gegenwärtigen Bedeutung für die Physik zu entwerfen.

Blicke ich zurück auf die nun schon zwanzig Jahre zurückliegende Zeit, da sich der Begriff und die Größe des physikalischen Wirkungsquantums zum erstenmal aus dem Kreise der vorliegenden Erfahrungstatsachen herauszuschälen begann, und auf den langen, vielfach verschlungenen Weg, der schließlich zu seiner Enthüllung führte, so will mir heute diese ganze Entwicklung bisweilen vorkommen als eine neue Illustration zu dem altbewährten Goetheschen Wort, daß der Mensch irrt, solange er strebt. Und es möchte die ganze angestrengte Geistesarbeit eines emsig Forschenden im Grunde genommen vergeblich und hoffnungslos erscheinen, wenn er nicht manchmal durch auffallende Tatsachen den unumstößlichen Beweis dafür in die Hand bekäme, daß er am Ende aller seiner Kreuz- und Querfahrten schließlich doch der Wahrheit wenigstens um einen Schritt wirklich endgültig nähergekommen ist. Unumgängliche Voraussetzung, wenn auch noch lange nicht die Gewähr für einen Erfolg ist freilich die Verfolgung eines bestimmten Zieles, dessen Leuchtkraft auch durch anfängliche Mißerfolge nicht getrübt wird.

Für mich war ein solches Ziel seit langem die Lösung der Frage nach der Energieverteilung im Normalspektrum der strahlenden Wärme. Seitdem Gustav Kirchhoff gezeigt hatte, daß die Beschaffenheit der Wärmestrahlung, die sich in einem von beliebigen emittierenden und absorbierenden, gleichmäßig temperierten Körpern begrenzten Hohlraum ausbildet, völlig unabhängig ist von der Natur der Körper (l)[1], war die Existenz einer universellen Funktion erwiesen, die nur von der Temperatur und der Wellenlänge, aber von keinerlei besonderen Eigenschaften irgendeiner Substanz abhängt, und die Auffindung dieser merkwürdigen Funktion versprach tiefere Einblicke in den Zusammenhang zwischen Energie und Temperatur, welche ja das erste Problem der Thermodynamik und dadurch auch der ganzen Molekularphysik bildet. Um zu ihr zu gelangen, bot sich kein anderer Weg als der, unter allen verschiedenartigen in der Natur vorkommenden Körpern sich irgendeinen von bekanntem Emissions- und Absorptionsvermögen auszusuchen und die Beschaffenheit der mit ihm im stationären Energieaustausch stehenden Wärmestrahlung zu berechnen. Diese mußte sich dann nach dem Kirchhoffschen Satz als unabhängig von der Beschaffenheit des Körpers ergeben.

Als ein für diesen Zweck besonders geeigneter Körper erschien mir der geradlinige Oszillator von Heinrich Hertz, dessen Emissionsgesetze, bei gegebener Schwingungszahl, Hertz kurz zuvor vollständig entwickelt hatte (2). Wenn in einem rings von spiegelnden Wänden umgebenen Hohlraum sich eine Anzahl solcher Hertzscher Oszillatoren befindet, so werden sie durch Abgabe und Aufnahme elektromagnetischer Wellen, nach Analogie akustischer Tongeber und Resonatoren, miteinander Energie austauschen, und schließlich müßte sich in dem Hohlraum die stationäre, dem Kirchhoffschen Gesetz entsprechende sogenannte schwarze Strahlung einstellen. Ich gab mich damals der uns allerdings heutzutage etwas naiv anmutenden Erwartung hin, die Gesetze der klassischen Elektrodynamik würden, wenn man nur allgemein genug vorginge und sich von zu speziellen Hypothesen fernhielte, hinreichen, um das Wesentliche des zu erwartenden Vorgangs zu erfassen und dadurch zum angestrebten Ziele zu gelangen. Daher entwickelte ich zunächst die Gesetze der Emission und Absorption eines linearen Resonators auf möglichst allgemeiner Grundlage, tatsächlich auf einem Umwege, den ich mir durch Benutzung der damals im Grunde schon fertig vorliegenden Elektronentheorie von H. A. Lorentz hätte ersparen können. Aber da ich der Elektronenhypothese noch nicht ganz traute, so zog ich es vor, die Energie zu betrachten, die durch eine in angemessenem Abstand von dem Resonator um ihn herumgelegte Kugelfläche aus- und einströmt. Dabei kommen nur Vorgänge im reinen Vakuum in Betracht, deren Kenntnis aber genügt, um die nötigen Schlüsse auf die Energieänderungen des Resonators zu ziehen.

---

[1]Die eingeklammerten Zahlen beziehen sich auf die Anmerkungen am Schluß des Aufsatzes.

Die Frucht dieser längeren Reihe von Untersuchungen, von denen einzelne durch Vergleiche mit vorliegenden Beobachtungen, namentlich den Dämpfungsmessungen von V. Bjerknes, geprüft werden konnten und sich dabei bewährten (3), war die Aufstellung der allgemeinen Beziehung zwischen der Energie eines Resonators von bestimmter Eigenperiode und der Energiestrahlung des entsprechenden Spektralgebiets im umgebenden Felde beim stationären Energieaustausch (4). Es ergab sich dabei das bemerkenswerte Resultat, daß diese Beziehung gar nicht abhängt von der Natur des Resonators, insbesondere auch nicht von seiner Dämpfungskonstante – ein Umstand, der mir deshalb sehr erfreulich und willkommen war, weil sich dadurch das ganze Problem insofern vereinfachen ließ, als statt der Energie der Strahlung die Energie des Resonators gesetzt werden konnte, und dadurch an die Stelle eines verwickelten, aus vielen Freiheitsgraden zusammengesetzten Systems ein einfaches System von einem einzigen Freiheitsgrad trat.

Freilich bedeutet dies Ergebnis nicht mehr als einen vorbereitenden Schritt für die Inangriffnahme des eigentlichen Problems, das nun in seiner ganzen unheimlichen Höhe sich desto steiler auftürmte. Der erste Versuch zu einer Bewältigung mißlang; denn meine ursprüngliche stille Hoffnung, die von dem Resonator emittierte Strahlung werde sich in irgendeiner charakteristischen Weise von der absorbierten Strahlung unterscheiden und dadurch zu einer Differentialgleichung Anlaß geben, durch deren Integration man zu einer besonderen Bedingung für die Beschaffenheit der stationären Strahlung gelangen könne, erwies sich als trügerisch. Der Resonator reagierte nur auf diejenigen Strahlen, die er auch emittierte, und zeigte sich nicht im mindesten empfindlich gegen benachbarte Spektralgebiete.

Zudem rief meine Unterstellung, der Resonator vermöge eine einseitige, also irreversible Wirkung auf die Energie des umgebenden Strahlungsfeldes auszuüben, den energischen Widerspruch Ludwig Boltzmanns hervor (5), der mit seiner reiferen Erfahrung in diesen Fragen den Nachweis führte, daß nach den Gesetzen der klassischen Dynamik jeder der von mir betrachteten Vorgänge auch in genau entgegengesetzter Richtung verlaufen kann, derart, daß eine einmal vom Resonator emittierte Kugelwelle umgekehrt von außen nach innen fortschreitend in stetig sich verkleinernden konzentrischen Kugelflächen bis auf den Resonator zusammenschrumpft, von ihm wieder absorbiert wird und ihn dadurch andererseits veranlaßt, die vormals absorbierte Energie nach derjenigen Richtung, von der sie gekommen, wieder in den Raum hinauszusenden; und wenn ich auch derartige singuläre Vorgänge, wie einwärts gerichtete Kugelwellen, durch die Einführung einer besonderen einschränkenden Festsetzung, der Hypothese der natürlichen Strahlung, ausschließen konnte, so zeigte sich bei allen diesen Analysen doch immer deutlicher, daß zur vollständigen Erfassung des Kernpunkts der ganzen Frage noch ein wesentliches Bindeglied fehlen müsse.

So blieb mir nichts übrig, als das Problem einmal von der entgegengesetzten Seite in Angriff zu nehmen, von der Thermodynamik her, auf deren Boden ich mich ohnehin von Hause aus sicherer fühlte. In der Tat kamen mir hier meine früheren Studien über den zweiten Hauptsatz der Wärmetheorie dadurch zugute, daß ich gleich von vornherein darauf verfiel, nicht die Temperatur, sondern die Entropie des Resonators mit seiner Energie in Beziehung zu bringen, und zwar nicht die Entropie selber, sondern ihren zweiten Differentialkoeffizienten nach der Energie, weil dieser eine direkte physikalische Bedeutung für die Irreversibilität des Energieaustausches zwischen Resonator und Strahlung besitzt. Da ich indessen in jener Zeit noch zu sehr phänomenologisch orientiert war, um näher nach dem Zusammenhang zwischen Entropie und Wahrscheinlichkeit zu fragen, so sah ich mich zunächst allein auf die vorliegenden Ergebnisse der Erfahrung angewiesen. Nun stand damals, im Jahre 1899, im Vordergrund des Interesses das kurz zuvor von W. Wien aufgestellte Energieverteilungsgesetz (6), dessen experimentelle Prüfung einerseits von F. Paschen an der Hochschule in Hannover, andererseits von O. Lummer und E. Pringsheim an der Reichsanstalt in Charlottenburg in Angriff genommen war. Dieses Gesetz stellt die Abhängigkeit der Strahlungsintensität von der Temperatur vermittels einer Exponentialfunktion dar. Berechnet man den dadurch bedingten Zusammenhang zwischen der Entropie und der Energie eines Resonators, so ergibt sich das merkwürdige Resultat, daß der reziproke Wert des obengenannten Differentialkoeffizienten, den ich hier einmal mit R bezeichnen will, proportional ist der Energie (7). Diese überaus einfache Beziehung kann als der vollständig adäquate Ausdruck des Wienschen Energieverteilungsgesetzes gelten; denn mit der Abhängigkeit von der Energie ist auch die von der Wellenlänge stets unmittelbar mitgegeben durch das allgemein sichergestellte Wiensche Verschiebungsgesetz (8).

Da es sich bei dem ganzen Problem um ein universelles Naturgesetz handelt und da ich damals, wie noch heute, von der Ansicht durchdrungen war, daß ein Naturgesetz um so einfacher lautet, je allgemeiner es ist, wobei allerdings die Frage, welche Formulierung als die einfachere zu betrachten ist, nicht immer zweifelsfrei und endgültig entschieden werden kann, so glaubte ich eine Zeitlang in dem Satz, daß die Größe R der Energie proportional ist, das Fundament des ganzen Energieverteilungsgesetzes erblicken zu sollen (9). Diese Auffassung erwies sich aber bald den Ergebnissen neuerer Messungen gegenüber als unhaltbar. Während sich nämlich für kleine Werte der Energie bzw. für kurze Wellen das Wiensche Gesetz auch in der Folge ausgezeichnet bestätigte, stellten für längere Wellen zuerst O. Lummer und E. Pringsheim merkliche Abweichungen fest (10), und vollends die von H. Rubens und F. Kurlbaum mit den ultraroten Reststrahlen von Flußspat und Steinsalz ausgeführten Messungen (11) offenbarten ein total verschiedenartiges, aber ebenfalls unter Umständen wieder höchst einfaches Verhalten, welches sich dahin charakterisieren läßt, daß die Größe R nicht der Energie, sondern dem Quadrat der Energie proportional ist, und zwar mit um so größerer Genauigkeit, zu je größeren Energien und Wellenlängen man übergeht (12).

So waren nun durch direkte Erfahrung für die Funktion R zwei einfache Grenzen festgelegt: für kleinere Energien Proportionalität mit der Energie, für große Energien Proportionalität mit dem Quadrat der Energie. Nichts lag daher näher, als für den allgemeinen Fall die Größe R gleichzusetzen der Summe eines Gliedes mit der ersten Potenz und eines Gliedes mit der zweiten Potenz der Energie, so daß für kleine Energien das erste, für große Energien das zweite Glied ausschlaggebend wird, und damit war die neue Strahlungsformel gefunden (13), welche bis jetzt ihren experimentellen Prüfungen gegenüber ziemlich befriedigend standgehalten hat. Von einer endgültigen genauen Bestätigung durch die Erfahrung darf freilich auch heute noch nicht gesprochen werden, vielmehr wäre eine erneute Prüfung dringend erwünscht (14).

Aber selbst wenn die Strahlungsformel sich als absolut genau bewähren sollte, so würde sie, lediglich in der Bedeutung einer glücklich erratenen Interpolationsformel, doch nur einen recht beschränkten Wert besitzen. Daher war ich von dem Tage ihrer Aufstellung an mit der Aufgabe beschäftigt, ihr einen wirklichen physikalischen Sinn zu verschaffen, und diese Frage führte mich von selbst zu der Betrachtung des Zusammenhangs zwischen Entropie und Wahrscheinlichkeit, also auf Boltzmannsche Ideengänge; bis sich nach einigen Wochen der angespanntesten Arbeit meines Lebens das Dunkel lichtete und eine neue ungeahnte Fernsicht aufzudämmern begann.

Es sei mir hier eine kleine Einschaltung gestattet. Die Entropie ist nach Boltzmann ein Maß für die physikalische Wahrscheinlichkeit, und das Wesen des zweiten Hauptsatzes der Wärmetheorie besteht darin, daß in der Natur ein Zustand um so häufiger vorkommt, je wahrscheinlicher er ist. Nun mißt man unmittelbar immer nur Differenzen von Entropien, niemals die Entropie selber, und insofern kann man gar nicht ohne eine gewisse Willkür von der absoluten Entropie eines Zustandes reden. Aber dennoch empfiehlt sich die Einführung der passend definierten absoluten Größe der

Entropie, und zwar aus dem Grunde, weil mit ihrer Hilfe gewisse allgemeine Sätze sich besonders einfach formulieren lassen. Es geht hier, soviel ich sehe, ganz ebenso wie bei der Energie. Auch die Energie ist nicht selber meßbar, sondern nur ihre Differenzen. Daher rechnete man früher nicht mit der Energie, sondern mit der Arbeit, und noch Ernst Mach, der sich vielfach mit dem Satz der Erhaltung der Energie beschäftigt hat, der aber allen über das Gebiet der Beobachtung hinausgehenden Spekulationen grundsätzlich aus dem Wege ging, hat es stets vermieden, von der Energie selber zu sprechen. Ebenso blieb man in der Thermochemie anfänglich immer bei den Wärmetönungen, also bei Energiedifferenzen, stehen, bis namentlich Wilhelm Ostwald mit Nachdruck darauf hinwies, daß manche umständliche Überlegung sich wesentlich abkürzen läßt, wenn man statt mit den kalorimetrischen Zahlen mit den Energien selber rechnet. Die in dem Ausdruck der Energie dann zunächst noch unbestimmt bleibende additive Konstante ist später durch den relativistischen Satz von der Proportionalität zwischen Energie und Trägheit endgültig festgelegt worden (15).

Ähnlich wie für die Energie kann man nun auch für die Entropie und infolgedessen auch für die physikalische Wahrscheinlichkeit einen absoluten Wert definieren, indem man die additive Konstante etwa dadurch festlegt, daß mit der Energie (besser noch mit der Temperatur) zugleich auch die Entropie verschwindet. Auf Grund einer derartigen Betrachtungsweise ergab sich für die Berechnung der physikalischen Wahrscheinlichkeit einer bestimmten Energieverteilung in einem System von Resonatoren ein bestimmtes verhältnismäßig einfaches kombinatorisches Verfahren, welches genau zu dem durch das Strahlungsgesetz bedingten Entropieausdruck führt (16), und es gewährte mir eine besonders wertvolle Genugtuung für manche durchgemachte Enttäuschung, daß Ludwig Boltzmann in dem Briefe, mit dem er die Zusendung meines Aufsatzes beantwortete, sein Interesse und sein grundsätzliches Einverständnis mit dem von mir eingeschlagenen Gedankengang zu erkennen gab.

Zur numerischen Durchführung der angedeuteten Wahrscheinlichkeitsbetrachtung bedarf es der Kenntnis zweier universeller Konstanten, deren jede eine selbständige physikalische Bedeutung besitzt und deren nachträgliche Berechnung aus dem Strahlungsgesetz daher eine Prüfung der Frage ermöglicht, ob das ganze Verfahren nur als ein rechnerischer Kunstgriff zu bewerten ist oder ob ihm ein wirklicher physikalischer Sinn innewohnt. Die erste Konstante ist mehr formaler Natur, sie hängt zusammen mit der Definition der Temperatur. Würde man die Temperatur definieren als die mittlere kinetische Energie eines Moleküls in einem idealen Gase, also eine winzig kleine Größe, so würde diese Konstante den Wert $^2/_3$ besitzen (17).

Im konventionellen Temperaturmaß dagegen nimmt die Konstante einen äußerst kleinen Wert an, welcher naturgemäß in engem Zusammenhang steht mit der Energie eines einzigen Moleküls und dessen genaue Kenntnis daher zu einer Berechnung der Masse eines Moleküls und der damit zusammenhängenden Größen führt. Häufig wird diese Konstante auch als Boltzmannsche Konstante bezeichnet, obwohl Boltzmann selber sie meines Wissens niemals eingeführt hat – ein eigentümlicher Umstand, der wohl dadurch zu erklären ist, daß Boltzmann, wie aus gelegentlichen Äußerungen von ihm hervorzugehen scheint (18), gar nicht an die Ausführbarkeit einer genauen Messung der Konstante dachte. Nichts kann den geradezu stürmischen Fortschritt, den die Kunst des Experimentierens in den letzten zwanzig Jahren gemacht hat, besser illustrieren als die Tatsache, daß seitdem nicht nur eine, sondern eine ganze Anzahl Methoden entdeckt wurde, um die Masse eines einzelnen Moleküls mit fast derselben Genauigkeit zu messen wie die eines Planeten.

Während zu der Zeit, als ich die entsprechende Berechnung aus dem Strahlungsgesetz ausführte, eine exakte Prüfung der gewonnenen Zahl überhaupt nicht möglich war und nicht viel mehr übrigblieb als die Feststellung der Zulässigkeit ihrer Größenordnung, gelang es bald darauf E. Rutherford und H. Geiger (19), mittels direkter Zählung der α-Teilchen den Wert der elektrischen Elementarladung zu $4{,}65 \cdot 10^{-10}$ elektrostatische Einheiten zu bestimmen, dessen Übereinstimmung mit der von mir berechneten Zahl $4{,}69 \cdot 10^{-10}$ als eine entscheidende Bestätigung für die Brauchbarkeit meiner Theorie angesehen werden durfte. Seitdem haben weiter ausgebildete Methoden von E. Regener, R. A. Millikan u.a. (20) zu einer kleinen Erhöhung dieses Wertes geführt.

Sehr viel unbequemer als die der ersten war die Deutung der zweiten universellen Konstanten des Strahlungsgesetzes, welche ich, weil sie das Produkt einer Energie und einer Zeit vorstellt, nach der ersten Berechnung $6{,}55 \cdot 10^{-27}$ erg $\cdot$ sec, als elementares Wirkungsquantum bezeichnete. Während sie für die Gewinnung des richtigen Ausdrucks für die Entropie durchaus unentbehrlich war – denn nur mit ihrer Hilfe ließ sich die Größe der für die angestellte Wahrscheinlichkeitsbetrachtung maßgebenden „Elementargebiete" oder „Spielräume" der Wahrscheinlichkeit festlegen (21) –, erwies sie sich gegenüber allen Versuchen, sie in irgendeiner angemessenen Form dem Rahmen der klassischen Theorie einzupassen, als sperrig und widerspenstig. Solange man sie als unendlich klein betrachten durfte, also bei großen Energien oder langen Zeitperioden, war alles in schönster Ordnung; im allgemeinen Falle jedoch klaffte an irgendeiner Stelle ein Riß, der um so auffallender wurde, zu je schwächeren und schnelleren

Schwingungen man überging. Das Scheitern aller Versuche, die entstandene Kluft zu überbrücken, ließ bald keinen Zweifel mehr übrig: entweder war das Wirkungsquantum nur eine fiktive Größe; dann war die ganze Deduktion des Strahlungsgesetzes prinzipiell illusorisch und stellte weiter nichts vor als eine inhaltsleere Formelspielerei, oder aber der Ableitung des Strahlungsgesetzes lag ein wirklich physikalischer Gedanke zugrunde; dann mußte das Wirkungsquantum in der Physik eine fundamentale Rolle spielen, dann kündigte sich mit ihm etwas ganz Neues, bis dahin Unerhörtes an, das berufen schien, unser physikalisches Denken, welches seit der Begründung der Infinitesimalrechnung durch Leibniz und Newton sich auf der Annahme der Stetigkeit aller ursächlichen Zusammenhänge aufbaut, von Grund aus umzugestalten.

Die Erfahrung hat für die zweite Alternative entschieden. Daß aber die Entscheidung so bald und so zweifellos fallen konnte, das verdankt die Wissenschaft nicht der Prüfung des Energieverteilungsgesetzes der Wärmestrahlung, noch weniger der von mir gegebenen speziellen Ableitung dieses Gesetzes, sondern das verdankt sie den rastlos vorwärtsdrängenden Arbeiten derjenigen Forscher, welche das Wirkungsquantum in den Dienst ihrer Untersuchungen gezogen haben.

Den ersten Vorstoß auf diesem Gebiete machte A. Einstein, welcher einerseits darauf hinwies, daß die Einführung der durch das Wirkungsquantum bedingten Energiequanten geeignet erscheint, um für eine Reihe von bemerkenswerten bei Lichtwirkungen gemachten Beobachtungen, wie die Stokessche Regel, die Elektronenemission, die Gasionisierung, eine einfache Erklärung zu gewinnen (22), andererseits durch die Identifizierung des Ausdrucks für die Energie eines Systems von Resonatoren mit der Energie eines festen Körpers eine Formel für die spezifische Wärme fester Körper ableitete, die den Gang der spezifischen Wärme, insbesondere ihre Abnahme bei sinkender Temperatur, im ganzen richtig wiedergibt (23). Damit war nach verschiedenen Richtungen hin eine Anzahl von Fragen aufgeworfen, deren genauere vielseitige Durcharbeitung im Laufe der Zeit zahlreiches wertvolles Material zutage förderte. Es kann hier meine Aufgabe nicht sein, einen auch nur annähernd vollständigen Bericht von der Fülle der hier geschaffenen Leistungen zu erstatten; lediglich darum kann es sich handeln, die wichtigsten charakteristischen Etappen auf dem Wege der fortschreitenden Erkenntnis hervorzuheben.

Zunächst für thermische und chemische Vorgänge. Was die spezifische Wärme fester Körper betrifft, so wurde die Einsteinsche Betrachtung, die auf der Annahme einer einzigen Eigenschwingung der Atome beruht, von M. Born und Th. von Kármán erweitert auf den der Wirklichkeit besser angepaßten Fall verschiedenartiger Eigenschwingungen (24), und P. Debye gelang es durch eine kühne Vereinfachung der Voraussetzungen über den Charakter der Eigenschwingungen, eine verhältnismäßig einfache Formel für die spezifische Wärme fester Körper aufzustellen (25), welche besonders für tiefe Temperaturen nicht nur die von W. Nernst und seinen Schülern gemessenen Werte ausgezeichnet wiedergibt, sondern auch mit den elastischen und optischen Eigenschaften der Körper gut verträglich ist. Aber auch bei der spezifischen Wärme von Gasen machen sich die Wirkungsquanten bemerklich. Schon W. Nernst hatte frühzeitig darauf hingewiesen (26), daß dem Energiequantum einer Schwingung auch ein Energiequantum einer Rotation entsprechen muß, und demgemäß war zu erwarten, daß auch die Rotationsenergie der Gasmoleküle bei sinkender Temperatur verschwindet. Die Messungen von A. Eucken über die spezifische Wärme von Wasserstoff ergaben die Bestätigung dieses Schlusses (27), und wenn die Rechnungen von A. Einstein und O. Stern, P. Ehrenfest u.a. bisher keine genau befriedigende Übereinstimmung ergaben, so liegt das verständlicherweise an unserer noch unvollständigen Kenntnis von dem Modell eines Wasserstoffmoleküls. Daß die durch die Quantenbedingung ausgezeichneten Rotationen der Gasmoleküle tatsächlich in der Natur vorhanden sind, kann nach den Arbeiten von N. Bjerrum, E. v. Bahr, H. Rubens und G. Hettner u.a. über Absorptionsbanden im Ultraroten nicht mehr bezweifelt werden, wenn auch eine allseitig erschöpfende Erklärung dieser merkwürdigen Rotationsspektra bisher noch nicht hat gegeben werden können.

Da schließlich alle Affinitätseigenschaften einer Substanz durch ihre Entropie bedingt sind, so eröffnet die quantentheoretische Berechnung der Entropie auch den Zugang zu allen Problemen der chemischen Verwandtschaftslehre. Charakteristisch für den absoluten Wert der Entropie eines Gases ist die Nernstsche chemische Konstante, welche O. Sackur direkt durch ein kombinatorisches, dem, von mir bei Oszillatoren angewandten nachgebildetes Verfahren berechnete (28), während O. Stern und H. Tetrode, im engeren Anschluß an die aus Messungen zu gewinnenden Daten, mittels der Betrachtung eines Verdampfungsvorganges die Differenz der Entropien im dampfförmigen und festen Aggregatzustand bestimmten (29).

Handelte es sich in den bisher betrachteten Fällen stets um Zustände thermodynamischen Gleichgewichts, für welche also die Messungen nur statistische, auf viele Partikel und längere Zeiträume bezogene Mittelwerte liefern können, so führt die Beobachtung von Elektronenstößen direkt in die dynamischen Einzelheiten der untersuchten Vorgänge ein, und deshalb liefert die von J. Franck und G. Hertz ausgeführte Bestimmung des sogenannten Resonanzpotentials oder derjenigen kritischen Geschwindigkeit, welche ein Elektron mindestens besitzen muß, um durch seinen Stoß gegen ein neutrales Atom dieses zur Emission eines Lichtquantums zu veranlassen, eine Methode zur Messung des Wirkungsquantums, wie man sie sich direkter nicht wünschen kann (30). Auch für die Anregung der von C. G. Barkla entdeckten charakteristischen Strahlung des Röntgenspektrums lassen sich nach den Versuchen von D. L. Webster, E. Wagner u.a. entsprechende Methoden ausbilden, welche zu ganz übereinstimmenden Resultaten führen.

Der Erzeugung von Lichtquanten durch Elektronenstöße steht als umgekehrter Vorgang gegenüber die Elektronenemission durch Bestrahlung mit Licht-, Röntgen- oder γ-Strahlen, und auch hier wieder spielen die durch das Wirkungsquantum und durch die Schwingungsfrequenz bedingten Energiequanten eine charakteristische Rolle, wie sich schon frühzeitig an der auffallenden Tatsache zu erkennen gab, daß die Geschwindigkeit der emittierten Elektronen nicht etwa von der Intensität der Bestrahlung (31), sondern nur von der Farbe des auffallenden Lichtes abhängt (32). Aber auch in quantitativer Hinsicht haben sich die oben angedeuteten Einsteinschen Beziehungen zum Lichtquantum nach jeder Richtung bewährt, wie besonders R. A. Millikan durch Messung der Austrittsgeschwindigkeiten emittierter Elektronen festgestellt hat (33), während die Bedeutung des Lichtquantums für die Einleitung photochemischer Reaktionen von E. Warburg aufgedeckt wurde (34).

Wenn schon die bisher von mir angeführten, den verschiedenartigsten Gebieten der Physik entnommenen Erfahrungen zusammengenommen ein erdrückendes Beweismaterial zugunsten der Existenz des Wirkungsquantums darstellen, so erhielt die Quantenhypothese doch ihr allerstärkstes Fundament durch die Begründung und Ausbildung der Atomtheorie von Niels Bohr. Denn dieser Theorie war es beschieden, in dem Wirkungsquantum den lange gesuchten Schlüssel zu entdecken zur Eingangspforte in das Wunderland der Spektroskopie, welche seit der Entdeckung der Spektralanalyse allen Öffnungsversuchen hartnäckig getrotzt hatte; und nachdem der Weg einmal freigelegt war, ergoß sich in jähem Schwall ein Strom neugewonnener Erkenntnis über dieses ganze Gebiet nebst den Nachbargebieten der Physik und der Chemie. Die erste glänzende Errungenschaft war die Ableitung der Balmerschen Serienformel für Wasserstoff und Helium, einschließlich der Zurückführung der universellen Rydbergschen Konstanten auf lauter bekannte Zahlengrößen (35), wobei sogar deren kleine Verschiedenheit bei Wasserstorf und bei Helium als notwendig bedingt durch die schwache Bewegung des schweren Atomkerns erkannt wurde. Daran schloß sich die Erforschung anderer Serien im optischen und im Röntgenspektrum an der Hand des überaus fruchtbaren, erst jetzt in seiner fundamentalen Bedeutung klargestellten Ritzschen Kombinationsprinzips.

Wer aber angesichts dieser zahlenmäßigen Übereinstimmungen, die bei der besonderen Genauigkeit spektroskopischer Messungen auch besonders schlagende Beweiskraft beanspruchen durften, immer noch sich geneigt gefühlt hätte, an ein Spiel des Zufalls zu glauben, der wäre schließlich doch gezwungen gewesen, den letzten Zweifel fallen zu lassen, als A. Sommerfeld zeigte, daß aus einer sinngemäßen Erweiterung der Gesetze der Quantenteilung auf Systeme mit mehreren Freiheitsgraden und aus der Berücksichtigung der von der Relativitätstheorie geforderten Veränderlichkeit der trägen Masse jene Zauberformel hervorgeht, vor welcher das Wasserstoff- wie auch das Heliumspektrum die Rätsel ihrer Feinstruktur entschleiern mußten (36), soweit das überhaupt durch die feinsten gegenwärtig möglichen Messungen, diejenigen von F. Paschen, festzustellen war (37) – eine Leistung, vollkommen ebenbürtig der berühmten Entdeckung des Planeten Neptun, dessen Dasein und Bahnelemente von Leverrier berechnet waren, ehe noch ein menschliches Auge ihn erblickt hatte. Auf demselben Wege weiter fortschreitend, gelangte P. Epstein zur vollständigen Erklärung des *Starkeffektes* der elektrischen Aufspaltung der Spektrallinien (38), P. Debye zu einer einfachen Deutung der von Manne Siegbahn durchforschten K-Serie des Röntgenspektrums (39), und nun folgte eine große Reihe weiterer Untersuchungen, welche in die dunklen Geheimnisse des Aufbaues der Atome mehr oder minder erfolgreich hineinleuchteten.

Nach allen diesen Resultaten, zu deren vollständiger Darstellung noch mancher klangvolle Name hier notwendig hätte herangezogen werden müssen, bleibt für einen Beurteiler, der nicht geradezu an den Tatsachen vorübergehen will, kein anderer Entschluß übrig als der, dem Wirkungsquantum, welches sich bei jedem einzelnen in der bunten Schar verschiedenartigster Vorgänge immer wieder als die nämliche Größe, nämlich etwa zu $6{,}54 \cdot 10^{-27}$ erg $\cdot$ sec ergeben hat (40), das volle Bürgerrecht in dem System der universellen physikalischen Konstanten zuzuschreiben. Es muß wohl als ein seltsames Zusammentreffen erscheinen, daß gerade in der nämlichen Zeit, da der Gedanke der allgemeinen Relativität sich freie Bahn gebrochen hat und zu unerhörten Erfolgen fortgeschritten ist, die Natur gerade an einer Stelle, wo man sich dessen am allerwenigsten versehen konnte, ein Absolutes geoffenbart hat, ein tatsächlich unveränderliches Einheitsmaß, mittels dessen sich die in einem Raumzeitelement enthaltene Wirkungsgröße durch eine ganz bestimmte von Willkür freie Zahl darstellen läßt und damit ihres bisherigen Charakters entkleidet wird.

Freilich ist mit der Einführung des Wirkungsquantums noch keine wirkliche Quantentheorie geschaffen. Ja vielleicht ist der Weg, den die Forschung bis dahin noch zurückzulegen hat, nicht weniger weit als der von der Entdeckung der Lichtgeschwindigkeit durch Olaf Römer bis zur Begründung der Maxwellschen Lichttheorie. Die Schwierigkeiten, welche sich der Einführung des Wirkungsquantums in die wohlbewährte klassische Theorie gleich von Anfang an entgegengestellt haben, sind schon von mir berührt worden. Sie haben sich im Laufe der Jahre eher gesteigert als verringert, und wenn auch in der Zwischenzeit die ungestüm vorwärtsdrängende Forschung über einige derselben einstweilen zur Tagesordnung übergegangen ist, so berühren die zurückgelassenen, einer nachträglichen Ergänzung harrenden Lücken den gewissenhaften Systematiker um so peinlicher. Was namentlich in der Bohrschen Theorie dem Aufbau der Wirkungsgesetze als Grundlage dient, setzt sich zusammen aus gewissen Hypothesen, die noch vor einem Menschenalter von jedem Physiker ohne Zweifel glatt abgelehnt worden wären. Daß im Atom gewisse ganz bestimmte quantenmäßig ausgezeichnete Bahnen eine besondere Rolle spielen, mochte noch als annehmbar hingenommen werden, weniger leicht schon, daß die in diesen Bahnen mit bestimmter Beschleunigung kreisenden Elektronen gar keine Energie ausstrahlen. Daß aber die ganz scharf ausgeprägte Frequenz eines emittierten Lichtquantums verschieden sein soll von der Frequenz der emittierenden Elektronen, mußte von einem Theoretiker, der in der klassischen Schule aufgewachsen ist, im ersten Augenblick als eine ungeheuerliche und für das Vorstellungsvermögen fast unerträgliche Zumutung empfunden werden.

Aber Zahlen entscheiden, und die Folge davon ist, daß sich jetzt die Rollen gegen früher allmählich vertauscht haben. Während es sich anfangs darum handelte, ein neues fremdartiges Element einem allgemein als fest anerkannten Rahmen mit mehr oder minder gelindem Zwang anzupassen, ist nunmehr der Eindringling, nachdem er sich einen gesicherten Platz erobert hat, seinerseits zur Offensive übergegangen, und es steht heute schon fest, daß er den alten Rahmen in irgendeiner Weise auseinandersprengen wird. Fraglich ist nur noch, an welcher Stelle und bis zu welchem Grade ihm das gelingen wird.

Wenn es gestattet ist, schon heute eine Mutmaßung über den zu erwartenden Ausgang dieses heißen Ringens zu äußern, so scheint alles dafür zu sprechen, daß aus der klassischen Theorie die großen Prinzipien der Thermodynamik auch in der Quantentheorie ihren zentralen Platz nicht nur unangetastet behaupten, sondern sogar entsprechend erweitern werden. Was bei der Begründung der klassischen Thermodynamik die Gedankenexperimente bedeuteten, das bedeutet einstweilen in der Quantentheorie die Adiabatenhypothese von P. Ehrenfest (41), und wie R. Clausius als Ausgangspunkt für die Messung der Entropie den Grundsatz einführte, daß zwei beliebige Zustände eines materiellen Systems bei passender Behandlung durch reversible Prozesse ineinander übergeführt werden können, so eröffnen uns die neuen Ideen von Bohr einen ganz entsprechenden Weg in das Innere des von ihm erschlossenen Wunderlandes.

Im einzelnen ist es besonders eine Frage, von deren erschöpfender Beantwortung wir nach meiner Meinung eine weitgehende Aufklärung erwarten dürfen. Was wird aus der Energie eines Lichtquantums nach vollendeter Emission? Breitet sie sich bei ihrer weiteren Fortpflanzung im Sinne der Huygensschen Wellentheorie nach verschiedenen Richtungen aus, indem sie einen stets größeren Raum einnimmt, in endlos fortschreitender Verdünnung? Oder fliegt sie im Sinne der Newtonschen Emanationstheorie wie ein Projektil in einer einzigen Richtung weiter? Im ersteren Falle würde das Quantum niemals mehr imstande sein, seine Energie auf eine einzige Raumstelle so stark zu konzentrieren, daß sie dort ein Elektron aus seinem Atomverband lösen kann, im zweiten Fall würde der Haupttriumph der Maxwellschen Theorie: die Kontinuität zwischen dem statischen und dem dynamischen Felde und mit ihr das bisherige volle Verständnis für die bis in die feinsten Einzelheiten durchforschten Interferenzphänomene, geopfert werden müssen – beides für den heutigen Theoretiker sehr unerfreuliche Konsequenzen.

Sei dem aber wie immer: in jedem Falle kann darüber kein Zweifel bestehen, daß die Wissenschaft einmal auch dieses schwere Dilemma bemeistern wird, und daß dasjenige, was uns heute unbefriedigend erscheint, dereinst von einer höheren Warte aus gerade als das durch besondere Harmonie und Einfachheit Ausgezeichnete angesehen werden wird. Bis zur Erreichung dieses Zieles aber wird das Problem des Wirkungsquantums nicht aufhören, die Forschung immer von neuem anzuregen und zu befruchten, und je größere Schwierigkeiten sich seiner Lösung entgegenstellen, um so bedeutsamer wird sie sich schließlich erweisen für die Ausbreitung und Vertiefung unserer gesamten physikalischen Erkenntnis.

Anmerkungen

Die Literaturangaben machen nach keiner Richtung hin auf Vollständigkeit Anspruch und sollen nur zu einer ersten Orientierung dienen.

1. G. Kirchhoff, Über das Verhältnis zwischen dem Emissionsvermögen und dem Absorptionsvermögen der Körper für Wärme und Licht. Gesammelte Abhandlungen, S. 597 (§ 17). Leipzig: J. A. Barth 1882.

2. H. Hertz, Ann d. Physik Bd. 36, S. l, 1889.

3. Sitz.-Ber. d. Preuß. Akad. d. Wiss. vom 20. Februar 1896. Ann. d. Physik Bd. 60, S. 577, 1897.

4. Sitz.-Ber. d. Preuß. Akad. d. Wiss. vom 18. Mai 1899, S. 455.

5. L. Boltzmann, Sitz.-Ber. d. Preuß. Akad. d. Wiss. vom 3. März 1898, S. 182.

6. W. Wien, Ann. d. Physik Bd. 58, S. 662, 1896.

7. Nach dem Wienschen Energieverteilungsgesetz wird die Abhängigkeit der Energie U eines Resonators von der Temperatur dargestellt durch eine Beziehung von der Form:

$$U = a \cdot e^{-\frac{b}{T}} .$$

Bezeichnet also S die Entropie des Resonators, so ergibt sich, da

$$\frac{1}{T} = \frac{dS}{dU} ,$$

für die Größe R des Textes der Wert:

$$R = 1 : \frac{d^2 S}{dU^2} = -bU .$$

8. Nach dem Wienschen Verschiebungsgesetz ist die Energie U eines Resonators mit der Eigenschwingungszahl v:

$$U = v \cdot f\left(\frac{T}{v}\right) .$$

9. Ann. d. Physik Bd. 1, S. 719, 1900.

10. O. Lummer und E. Pringsheim, Verhandl. d. Dtsch. Physik. Ges. Bd. 2, S. 163, 1900.

11. H. Rubens und F. Kurlbaum, Sitz.-Ber. d. Preuß. Akad. d. Wiss. vom 25. Oktober 1900, S. 929.

12. Für große T ist nämlich nach den Versuchen von H. Rubens und F. Kurlbaum $U = cT$, folglich nach dem in (7) geschilderten Rechnungsverfahren:

$$R = 1: \frac{\mathrm{d}^2 S}{\mathrm{d}U^2} = -\frac{U^2}{c} \; .$$

13. Setzt man nämlich:

$$R = 1: \frac{\mathrm{d}^2 S}{\mathrm{d}U^2} = -bU - \frac{U^2}{c} \; ,$$

so ergibt sich durch Integration:

$$\frac{1}{T} = \frac{\mathrm{d}S}{\mathrm{d}U} = \frac{1}{b} \log \left(1 + \frac{bc}{U} \right)$$

und daraus die Strahlungsformel:

$$U = \frac{bc}{e^{\frac{b}{T}} - 1} \; .$$

Vgl. Verhandl. d. Dtsch. Physik. Ges. vom 19. Oktober 1900, S. 202.

14. Vgl. W. Nernst und Th. Wulf, Verhandl. d. Dtsch. Physik. Ges. Bd. 21, S. 294, 1919.

15. Der absolute Wert der Energie ist nämlich gleich dem Produkt aus der trägen Masse und dem Quadrat der Lichtgeschwindigkeit.

16. Verhandl. d. Dtsch. Physik. Ges. vom 14. Dezember 1900, S. 237.

17. Allgemein ist, wenn k die erste Strahlungskonstante bezeichnet, die mittlere kinetische Energie eines Gasmoleküls:

$$U = \frac{3}{2} kT \; .$$

Setzt man also $T = U$, so wird $k = \frac{3}{2}$. Im konventionellen (absoluten Kelvinschen) Temperaturmaß dagegen ist T dadurch definiert, daß die Temperaturdifferenz zwischen siedendem und gefrierendem Wasser gleich 100 gesetzt wird.

18. Vgl. z. B. L. Boltzmann, Zur Erinnerung an Josef Loschmidt. Populäre Schriften S. 245, 1905.

19. E. Rutherford und H. Geiger, Proc. Roy. Soc. A. Vol. 81, S. 162, 1908.

20. Vgl. R. A. Millikan, Phys. Ztschr. Bd. 14, S. 796, 1913.

21. Die Berechnung der Wahrscheinlichkeit eines physikalischen Zustandes beruht nämlich auf der Abzählung derjenigen endlichen Anzahl von gleichwahrscheinlichen Einzelfällen, durch die der betreffende Zustand verwirklicht wird, und zu einer bestimmten Abgrenzung dieser Einzelfälle voneinander ist eine bestimmte Festsetzung über den Begriff eines jeden Einzelfalles notwendig.

22. A. Einstein, Ann. d. Physik Bd. 17, S. 132, 1905.

23. A. Einstein, Ann. d. Physik Bd. 22, S. 180, 1907.

24. M. Born und Th. v. Kármán, Phys. Ztschr. Bd. 14, S. 15, 1913.

25. P. Debye, Ann. d. Physik Bd. 39, S. 789, 1912.

26. W. Nernst, Phys. Ztschr. Bd. 13, S. 1064, 1912.

27. A. Eucken, Sitz.-Ber. d. Preuß. Akad. d. Wiss. S. 141, 1912.

28. O. Sackur, Ann. d. Physik Bd. 36, S. 958, 1911.

29. O. Stern, Phys. Ztschr. Bd. 14, S. 629, 1913. H. Tetrode, Ber. d. Akad. d. Wiss. v. Amsterdam, 27. Februar und 27. März 1915.

30. J. Franck und G. Hertz, Verhandl. d. Dtsch. Phys. Ges. Bd. 16, S. 512, 1914.

31. Ph. Lenard, Ann. d. Physik Bd. 8, S. 149, 1902.

32. E. Ladenburg, Verhandl. d. Dtsch. Phys. Ges. Bd. 9, S. 504, 1907.

33. R. A. Millikan, Phys. Ztschr. Bd. 17, S. 217, 1916.

34. E. Warburg, Über den Energieumsatz bei photochemischen Vorgängen in Gasen. Sitz.-Ber. d. preuß. Akad. d. Wiss. von 1911 an.

35. N. Bohr, Phil. Mag. Bd. 30, S. 394, 1915

36. A. Sommerfeld, Ann. d. Physik Bd. 51, S. l, 125, 1916.

37. F. Paschen, Ann. d. Physik Bd. 50, S. 901, 1916.

38. P. Epstein Ann. d. Physik Bd. 50, S. 489, 1916.

39. P. Debye, Phys. Ztschr. Bd. 18, S. 276, 1917.

40. E. Wagner, Ann. d. Physik Bd. 57, S. 467, 1918. R. Ladenburg, Jahrb. d. Radioaktivität u. Elektronik Bd. 17, S. 144, 1920.

41. P. Ehrenfest, Ann. d. Physik Bd. 51, S. 327, 1916.

Persönliche Erinnerungen aus alten Zeiten

Einer Aufforderung der Redaktion der „Naturwissenschaften"[1] folgend, bin ich gern bereit, einige Eindrücke wiederzugeben, welche mir eine Anzahl bedeutender, nunmehr längst verstorbener Fachgenossen hinterließ, mit denen ich während meiner ersten Lebenshälfte in Berührung kam. Freilich verfüge ich leider nicht über irgendwelche handschriftliche Aufzeichnungen, Tagebuchblätter oder dergleichen (dies ist alles im letzten Kriege verbrannt), und wäre daher ausschließlich auf mein Gedächtnis angewiesen, wenn ich nicht einen Teil meiner persönlichen Erinnerungen bereits bei früheren Anlässen zusammengestellt hätte[2]. Erfreulicherweise ist es mir aber möglich, diese Aufzeichnungen noch in mancher Hinsicht zu ergänzen; vor allem handelt es sich dabei um einzelne Erinnerungsbilder, die sich mir fest eingeprägt haben, so daß sie auch jetzt noch ganz deutlich vor meinem geistigen Auge stehen.

Mit der Physik kam ich zuallererst in Berührung am Münchener Maximilians-Gymnasium durch meinen Mathematiklehrer Hermann Müller, einen mitten im Leben stehenden, scharfsinnigen und witzigen Mann, der es verstand, die Bedeutung der physikalischen Gesetze, die er uns Schülern beibrachte, durch drastische Beispiele zu erläutern.

So kam es, daß ich als erstes Gesetz, welches unabhängig vom Menschen eine absolute Geltung besitzt, das Prinzip der Erhaltung der Energie, wie eine Heilsbotschaft in mich aufnahm. Unvergeßlich ist mir die Schilderung, die Müller uns als Beispiel der potentiellen und der kinetischen Energie zum besten gab, von einem Maurer, der einen schweren Ziegelstein mühsam auf das Dach eines Hauses hinaufschleppt. Die Arbeit, die er dabei leistet, geht nicht verloren: sie bleibt unversehrt aufgespeichert, jahrelang, bis vielleicht eines Tages der Stein sich löst und einem vorübergehenden Menschen auf den Kopf fällt.

---

[1] S. Die Naturwissenschaften, Heft 8 v. 30. Oktober 1946.

[2] Ansprache anläßlich des 90. Gründungstages der Deutschen Physikal. Gesellschaft (Verh. d. D. Physik Ges. (3) 16, 11 (1935); wissenschaftl. Selbstbiographie, verfaßt für die Kais.-Leopol.-Karol. Deutsche Akademie der Naturforscher.

Nach Absolvierung des Gymnasiums studierte ich zunächst 3 Jahre (1875–1877) an der Universität München. Mein akademischer Lehrer in Physik war Phillipp von Jolly, dessen Name auch jetzt noch durch das von ihm angegebene Gasthermometer konstanten Volumens bekannt ist. Sein Hauptinteresse widmete er damals Messungen über die Abnahme der Schwerkraft mit der Entfernung vom Erdmittelpunkt. Zu diesem Zweck konstruierte er eine Waage von höchster Empfindlichkeit, doch gelang es ihm nicht, die zahlreichen, die Messung beeinträchtigenden Nebeneinflüsse wie Temperatur, Feuchtigkeit usw. zu eliminieren, so daß diese Versuche zu keinen positiven Ergebnissen führten. Trotzdem brachte Helmholtz den Messungen lebhaftes Interesse entgegen; als er München einmal besuchte, ließ er sich die Versuchsanordnung in allen Einzelheiten zeigen. Ich selbst war bei dieser Vorführung zugegen; es war wohl das erste Mal, daß ich mit Helmholtz persönlich in Berührung kam. Jollys Vorlesungen hinterließen keinen allzu starken Eindruck, zumal er langsam und leise vortrug. Dagegen förderte er seine Schüler sehr durch die praktische Ausbildung, die sie in seinem Institut genossen. In persönlicher Hinsicht erinnere ich mich Jollys als eines vielseitig gebildeten, geistvollen Mannes. Als leidenschaftlicher Raucher legte er Wert darauf, nach einem guten Diner rechtzeitig eine Zigarre angeboten zu erhalten, und pflegte eine humorvolle „Zigarrenrede" zu halten, wenn man ihn warten ließ.

Die Atmosphäre des Jollyschen Institutes hatte zur Folge, daß ich mich angeregt fühlte, selbständig einige Versuche anzustellen. Beispielsweise schien es mir wichtig, festzustellen, ob den von den Theoretikern bereits damals zu ihren Gedankenexperimenten benutzten halbdurchlässigen Wänden eine reale physikalische Bedeutung zukommt. Als halbdurchlässige Wand benutzte ich eine an ein Gasrohr angeschlossene Platinkuppe, die mittels einer Gasflamme zum Glühen gebracht wurde. Zu meiner Befriedigung stellte ich fest, daß dieses Material tatsächlich Wasserstoff verhältnismäßig leicht durchtreten läßt, während andere Gase vollkommen zurückgehalten werden. Später hat ja bekanntlich Halbdurchlässigkeit erwärmten Platins (und Palladiums) Wasserstoff gegenüber bei zahlreichen physikalischen und physikalisch-chemischen Versuchen praktische Verwendung gefunden.

Ein Lehrstuhl „Theoretische Physik" existierte damals in München, wie an den meisten deutschen Universitäten, noch nicht.

Meine mathematische Ausbildung verdanke ich den Professoren Ludwig Seidel und Gustav Bauer. Seidel war eigentlich Astronom und ist durch die ersten von ihm ausgeführten genaueren photometrischen Messungen der Helligkeit an Planeten und Fixsternen bekannt geworden. Durch diese Messungen hatte er sich leider frühzeitig die Augen vollkommen verdorben. Ich habe ihn als einen geistreichen Mann und ausgezeichneten akademischen Lehrer in Erinnerung, der in seinen Vorträgen nach Möglichkeit an das anzuknüpfen pflegte, was ein Unbefangener denkt. Einmal sagte er zu mir: „Es ist merkwürdig: Im Elementarunterricht beim Rechnen fängt man mit dem Addieren an, erst später kommt man zum Subtrahieren. In der höheren Mathematik dagegen beginnt man in der Infinitesimalrechnung bei der Bildung des Differentialquotienten mit einer Subtraktion, und dann erst kommt man bei der Integration zur Addition."

Besonders viel habe ich bei Bauer gelernt, vor allem in seinem ausgezeichneten mathematischen Seminar, das ich drei Jahre lang besuchte. Auch die Vorlesungen Bauers waren klar und überzeugend, obgleich er etwas stockend sprach und nicht im üblichen Sinne als guter Vortragender gelten konnte. Auf meine wissenschaftliche Entwicklung übte er einen entscheidenden Einfluß aus, da er es war, der in mir die eigentliche Begeisterung für die höhere Mathematik und deren Denkmethoden erweckte.

Merkwürdigerweise stehen meine eigenen Erfahrungen über den Münchener Mathematikunterricht zur damaligen Zeit in einem gewissen Gegensatz zu denen Heinrich Hertz', der etwa gleichzeitig mit mir in München studierte. Hertz kritisiert nämlich in den an seine Eltern gerichteten Briefen[3] die Münchener mathematischen Vorlesungen im ganzen ungewöhnlich abfällig; doch schreibt er, glücklicherweise hielte ein junger Privatdozent, Alfred Pringsheim, ausgezeichnete, wenn auch nicht gerade leicht verständliche Vorlesungen, in denen er sehr viel lerne. Auch mir ist Pringsheim noch aus der Zeit meines späteren Münchener Aufenthaltes in Erinnerung, vor allem als witziger Gesellschafter; doch habe ich keine Vorlesungen bei ihm gehört. Umgekehrt scheint Hertz höchstens vorübergehend zu Beginn des Semesters einige Vorlesungen bei Bauer gehört zu haben und ist ihnen dann vielleicht wegen ihrer etwas unzulänglichen äußeren Form bald ferngeblieben. Hätte er an dem Seminar Bauers teilgenommen, in dem wir uns dann bereits in München kennengelernt hätten, so wäre sein Urteil über den dortigen Mathematikunterricht zweifellos günstiger ausgefallen.

Im Frühjahr verließ ich München für zwei Semester, um meine Studien in Berlin fortzusetzen, wo sich unter den Auspizien von Hermann von Helmholtz und Gustav Kirchhoff, deren bahnbrechende, in der ganzen Welt Beachtung findende Arbeiten ihren Schülern leicht zugänglich waren, mein wissenschaftlicher Horizont beträchtlich erweiterte. Allerdings muß

---

[3]Heinrich Hertz, Erinnerungen, Briefe, Tagebücher, Zusammengestellt von Dr. Johanna Hertz.

ich gestehen, daß mir die Vorlesungen keinen merklichen Gewinn brachten. Helmholtz hatte sich offenbar nie richtig vorbereitet. Er sprach immer nur stockend, wobei er in einem kleinen Notizbuch sich die nötigen Daten heraussuchte, außerdem verrechnete er sich beständig an der Tafel, und wir hatten das Gefühl, daß er sich selber bei diesem Vortrag mindestens ebenso langweilte wie wir. Die Folge war, daß die Hörer nach und nach wegblieben; schließlich waren es nur noch drei, mich und meinen Freund, den späteren Astronomen Rudolf Lehmann-Filhes eingerechnet.

Im Gegensatz dazu trug Kirchhoff ein sorgfältig ausgearbeitetes Kolleg frei vor, wobei jeder Satz wohlerwogen an seiner richtigen Stelle stand. Kein Wort zu wenig, kein Wort zu viel. Aber das Ganze wirkte wie auswendig gelernt, trocken und eintönig. Die Studenten lauschten wie einem Orakel; keiner hätte gewagt, irgend etwas anzuzweifeln. Infolgedessen lernten wir aber nicht viel dabei, – denn man lernt nur, indem man sich Fragen stellt.

Die stärksten wissenschaftlichen Anregungen empfing ich in dieser Zeit durch die Veröffentlichungen von R. Clausius in Bonn, insbesondere durch dessen Werk über „Die mechanische Wärmetheorie". Manche Punkte in dieser Theorie erschienen mir indessen noch ergänzungsbedürftig, vor allem hielt ich es für nötig, die Begründung des zweiten Hauptsatzes noch zu vertiefen. Als ich glaubte, durch meine eigenen Überlegungen auf diesem Gebiet einen Fortschritt erzielt zu haben, stellte ich meine Ergebnisse zusammen und reichte die Arbeit in München, wohin ich inzwischen zurückgekehrt war, als Doktordissertation[4] ein. Die mündliche Doktorprüfung fand am 28. 6. 1879 statt. Der damalige Vorsitzende der Prüflingskommission war Ludwig Seidel; geprüft wurde ich in den Fächern Physik (von Jolly), Mathematik (von Gustav Bauer), Chemie (von A. von Baeyer) und Philosophie. Jolly richtete an mich sehr leichte Fragen. Auch die Fragen von Baeyers waren mühelos zu beantworten; doch habe ich gerade diese Prüfung in wenig angenehmer Erinnerung, da er mich ziemlich schnöde behandelte und durchblicken ließ, daß er die theoretische Physik für ein vollkommen überflüssiges Fach hielt. An die mündliche Prüfung schloß sich dann, den damaligen Bestimmungen entsprechend, die feierliche Promotion an, in welcher vom Doktoranden einige von ihm aufgestellte Thesen zu verteidigen waren. Meine Opponenten, mit denen ich natürlich, wie es üblich war, bereits vorher eine freundschaftliche Vereinbarung getroffen hatte, waren der Physiker Carl Runge und der Mathematiker Adolf Hurwitz.

Bereits ein Jahr nach der Promotion erfolgte meine Zulassung in München als Privatdozent. In der Habilitationsschrift, die den Titel trug: „Gleich-

---

[4]Über den zweiten Hauptsatz der Wärmetheorie, München (1879).

gewichtszustände isotroper Körper", wurden die allgemeinen Ergebnisse der Doktordissertation zur Lösung einer Reihe konkreter thermodynamischer (speziell physikalisch-chemischer) Probleme herangezogen.

Nicht ohne Enttäuschung mußte ich feststellen, daß der Eindruck meiner Doktordissertation wie auch meiner Habilitationsschrift in der damaligen physikalischen Öffentlichkeit gleich Null war. Von meinen Universitätslehrern hatte, wie ich aus Gesprächen mit ihnen genau weiß, keiner ein Verständnis für ihren Inhalt. Sie ließen die Arbeiten wohl nur deshalb passieren, weil sie mich von meinen sonstigen Arbeiten im physikalischen Praktikum und im Mathematischen Seminar her kannten. Aber auch bei den Physikern, welche dem Thema an sich näher standen, fand ich kein Interesse, geschweige denn Beifall. Helmholtz hat die Schrift wohl überhaupt nicht gelesen. Kirchhoff lehnte ihren Inhalt ausdrücklich ab mit der Bemerkung, daß der Begriff der Entropie, deren Größe nur durch einen reversiblen Prozeß meßbar und daher auch definierbar sei, nicht auf irreversible Prozesse angewandt werden dürfe. An Clausius gelang es mir nicht heranzukommen; auf Briefe antwortete er nicht, und ein Versuch, mich ihm in Bonn persönlich vorzustellen, führte zu keinem Ergebnis, weil ich ihn nicht zu Hause antraf. Mit Carl Neumann in Leipzig führte ich über dieses Thema eine Korrespondenz, die völlig ergebnislos verlief.

Einen Lichtstrahl in dieser thermodynamischen Dunkelheit glaubte ich nun darin zu erblicken, daß die Göttinger Philosophische Fakultät eine Preisaufgabe über das Thema: „Das Prinzip der Erhaltung der Energie" ausschrieb. Ich entschloß mich daher, mich an diesem Wettbewerb zu beteiligen und arbeitete eine kleine Schrift aus, die später der Öffentlichkeit zugänglich gemacht wurde. In Göttingen wurde meiner Arbeit der zweite Preis zuerkannt. Außer meiner Bearbeitung der Aufgabe waren noch zwei andere eingegangen, welche nicht gekrönt wurden. Auf die einigermaßen naheliegende Frage, weshalb meine Arbeit es nicht bis zum ersten Preis brachte, suchte und fand ich die Antwort in dem ausführlichen Urteil der Göttinger Fakultät. Nach einigen minder ins Gewicht fallenden Bemängelungen heißt es dort: „Die Fakultät muß endlich den Bemerkungen, durch welche sich der Verfasser mit dem ‚Weberschen Gesetz' abzufinden sucht, ihre Zustimmung versagen." Mit diesen Bemerkungen hatte es folgende Bewandtnis: Wilhelm Weber war der Göttinger Professor der Physik, und es bestand damals zwischen Weber und Helmholtz eine scharfe wissenschaftliche Kontroverse, in welcher ich mich ausdrücklich auf die Seite von Helmholtz stellte. Ich glaube mich nicht zu irren, wenn ich in diesem Umstand den Hauptgrund sehe, weshalb die Göttinger Fakultät mir den ersten Preis verweigerte.

Durch die Schrift, in welcher ich eine Anzahl von Aufsätzen unter dem gemeinsamen Titel: „Über das Prinzip der Vermehrung der Entropie" während meines Kieler Aufenthaltes (1885–1889) veröffentlichte, geriet ich in eine wenig erfreuliche briefliche Kontroverse mit dem bekannten schwedischen Physiko-Chemiker Svante Arrhenius. In der erwähnten Schrift wurden die Gesetze des Eintritts chemischer Reaktionen, sowie der Dissoziation von Gasen, und schließlich die Eigenschaften verdünnter Lösungen behandelt. Bezüglich der letzteren führte meine Theorie zu dem Schluß, daß die bei vielen Salzlösungen beobachteten Werte der Gefrierpunktserniedrigung nur durch eine Dissoziation der gelösten Stoffe erklärt werden können, und daß hiermit eine thermodynamische Begründung der ungefähr gleichzeitig von Svante Arrhenius aufgestellten elektrolytischen Dissoziationstheorie gegeben sei. Arrhenius bestritt nun in ziemlich unfreundlicher Weise die Zulässigkeit meiner Beweisführung, indem er hervorhob, daß seine Hypothese sich auf Ionen, also auf elektrisch geladene Teilchen bezieht, worauf ich nur erwidern konnte, daß die thermodynamischen Gesetze unabhängig davon gelten, ob die Teilchen geladen sind oder nicht.

Im Frühjahr 1889, nach dem Tode von Kirchhoff, wurde ich auf Vorschlag der Berliner Philosophischen Fakultät als dessen Nachfolger zur Vertretung der theoretischen Physik an die Universität berufen, zuerst als Extraordinarius, von 1892 ab als Ordinarius. Das waren die Jahre, in denen ich wohl die stärkste Erweiterung meiner ganzen wissenschaftlichen Denkweise erfuhr. Denn nun kam ich zum ersten Male in nähere Berührung mit den Männern, welche damals die Führung in der wissenschaftlichen Forschung der Welt innehatten. Es war für mich ein Ereignis von großer Bedeutung, als ich Hermann von Helmholtz, den ich nach seinen Werken schon so viele Jahre lang verehrt hatte, nun auch menschlich näher treten konnte, ich sehe darin eine der wertvollsten Bereicherungen meines Lebens. Denn in seiner ganzen Persönlichkeit, seinem unbestechlichen Urteil, seinem schlichten Wesen, verkörperte sich die Würde und Wahrhaftigkeit seiner Wissenschaft. Dazu gesellte sich eine menschliche Güte, die mir tief zu Herzen ging. Wenn er mich im Gespräch mit seinem ruhig und eindringlich forschenden und doch im Grunde wohlwollenden Auge anschaute, dann überkam mich ein Gefühl grenzenloser kindlicher Hingabe, ich hätte ihm ohne Rückhalt alles, was mir am Herzen lag, anvertrauen können, in der festen Zuversicht, daß ich in ihm einen gerechten und milden Richter finden würde, und ein anerkennendes oder gar lobendes Wort aus seinem Munde konnte mich mehr beglücken als jeder äußere Erfolg. – Ein paarmal ist mir etwas derartiges passiert. Dazu zähle ich den betonten Dank, den er mir in der Physikalischen Gesellschaft nach meiner Gedächtnisrede auf Heinrich Hertz Anfang 1894 aussprach, oder die Zustimmung zu meiner Theorie der Lösungen, die er mir kurz vor meiner Erwählung in die Preußische Akademie der Wissenschaften äußerte. Jedes dieser kleinen Erlebnisse bewahre ich in meinem Gedächtnis wie einen unverlierbaren Schatz für mein ganzes Leben.

Zu wiederholten Malen ward es mir vergönnt, an den geselligen Veranstaltungen der Familie Helmholtz teilzunehmen, bei denen sich ein Kreis erlesener Männer und Frauen und Vertreter der Wissenschaft und der Kunst des Abends zusammenfand. Unvergeßlich ist mir der Abend, als ich zum ersten Male Joseph Joachim die von ihm bearbeiteten, damals neu erschienenen Ungarischen Tänze von Brahms spielen hörte, oder auch als Marianne Brandt mit dem Baritonisten Oberhauser Wotans Abschied aus der Walküre vortrug – natürlich bei einer anderen Gelegenheit. Denn damals gingen die Wogen in dem Streit hie Wagner – hie Brahms noch sehr hoch; aber sie reichten doch nicht hinauf bis zum Standpunkt von Helmholtz, der auch in der Kunst allem Dogmatischen abhold war und das Schöne und Echte anerkannte, wo er es antraf.

Die Seele der Unterhaltungen bei solchen Abenden war die Frau des Hauses, die auch die Erfüllung der repräsentativen Pflichten auf sich nahm, während ihr Gatte sich mehr zwanglos bewegte. Es hatte etwas Eigenartiges, zu beobachten, wie dieser überlegene Geist und berühmte Gelehrte für jeden, ob vornehm oder gering, ein freundliches Wort übrig hatte. Das gleiche Wohlwollen zeigte er einem jeden gegenüber, der mit einer wissenschaftlichen Frage zu ihm kam, selbst wenn diese reichlich naiv war, sobald er nur bemerkte, daß es ihm ernstlich um die Sache zu tun war. Als ein Beispiel dafür ist mir ein kleiner Vorfall in der Erinnerung haften geblieben, den er mir seinerzeit mitgeteilt hat. Unter seinen Zuhörern an der Universität befand sich auch ein eigenartiger, etwas phantastisch veranlagter Student, der zu der Erkenntnis gekommen zu sein glaubte, daß der Satz von der Erhaltung der Kraft unrichtig sei, und der infolgedessen das Bedürfnis empfand, seine Entdeckung den berufenen Vertretern der Wissenschaft mitzuteilen. Zuerst wandte er sich an den damaligen Direktor des Physikalischen Instituts, August Kundt, der aber in seiner praktischen Art kurzen Prozeß machte und ihn ohne weitere Umstände abwies. Darauf sprach er bei Helmholtz vor. Dieser ließ ihn freundlich ein, hörte ihn geduldig von Anfang bis zu Ende an und nahm sich dann die Mühe, durch sachliches Eingehen auf seine Gedankengänge ihn von der Lückenhaftigkeit derselben zu überzeugen. Erst als der junge Mann, durch solch wohlwollende Aufnahme sicher geworden, anfing, sich unpassend über die Person seines Kollegen Kundt zu äußern, fand er Worte scharfen Tadels und brach die

Unterredung ab, vielleicht mit einem Gefühl der Erleichterung, daß er auf diese Weise dem Gespräch ein Ende machen konnte.

Die vornehme Zurückhaltung, die Helmholtz im Verkehr mit seiner Umgebung übte, ist ihm gelegentlich als ein Mangel an Gutmütigkeit, wohl auch als eine Art von Hochmut ausgelegt worden. Nichts kann verkehrter sein als eine solche Beurteilung. Auch dafür möchte ich einen Beleg anführen, eine Bemerkung von ihm, die mir Kundt gelegentlich wiedererzählte. Dieser hatte sich einmal in einem Gespräch mit Helmholtz darüber beklagt, daß es ihm in seinem neuen Berliner Wirkungskreis so außerordentlich schwer falle, zum ruhigen Arbeiten zu kommen, da unablässig von den verschiedensten Seiten Anforderungen aller Art an seine Zeit und Kraft gestellt würden. Darauf erwiderte ihm Helmholtz in seiner ruhigen Weise: „Ja, Herr Kollege, das verstehe ich nach meinen eigenen Erfahrungen vollkommen. Gegen diesen Übelstand gibt es nur ein einziges Mittel. Sie müssen vornehm werden." Damit hatte er die eine wirksame Schutzwaffe bezeichnet, die ihm, dem gutherzigsten Mann, in der Abwehr gegen lästige Zudringlichkeit zur Verfügung stand.

Außer mit Helmholtz kam ich auch mit August Kundt und mit Wilhelm von Bezold, den ich schon von München her kannte, schnell in ein näheres Verhältnis. Es ist wohl kaum ein größerer Gegensatz denkbar als zwischen dem sprudelnd lebhaften, schnell zur Äußerung seiner Empfindungen bereiten, neuen Bekanntschaften sich leicht aufschließenden Kundt, und dem bedächtigen, jede ihm vorgelegte Frage mit sachlicher Gründlichkeit prüfenden und neben der einen Seite einer Sache stets auch die entgegengesetzte gewissenhaft würdigenden Helmholtz. Feurig, temperamentvoll, sprühend von Witz und Verstand, übte Kundt auf seine Mitarbeiter und Schüler eine hinreißende Wirkung aus und begeisterte sie für die Wissenschaft der Physik. Er hatte sich von Straßburg einige Assistenten mitgebracht: Blasius, Arons, Rubens, die alle in aufrichtiger Verehrung an ihm wie an einem Vater hingen und mit denen er im Tone echter Kameradschaft verkehrte, ohne jemals die geziemende Autorität preiszugeben. Im Anschluß an Sitzungen der Physikalischen Gesellschaft pflegte er gern bei einem Glase Bier mit den jungen Fachgenossen zwanglos zu plaudern, namentlich auch über physikalische Probleme. Kundt war eine Faradaysche Natur, er suchte gerne nach neuen Effekten. So prüfte er unter anderem die Frage, ob das Gewicht eines Kristalls verschieden ist, je nachdem seine Hauptachse vertikal oder horizontal liegt, oder ob die absolute Größe des Potentials einen physikalischen Sinn hat. Natürlich wurden solche Messungen sehr diskret behandelt; nur die Nächststehenden erfuhren davon.

Wilhelm von Bezold war ein reger und feinsinniger Kopf, in seiner amtlichen Stellung Meteorologe, da er zur Organisation des Wetterdienstes in Preußen aus München nach Berlin berufen worden war, aber, wie er selber sagte, in seinem Herzen viel mehr der Physik ergeben, zu der er eine Art unglücklicher Liebe hatte. Denn in München ließ ihn Beetz nicht recht aufkommen, und in Berlin konnte er nur verhältnismäßig wenig Zeit der geliebten Wissenschaft widmen. Man kann ihn in gewissem Sinne als Vorläufer von Heinrich Hertz betrachten, da er schon mehrere Jahre vor diesem auf gewisse Schwingungserscheinungen bei der Funkenentladung gekommen war, und er empfand es mit Stolz, daß Hertz im zweiten Band seiner gesammelten Werke[5] eine früher von ihm übersehene Arbeit Bezolds: „Untersuchungen über elektrische Entladungen" als eine Art Wiedergutmachung vollständig mitabgedruckt hat.

Nicht so leicht gelang es mir, mit den anderen älteren Physikern des damaligen Berliner Kreises in ein engeres persönliches Verhältnis zu treten. Unter diesen nenne ich vor allem Adolf Paalzow, den Ordinarius an der Technischen Hochschule Charlottenburg, einen gediegenen Experimentator, der in seinem ganzen Wesen ein echter Berliner war. Er behandelte mich stets sehr freundlich, doch hatte ich immer das Gefühl, daß er mich eigentlich für ziemlich überflüssig hielt. Ich war eben damals weit und breit der einzige Theoretiker, gewissermaßen ein Physiker sui generis, was mir den Einstand nicht ganz leicht machte. Ich glaubte auch deutlich zu spüren, daß mir die Herren Assistenten am Physikalischen Institut mit einer gewissen betonten Zurückhaltung begegneten. Doch mit der Zeit, als wir uns näher kennen lernten, kamen wir uns näher, und mit einem derselben, Heinrich Rubens, hat mich später durch viele Jahre hindurch bis zu seinem frühzeitigen Tode herzliche Freundschaft verbunden.

Zu dem Kreise der Berliner Physiker war auch der bedeutende Physiologe Emil Du Bois-Reymond zu rechnen, der noch an der Gründung der Deutschen Physikalischen Gesellschaft (1845) teilgenommen hatte, und dessen lebhaftes Interesse für physikalische Probleme bis zu seinem Tode (1896) lebendig blieb. Sein Bild steht noch deutlich vor mir als eine autoritative Persönlichkeit: korrekt, kritisch, mit ausgeprägtem Formensinn und hervorragender rhetorischer Gewandtheit. Es war mit ihm nicht gut Kirschen essen, denn er duldete nicht leicht einen Widerspruch. Die mechanische Theorie, an ihrer Spitze das erst vor einem Menschenalter entdeckte Prinzip der Erhaltung der Energie, war für ihn der endgültige Schlußstein der theoretischen Physik. Insbesondere galt sein Kampf schon den damals

---

[5]Über die Ausbreitung der elektrischen Kraft.

sich regenden Neovitalisten, denen er mit allen Waffen seiner geistreichen Dialektik zu Leibe ging. In unmittelbare Berührung mit Du Bois-Reymond kam ich im Frühjahr 1890, als ich in der Berliner Physikalischen Gesellschaft meinen ersten Vortrag über Potentialdifferenzen zweier Elekrolyte hielt. Kurz vorher hatte Nernst seine grundlegende Theorie der Elektrizitätserregung in Elektrolyten aufgestellt, und ich hatte aus dieser Theorie eine allgemeine Formel für die Potentialdifferenz abgeleitet, die die vorliegenden Messungen gut wiedergab. Als mir nun Herr Kollege Nernst in einem freundlichen Brief aus Göttingen die Resultate einiger neuer Messungen mitteilte, und diese sich ebenfalls aufs beste in meine Formel einfügten, war ich meiner Sache sicher und hoffte nun, mich mit meinem Vortrag recht vorteilhaft in die Physikalische Gesellschaft einzuführen. Es sollte freilich etwas anders kommen. Den Vorsitz an dem Abend führte Du Bois-Reymond. Nachdem ich meinen Vortrag beendet und die Tafel vollgeschrieben hatte, meldete sich in der Diskussion niemand zum Wort. Daher machte der Vorsitzende selber einige Bemerkungen, die aber im wesentlichen auf eine ziemlich scharfe Kritik hinausliefen. Die Übereinstimmung der gemessenen und der berechneten Zahlen könne doch wohl auf einem Zufall beruhen, denn die Grundlage dieser ganzen Theorie scheine ihm doch sehr unsicher Besonders die Vorstellung, daß z. B. in einer Kochsalzlösung freie Natriumatome sich herumbewegen, sei für jeden, der etwas chemisch denken könne, geradezu unannehmbar. Überhaupt: Der sogenannte osmotische Druck, der sich in konzentrierten Lösungen nach Atmosphären bemißt, müßte doch eigentlich jedes Reagenzglas sprengen. Das Einzige, was ihm an der Theorie offenbar gefiel, war der Umstand, daß die Potentialdifferenz zwischen einem Elektrolyten und reinem Wasser sich in ihr als unendlich groß ergibt. Denn bei seinen eigenen Messungen habe er für diese Potentialdifferenz keinen bestimmten Wert feststellen können; sie wäre im allgemeinen um so größer ausgefallen, je reiner das benutzte Wasser gewesen wäre. Das war nun im ganzen genommen eine kalte Dusche auf meine glühende Begeisterung. Ich ging etwas bedrückt nach Hause, tröstete mich aber bald in dem Gedanken, daß eine gute Theorie sich auch ohne geschickte Propaganda durchsetzen werde. Das ist natürlich auch in diesem Falle geschehen, obwohl es in Berlin noch einige Jahre dauerte. Denn hier hatte die neu aufstrebende physikalische Chemie vor der erst 1905 erfolgten Berufung Nernsts keinen rechten Vertreter. Landolt war schon zu alt; der einzige an der neuen Entwicklung teilnehmende Physiko-Chemiker war der Privatdozent Hans Jahn (1906), mit dem ich auch persönlich infolge seines warmherzigen Wesens und seiner künstlerischen Interessen nahe Beziehungen hatte. Jahn war nicht nur ein ausgezeichneter Experimentator, der seine Messungen mit vorbildlicher Sorgfalt durchführte, sondern als ein Schüler Boltzmanns auch ein vielseitiger und feingebildeter Theoretiker. Seine eigenen Schüler, die er geradezu väterlich betreute, hingen mit größter Liebe und Verehrung an ihm.

Aber nicht nur mit den in Berlin ansässigen, sondern auch einer Anzahl auswärtiger Kollegen trat ich damals in einen anregenden Gedankenaustausch. Meinen Briefwechsel mit W. Nernst erwähnte ich bereits.

Anknüpfend an die Probleme der elektrischen Dissoziationstheorie entwickelte sich bald auch ein ausgedehnter Briefwechsel mit Wilhelm Ostwald in Leipzig, der zu mancherlei kritischen, aber immer im freundschaftlichen Ton geführten Auseinandersetzungen Anlaß gab. Ostwald, der seiner Natur nach stark zum Systematisieren neigte, unterschied drei Arten der Energie, entsprechend den drei Raumdimensionen: die Distanzenergie, die Oberflächenenergie und die Raumenergie. Die Distanzenergie, sagte er, sei die Gravitation, die Oberflächenenergie sei die Oberflächenspannung einer Flüssigkeit, die Raumenergie sei die Volumenenergie. Darauf erwiderte ich u. a., daß es keine Volumenenergie im Ostwaldschen Sinne gibt. Bei einem idealen Gas zum Beispiel hängt die Energie sogar überhaupt nicht vom Volumen ab, sondern nur von der Temperatur. Läßt man ein ideales Gas sich ohne äußere Arbeitsleistung ausdehnen, so vergrößert sich das Volumen, aber die Energie bleibt unverändert, während nach Ostwald die Energie sich vermindern müßte, entsprechend der Verminderung des Druckes.

Eine andere Kontroverse ergab sich im Anschluß an die Frage der Analogie des Überganges der Wärme von höherer zu tieferer Temperatur mit dem Herabsinken eines Gewichtes von größerer auf geringere Höhe. Ich hatte schon früher die Notwendigkeit einer scharfen Trennung dieser beiden Vorgänge betont. Denn sie unterschieden sich grundsätzlich voneinander, wie sich die beiden Hauptsätze der Wärmetheorie voneinander unterscheiden. Damit stieß ich aber auf den Widerspruch einer damals allgemein verbreiteten Ansicht, und es war mir nicht möglich, mich mit meiner Meinung bei den Fachgenossen durchzusetzen. Es gab sogar Physiker, welche die Clausiusschen Gedankengänge unnötig kompliziert und noch dazu unklar fanden, und welche es insbesondere ablehnten, durch die Einführung des Begriffes der Irreversibilität des direkten Wärmeübergangs der Wärme eine Sonderstellung unter den verschiedenen Energiearten zuzuweisen. Sie schufen als Gegenstück zur Clausiusschen Wärmetheorie die sog. Energetik, deren erster Hauptsatz ebenso wie der Clausiussche das Prinzip der Erhaltung der Energie ausspricht, deren zweiter Hauptsatz aber, der die Richtung allen Geschehens anzeigen soll, den Wärmeübergang von höherer zu tieferer Temperatur in vollkommene Analogie stellt zu dem Herabsinken eines Gewichtes von größerer auf geringere Höhe. Damit hing dann zusammen, daß die Annahme einer Irreversibilität für den Beweis des zweiten Hauptsatzes als unwesentlich erklärt wurde, ferner auch, daß die Existenz eines absoluten Nullpunktes der Temperatur bestritten wurde unter Berufung darauf, daß man wie bei Höhenniveaus so auch bei der Temperatur nur Differenzen messen könne.

Es gehört mit zu den schmerzlichsten Erfahrungen der ersten Jahrzehnte meines wissenschaftlichen Lebens, daß es mir nur selten, ja, ich möchte sagen, niemals gelungen ist, eine neue Behauptung, für deren Richtigkeit ich einen vollkommen zwingenden, aber nur theoretischen Beweis erbringen konnte, zur allgemeinen Anerkennung zu bringen. So ging es mir auch diesmal. Gegen die Autorität von Männern wie W. Ostwald, Ch. Helm, E. Mach war eben nicht aufzukommen. Daß meine Behauptung des grundsätzlichen Unterschiedes zwischen der Wärmeleitung und dem Gewichtsherabfall schließlich sich als zutreffend erweisen würde, wußte ich ja mit vollkommener Sicherheit. Aber das Ärgerliche war, daß ich nicht die Genugtuung erlebte, mich durchgesetzt zu haben, sondern daß die allgemeine Anerkennung meiner Behauptung von ganz anderer Seite herbeigeführt wurde, die mit den Überlegungen, durch welche ich meine Behauptung begründet hatte, in gar keinem Zusammenhang stand, nämlich von der atomistischen Theorie, wie sie durch Ludwig Boltzmann vertreten wurde.

Boltzmann war es gelungen, für ein gegebenes Gas in einem gegebenen Zustand eine Größe H zu bilden, welche die Eigenschaft besitzt, daß ihr Betrag mit der Zeit beständig abnimmt. Man braucht also nur den negativen Wert dieser Größe mit der Entropie zu identifizieren, um das Prinzip der Vermehrung der Entropie zu gewinnen. Damit war dann auch die Irreversibilität als charakteristisch für die Vorgänge in einem Gase nachgewiesen.

So kam die tatsächliche Entwicklung der Dinge darauf hinaus, daß meine Behauptung des grundsätzlichen Unterschiedes zwischen der Wärmeleitung und einem mechanischen Vorgang zwar den Sieg über die frühere, von hervorragenden Autoritäten vertretene Ansicht davontrug, daß aber meine Beteiligung bei dem Kampf ganz überflüssig war; denn auch ohne sie wäre der Umschwung genau so eingetreten.

Es versteht sich, daß dieser Kampf, in dem sich Boltzmann und Ostwald gegenüberstanden, ziemlich lebhaft geführt wurde und daß er auch zu manchen drastischen Effekten Anlaß gab, da die beiden Gegner sich an Schlagfertigkeit und natürlichem Witz ebenbürtig waren. Ich selbst konnte dabei nach dem Gesagten nur die Rolle eines Sekundanten von Boltzmann spielen, dessen Dienste von diesem freilich gar nicht anerkannt, ja nicht einmal gern gesehen wurden. Denn Boltzmann wußte recht wohl, daß mein Standpunkt von dem seinigen doch wesentlich verschieden war. Insbesondere verdroß es ihn, daß ich der atomistischen Theorie, welche die Grundlage seiner ganzen Forschungsarbeit bildete, nicht nur gleichgültig, sondern sogar etwas ablehnend gegenüberstand. Das hatte darin seinen Grund, daß ich damals dem Prinzip der Vermehrung der Entropie die nämliche ausnahmslose Gültigkeit zuschrieb wie dem Prinzip der Erhaltung der Energie, während bei Boltzmann jenes Prinzip nur als Wahrscheinlichkeitsgesetz erscheint, welches als solches auch Ausnahmen zuläßt. Die Größe H kann auch einmal zunehmen. Auf diesen Punkt war Boltzmann bei der Ableitung seines sog. H-Theorems gar nicht eingegangen, und ein talentvoller Schüler von mir, Ernst Zermelo, wies mit Nachdruck auf diesen Mangel einer strengen Begründung des Theorems hin. In der Tat fehlte in der Rechnung von Boltzmann die Erwähnung der für die Gültigkeit seines Theorems unentbehrlichen Voraussetzung der molekularen Unordnung. Er setzte sie wohl als selbstverständlich voraus. Jedenfalls erwiderte er dem jungen Zermelo mit beißender Schärfe, von der auch ein Teil mich selbst traf, weil doch die Zermelosche Arbeit mit meiner Genehmigung erschienen war. Auf diese Weise kam es, daß Boltzmann zeitlebens, auch bei späteren Gelegenheiten, sowohl in seinen Publikationen als auch in unserer Privatkorrespondenz einen gereizten Ton gegen mich beibehielt, der erst in der letzten Zeit seines Lebens, als ich ihm von der atomistischen Begründung meines Strahlungsgesetzes berichtete, einer freundlichen Zustimmung wich.

Daß Boltzmann in dem Kampf gegen Ostwald und die Energetiker sich schließlich durchsetzte, war für mich nach dem Gesagten eine Selbstverständlichkeit. Die grundsätzliche Verschiedenheit der Wärmeleitung von einem rein mechanischen Vorgang wurde allgemein anerkannt. Dabei hatte ich Gelegenheit, eine, wie ich glaube, bemerkenswerte Tatsache festzustellen. Eine neue wissenschaftliche Wahrheit pflegt sich nicht in der Weise durchzusetzen, daß ihre Gegner überzeugt werden und sich als belehrt erklären, sondern vielmehr dadurch, daß die Gegner allmählich aussterben und daß die heranwachsende Generation von vornherein mit der Wahrheit vertraut gemacht ist.

Im übrigen boten die hier geschilderten Auseinandersetzungen für mich verhältnismäßig nur wenig Reiz, da etwas Neues dabei nicht herauskommen konnte. Mein Interesse wandte sich daher bald einem ganz anderen Problem zu, das mich für längere Zeit in seinem Bann festhalten und zu verschiedenen Arbeiten anregen sollte: dem Strahlungsgesetz.

Wie ich dieses Problem in Angriff nahm und wie es sich schließlich löste, habe ich vor ein paar Jahren in dieser Zeitschrift ausführlich dargestellt[6]. Dabei muß ich mich nun freilich selbst einer molekularstatistischen Methode bedienen und mich damit der bis dahin angefochtenen Atomtheorie zuwenden. Allerdings unterschied sich diese in einem entscheidenden Punkte von den von Boltzmann und anderen Vertretern der Atomtheorie angewandten Verfahren, in der Idee des elementaren Wirkungsquantums h. Die Umgestaltung, welche damit erforderlich wurde, habe ich im Anschluß an die Arbeiten über das Strahlungsgesetz mehrfach behandelt. Sie wirkt auch auf die eigentliche Thermodynamik zurück.

---

[6]Zur Geschichte der Auffindung des Wirkungsquantums, M. Planck, Naturwiss. 31, 153 (1943).

Wissenschaftliche Selbstbiographie

Was mich zu meiner Wissenschaft führte und von Jugend auf für sie begeisterte, ist die durchaus nicht selbstverständliche Tatsache, daß unsere Denkgesetze übereinstimmen mit den Gesetzmäßigkeiten im Ablauf der Eindrücke, die wir von der Außenwelt empfangen, daß es also dem Menschen möglich ist, durch reines Denken Aufschlüsse über jene Gesetzmäßigkeiten zu gewinnen. Dabei ist von wesentlicher Bedeutung, daß die Außenwelt etwas von uns Unabhängiges, Absolutes darstellt, dem wir gegenüberstehen, und das Suchen nach den Gesetzen, die für dieses Absolute gelten, erschien mir als die schönste wissenschaftliche Lebensaufgabe.

Gestützt und gefördert wurden diese Gedanken durch den ausgezeichneten Unterricht, den ich im Münchener Maximiliangymnasium viele Jahre hindurch von dem Mathematiklehrer Hermann Müller empfing, einem mitten im Leben stehenden, scharfsinnigen und witzigen Mann, der es verstand, die Bedeutung der physikalischen Gesetze, die er uns Schülern beibrachte, durch drastische Beispiele zu erläutern.

So kam es, daß ich als erstes Gesetz, welches unabhängig vom Menschen eine absolute Geltung besitzt, das Prinzip der Erhaltung der Energie wie eine Heilsbotschaft in mich aufnahm. Unvergeßlich ist mir die Schilderung, die Müller uns zum besten gab, von einem Maurer, der einen schweren Ziegelstein mühsam auf das Dach eines Hauses hinaufschleppt. Die Arbeit, die er dabei leistet, geht nicht verloren, sie bleibt unversehrt aufgespeichert, vielleicht jahrelang, bis vielleicht eines Tages der Stein sich löst und unten einem Menschen auf den Kopf fällt.

Nach Absolvierung des Gymnasiums bezog ich die Universität, zuerst drei Jahre in München, dann noch ein Jahr in Berlin. Ich hörte Experimentalphysik und Mathematik; Lehrstühle für theoretische Physik gab es damals noch nicht. In München waren meine Lehrer der Physiker Ph. von Jolly und die Mathematiker Ludwig Seidel und Gustav Bauer. Bei allen dreien habe ich viel gelernt und bewahre ihnen ein ehrendes Andenken. Daß sie aber in wissenschaftlicher Beziehung doch eigentlich nur lokale Bedeutung besaßen, merkte ich erst in Berlin, wo sich unter den Auspizien von Hermann von Helmholtz und Gustav Kirchhoff, deren bahnbrechende, in der ganzen Welt Beachtung findende Arbeiten ihren Schülern leicht zugänglich waren, mein wissenschaftlicher Horizont sich beträchtlich erweiterte. Allerdings muß ich gestehen, daß mir die Vorlesungen keinen merklichen Gewinn brachten. Helmholtz hatte sich offenbar nie richtig vorbereitet, er sprach immer nur stockend, wobei er in einem kleinen Notizbuch sich die nötigen Daten heraussuchte, außerdem verrechnete er sich beständig an der Tafel, und wir hatten das Gefühl, daß er sich selber bei diesem Vortrag mindestens ebenso langweilte wie wir. Die Folge war, daß die Hörer nach und nach wegblieben; schließlich waren es nur noch drei, mich und meinen Freund, den späteren Astronomen Rudolf Lehmann-Filhés, eingerechnet.

Im Gegensatz dazu trug Kircbhoff ein sorgfältig ausgearbeitetes Kollegheft vor, in dem jeder Satz wohl erwogen an seiner richtigen Stelle stand. Kein Wort zu wenig, kein Wort zu viel. Aber das Ganze wirkte wie auswendig gelernt, trocken und eintönig. Wir bewunderten den Redner, aber nicht das, was er sagte.

Unter diesen Umständen konnte ich mein Bedürfnis nach wissenschaftlicher Fortbildung nur dadurch stillen, daß ich zur Lektüre von Schriften griff, die mich interessierten, und das waren naturgemäß solche, die an das Energieprinzip anknüpften. So kam es, daß mir die Abhandlungen von Rudolph Clausius in die Hände fielen, deren wohlverständliche Sprache und einleuchtende Klarheit mir einen gewaltigen Eindruck machten und in die ich mich mit wachsender Begeisterung vertiefte. Insbesondere würdigte ich die von ihm gegebene genaue Formulierung der beiden Hauptsätze der Wärmetheorie und die erstmalige Durchführung ihrer scharfen Trennung voneinander. Bis dahin war nämlich, als Konsequenz der stofflichen Wärmetheorie, die Auffassung allgemein gewesen, daß der Übergang der Wärme von höherer zu tieferer Temperatur gleichartig sei mit dem Herabsinken eines Gewichtes von höherer zu geringerer Höhe, und diese irrtümliche Anschauung ließ sich nicht so leicht verdrängen.

Clausius leitete seinen Beweis des zweiten Hauptsatzes ab aus der Hypothese, daß „die Wärme nicht von selbst aus einem kälteren in einen wärmeren Körper übergeht". Diese Hypothese bedarf aber einer besonderen Erläuterung. Denn mit ihr soll nicht nur ausgedrückt werden, daß die Wärme nicht direkt aus einem kälteren in einen wärmeren Körper übergeht, sondern auch, daß es auf keinerlei Weise möglich ist, Wärme aus einem kälteren in einen wärmeren Körper zu schaffen, ohne daß in der Natur irgendeine als Kompensation dienende Veränderung zurückbleibt.

In dem Bestreben, mir über diesen Punkt möglichst Klarheit zu schaffen, kam ich auf eine Formulierung der Hypothese, die mir einfacher und bequemer zu sein schien. Sie lautet: „Der Prozeß der Wärmeleitung läßt sich auf keinerlei Weise vollständig rückgängig machen." Damit ist dasselbe ausgedrückt wie durch die Clausiussche Fassung, ohne daß es einer besonderen Erläuterung bedarf. Einen Prozeß, der sich auf keinerlei Weise vollständig rückgängig machen läßt, nannte ich „natürlich", heute heißt er „irreversibel".

Aber der Fehler, den man durch die allzu enge Interpretation des Clausiusschen Satzes begeht und den ich mein ganzes Leben hindurch unermüdlich bekämpft habe, ist, wie es scheint, nicht auszurotten. Denn bis auf den heutigen Tag begegne ich statt der obigen Definition der Irreversibilität der folgenden: „Irreversibel ist ein Prozeß, der nicht in umgekehrter Richtung verlaufen kann." Das ist nicht ausreichend. Denn von vornherein ist es sehr wohl denkbar, daß ein Prozeß, der nicht in umgekehrter Richtung verlaufen kann, auf irgendeine Weise sich vollständig rückgängig machen läßt.

Da die Entscheidung darüber, ob ein Prozeß reversibel oder irreversibel ist, nur von der Beschaffenheit des Anfangszustandes und des Endzustandes abhängt, nicht aber von der Art seines Verlaufes, so ist bei einem irreversiblen Prozeß der Endzustand in einem gewissen Sinn vor dem Anfangszustand ausgezeichnet, die Natur besitzt sozusagen eine größere „Vorliebe" für ihn. Als ein Maß für die Größe dieser Vorliebe ergab sich mir die Clausiussche Entropie, und als Sinn des zweiten Hauptsatzes das Gesetz, daß bei jedem Naturvorgang die Summe der Entropien aller an dem Vorgang beteiligter Körper zunimmt. Die vorstehenden Ausführungen verarbeitete ich zu meiner im Jahre 1879 vollendeten Münchener Doktordissertation.

Der Eindruck dieser Schrift in der damaligen physikalischen Öffentlichkeit war gleich Null. Von meinen Universitätslehrern hatte, wie ich aus Gesprächen mit ihnen genau weiß, keiner ein Verständnis für ihren Inhalt. Sie ließen sie wohl nur deshalb als Dissertation passieren, weil sie mich von meinen sonstigen Arbeiten im physikalischen Praktikum und im mathematischen Seminar her kannten. Aber auch bei den Physikern, welche dem Thema an sich näher standen, fand ich kein Interesse, geschweige denn Beifall. Helmholtz hat diese Schrift wohl überhaupt nicht gelesen, Kirchhoff lehnte ihren Inhalt ausdrücklich ab mit der Bemerkung, daß der Begriff der Entropie, deren Größe nur durch einen reversiblen Prozeß meßbar und daher auch definierbar sei, nicht auf irreversible Prozesse angewendet werden dürfe. An Clausius gelang es mir nicht heranzukommen, auf Briefe antwortete er nicht, und ein Versuch, mich ihm in Bonn persönlich vorzustellen, führte zu keinem Ergebnis, weil ich ihn nicht zu Hause antraf. Mit Carl Neumann in Leipzig führte ich eine Korrespondenz, die völlig ergebnislos verlief.

Solche Erfahrungen hinderten mich jedoch nicht, tief durchdrungen von der Bedeutung dieser Aufgabe, das Studium der Entropie, die ich neben der Energie als die wichtigste Eigenschaft eines physikalischen Gebildes betrachtete, weiter fortzusetzen. Da ihr Maximum den Gleichgewichtszustand bezeichnet, so ergaben sich aus der Kenntnis der Entropie alle Gesetze des physikalischen und des chemischen Gleichgewichts. Das führte ich in den folgenden Jahren mit verschiedenen Arbeiten im einzelnen durch. Zunächst für Aggregatzustandsänderungen, in meiner Münchener Habilitätsschrift vom Jahre 1880, dann für Gasmischungen. Überall zeigten sich fruchtbare Ergebnisse. Leider war mir aber darin, wie ich erst nachträglich entdeckte, der große amerikanische Theoretiker Josiah Willard Gibbs zuvorgekommen, der die nämlichen Sätze, sogar teilweise in noch allgemeinerer Fassung, schon früher formuliert hatte, so daß mir auch auf diesem Gebiet keine äußeren Erfolge beschieden waren.

Als Privatdozent in München wartete ich jahrelang vergeblich auf eine Berufung in eine Professur, worauf freilich wenig Aussicht bestand, da die theoretische Physik damals noch nicht als besonderes Fach galt. Um so dringender war mein Bedürfnis, mich irgendwie in der wissenschaftlichen Welt vorteilhaft bekanntzumachen.

Von diesem Wunsch geleitet, entschloß ich mich zur Bearbeitung der für das Jahr 1887 von der Göttinger philosophischen Fakultät gestellten Preisaufgabe über das Wesen der Energie. Noch vor Vollendung dieser Arbeit, im Frühjahr 1885, erging an mich der Ruf als Extraordinarius für theoretische Physik an der Universität Kiel. Er kam mir vor wie eine Erlösung: den Augenblick, da mich der Ministerialdirektor Althoff zu sich in das Hotel Marienbad bestellte und mir die näheren Bedingungen mitteilte, zähle ich zu den glücklichsten meines Lebens. Denn wenn ich auch im Elternhaus das denkbar schönste und behaglichste Leben führte, so war der Drang nach Selbständigkeit doch immer stärker in mir geworden, und ich sehnte mich nach der Gründung eines eigenen Haushaltes.

Freilich vermutete ich nicht mit Unrecht, daß ich diesen Glücksfall nicht eigentlich meinen wissenschaftlichen Leistungen zu verdanken hatte, sondern vielmehr dem Umstand, daß der Kieler Professor der Physik Gustav Karsten ein naher Freund meines Vaters war. Immerhin meine Freude war unbeschreiblich, und ich setzte meinen Ehrgeiz darein, das mir erwiesene Vertrauen nach allen Richtungen zu rechtfertigen.

Sehr rasch erfolgte nun die Übersiedlung nach Kiel, dort wurde bald meine Arbeit für Göttingen beendet und mit dem zweiten Preis gekrönt. Außer meiner Bearbeitung der Aufgabe waren noch zwei andere eingegangen, welche nicht gekrönt wurden. Auf die einigermaßen naheliegende Frage, weshalb meine Arbeit es nicht bis zum ersten Preis gebracht hatte, suchte und fand ich die Antwort in dem ausführlichen Urteil der Göttinger Fakultät. Nach einigen minder ins Gewicht fallenden Bemängelungen heißt es dort: „Die Fakultät muß endlich den Bemerkungen, durch welche sich der Verfasser mit dem Weberschen Gesetz abzufinden sucht, ihre Zustimmung versagen." Mit diesen Bemerkungen hatte es folgende Bewandtnis: W. Weber war der Göttinger Professor der Physik, und es bestand damals zwischen Weber und Helmholtz eine scharfe wissenschaftliche Kontroverse, in welcher ich mich ausdrücklich auf die Seite von Helmholtz stellte. Ich glaube mich nicht zu irren, wenn ich in diesem Umstand den Hauptgrund sehe, weshalb die Göttinger Fakultät mir den ersten Preis verweigerte. Hatte ich durch mein Verhalten den Beifall der Göttinger verscherzt, so zog ich dafür auf der andern Seite die Aufmerksamkeit der Berliner auf mich, und das sollte ich bald zu spüren bekommen.

Nach Vollendung der Arbeit für Göttingen wandte ich mich wieder meinem Lieblingsthema zu und schrieb eine Anzahl von Aufsätzen, die ich unter dem gemeinsamen Titel: „Über das Prinzip der Vermehrung der Entropie" zusammenfaßte. Es wurden darin die Gesetze des Eintritts chemischer Reaktionen, sowie der Dissoziation von Gasen, und schließlich die Eigenschaften verdünnter Lösungen behandelt. Bezüglich der letzteren führte meine Theorie zu dem Schluß, daß die bei vielen Salzlösungen beobachteten Werte der Gefrierpunktserniedrigung nur durch eine Dissoziation der gelösten Stoffe erklärt werden können, und daß hiermit eine thermodynamische Begründung der ungefähr gleichzeitig von Svante Arrhenius aufgestellten elektrolytischen Dissoziationstheorie gegeben sei. Durch diese Feststellung geriet ich leider in einen ärgerlichen Konflikt. Denn Arrhenius bestritt in ziemlich unfreundlicher Weise die Zulässigkeit meiner Beweisführung, indem er hervorhob, daß seine Hypothese sich auf Ionen, also auf elektrisch geladene Teilchen bezieht, worauf ich nur erwidern konnte, daß die thermodynamischen Gesetze unabhängig davon gelten, ob die Teilchen geladen sind oder nicht.

Im Frühjahr 1889, nach dem Tod von Kirchhoff, wurde ich auf Vorschlag der Berliner philosophischen Fakultät als dessen Nachfolger zur Vertretung der theoretischen Physik an die Universität berufen, zuerst als Extraordinarius, von 1892 ab als Ordinarius. Das waren die Jahre, in denen ich wohl die stärkste Erweiterung meiner ganzen wissenschaftlichen Denkweise erfuhr. Denn nun kam ich zum erstenmal in nähere Berührung mit den Männern, welche damals die Führung in der wissenschaftlichen Forschung der Welt inne hatten. Vor allem mit Helmholtz. Ich lernte ihn aber auch von seiner menschlichen Seite kennen und ebenso hoch verehren, wie ich es in wissenschaftlicher Hinsicht von jeher getan hatte. Denn in seiner ganzen Persönlichkeit, seinem unbestechlichen Urteil, seinem schlichten Wesen verkörperte sich die Würde und die Wahrhaftigkeit seiner Wissenschaft. Dazu gesellte sich eine menschliche Güte, die mir tief zu Herzen ging. Wenn er im Gespräch mich mit seinen ruhigen eindringlich forschenden und doch im Grunde wohlwollenden Augen anschaute, dann überkam mich ein Gefühl grenzenloser kindlicher Hingabe, ich hätte ihm ohne Rücksicht alles, was mir am Herzen lag, anvertrauen können, in der gewissen Zuversicht, daß ich in ihm einen gerechten und milden Richter finden würde; und ein anerkennendes oder gar lobendes Wort aus seinem Munde konnte mich mehr beglücken als jeder äußere Erfolg.

Ein paar Mal ist mir so etwas passiert. Dazu zähle ich den betonten Dank, den er mir in der Physikalischen Gesellschaft nach meiner Gedächtnisrede auf Heinrich Hertz aussprach, oder die Zustimmung zu meiner Theorie der Lösungen, die er mir kurz vor meiner Erwählung in die Preußische Akademie der Wissenschaften äußerte. Jedes dieser kleinen Erlebnisse bewahre ich in meinem Gedächtnis wie einen unverlierbaren Schatz für mein ganzes Leben.

Außer mit Helmholtz kam ich auch mit Wilhelm von Bezold, den ich schon von München her kannte, schnell in ein näheres Verhältnis. Desgleichen mit August Kundt, dem temperamentvollen und wegen seiner echten Warmherzigkeit überall beliebten Direktor des Physikalischen Institutes.

Nicht so leicht gelang mir das mit anderen Physikern. Da war z. B. Adolph Paalzow, der Physiker an der Technischen Hochschule in Charlottenburg, ein gediegener Experimentator und dabei ein richtiger Berliner. Er behandelte mich stets sehr freundlich, aber ich hatte doch immer das Gefühl, daß er mich eigentlich für ziemlich überflüssig hielt. Ich war eben damals weit und breit der einzige Theoretiker, gewissermaßen ein Physiker sui generis, was mir den Einstand nicht ganz leicht machte. Ich glaubte auch deutlich zu spüren, daß mir die Herren Assistenten am Physikalischen Institut mit einer gewissen betonten Zurückhaltung begegneten. Doch mit der Zeit, als wir uns gegenseitig näher kennenlernten, kamen wir uns näher, und mit einem derselben, Heinrich Rubens, hat mich später durch viele Jahre hindurch bis zu seinem frühzeitigen Tode herzliche Freundschaft verbunden.

Ein besonderer Zufall wollte es, daß ich gleich beim Beginn meiner Berliner Tätigkeit für einige Zeit von einer Arbeit auf einem meinen speziellen physikalischen Interessen ferner liegenden Gebiete in Anspruch genommen wurde. Dem Institut für theoretische Physik war nämlich gerade zu dieser Zeit ein großes, von dem genialen Volksschullehrer Carl Eitz in

Eisleben konstruiertes, für Rechnung des Ministeriums von der Pianofortefabrik Schiedmeyer in Stuttgart erbautes Harmonium in natürlich reiner Stimmung als Inventarstück überwiesen worden, und ich hatte die Aufgabe, an diesem Instrument Studien über die natürliche Stimmung zu machen. Das tat ich denn auch mit großem Interesse, besonders in bezug auf die Frage nach der Rolle, welche die natürliche Stimmung in unserer modernen, von Instrumentalbegleitung freien Vokalmusik spielt. Dabei kam ich zu dem mir einigermaßen unvermuteten Ergebnis, daß unser Ohr die temperierte Stimmung unter allen Umständen der natürlichen Stimmung vorzieht. Sogar in einem harmonischen Durdreiklang klingt die natürliche Terz gegenüber der temperierten Terz matt und ausdruckslos. Ohne Zweifel ist diese Tatsache in letzter Linie auf jahre- und generationslange Gewöhnung zurückzuführen. Denn vor Joh. Seb. Bach war die temperierte Stimmung überhaupt nicht allgemein bekannt.

Die Übersiedlung nach Berlin brachte mir außer der Berührung mit interessanten Persönlichkeiten auch eine beträchtliche Erweiterung meiner wissenschaftlichen Korrespondenz. Vor allem wurde meine Aufmerksamkeit auf die von W. Nernst in Göttingen aufgestellte, äußerst fruchtbare Theorie gelenkt, nach welcher die in ungleichmäßig konzentrierten Lösungen von Elektrolyten auftretenden elektrischen Spannungen durch das Zusammenwirken der von den Ladungen herrührenden elektrischen Kraft mit dem osmotischen Druck zustande kommen. Es gelang mir, auf der Grundlage dieser Theorie die Potentialdifferenz an der Berührungsstelle zweier elektrolytischer Lösungen zu berechnen mittels einer Formel, welche, wie mir Nernst brieflich mitteilte, durch seine Messungen bestätigt wurde.

Anknüpfend an die Probleme der elektrischen Dissoziationstheorie entwickelte sich bald auch ein ausgedehnter Briefwechsel mit Wilhelm Ostwald in Leipzig, der zu mancherlei kritischen, aber immer in freundschaftlichem Ton geführten Auseinandersetzungen Anlaß gab. Ostwald, der seiner Natur nach stark zum Systematisieren neigte, unterschied drei verschiedene Arten der Energie, entsprechend den drei Raumdimensionen: die Distanzenergie, die Oberflächenenergie und die Raumenergie. Die Distanzenergie, sagte er, sei die Gravitation, die Oberflächenenergie, sagte er, sei die Oberflächenspannung einer Flüssigkeit, die Raumenergie, sagte er, sei die Volumenenergie. Darauf erwiderte ich u. a., daß es keine Volumenenergie im Ostwaldschen Sinne gibt. Bei einem idealen Gas z. B. hängt die Energie sogar überhaupt nicht vom Volumen ab, sondern nur von der Temperatur. Läßt man ein ideales Gas sich ohne äußere Arbeitsleistung ausdehnen, so vergrößert sich das Volumen, aber die Energien bleibt unverändert, während nach Ostwald die Energie sich vermindern müßte, entsprechend der Verminderung des Drucks.

Eine andere Kontroverse ergab sich im Anschluß an die Frage der Analogie des Überganges der Wärme von höherer zu tieferer Temperatur mit dem Herabsinken eines Gewichtes von größerer auf geringere Höhe. Ich hatte schon früher die Notwendigkeit einer scharfen Trennung dieser beiden Vorgänge betont. Denn sie unterscheiden sich ebenso grundsätzlich voneinander, wie sich die beiden Hauptsätze der Wärmetheorie voneinander unterscheiden. Damit stieß ich aber auf den Widerspruch einer damals allgemein verbreiteten Ansicht, und es war mir nicht möglich, mich mit meiner Meinung bei den Fachgenossen durchzusetzen. Es gab sogar Physiker, welche die Clausiusschen Gedankengänge unnötig kompliziert und noch dazu unklar fanden, und welche es insbesondere ablehnten, durch die Einführung des Begriffes der Irreversibilität der Wärme eine Sonderstellung unter den verschiedenen Energiearten zuzuweisen. Sie schufen als Gegenstück zur Clausiusschen Wärmetheorie die sog. Energetik, deren erster Hauptsatz ebenso wie der Clausiussche das Prinzip der Erhaltung der Energie ausspricht, deren zweiter Hauptsatz aber, der die Richtung alles Geschehens anzeigen soll, den Wärmeübergang von höherer zu tieferer Temperatur in vollkommene Analogie stellt zu dem Herabsinken eines Gewichtes von größerer auf geringere Höhe. Damit hing dann zusammen, daß die Annahme einer Irreversibilität für den Beweis des zweiten Hauptsatzes als unwesentlich erklärt wurde, ferner auch, daß die Existenz eines absoluten Nullpunktes der Temperatur bestritten wurde unter Berufung darauf, daß man wie bei Höhenniveaus, so auch bei der Temperatur nur Differenzen messen könne.

Es gehört mit zu den schmerzlichsten Erfahrungen meines wissenschaftlichen Lebens, daß es mir nur selten, ja, ich möchte sagen niemals gelungen ist, eine neue Behauptung, für deren Richtigkeit ich einen vollkommen zwingenden, aber nur theoretischen Beweis erbringen konnte, zur allgemeinen Anerkennung zu bringen. So ging es mir auch diesmal. Alle meine guten Gründe fanden kein Gehör. Gegen die Autorität von Männern wie W. Ostwald, G. Helm, E. Mach war eben nicht aufzukommen. Daß meine Behauptung des grundsätzlichen Unterschiedes zwischen der Wärmeleitung und dem Gewichtsherabfall schließlich sich als zutreffend erweisen würde, wußte ich ja mit vollkommener Sicherheit. Aber das Ärgerliche war, daß ich gar nicht die Genugtuung erlebte, mich durchgesetzt zu haben, sondern daß die allgemeine Anerkennung meiner Behauptung von einer ganz anderen Seite her herbeigeführt wurde, die mit den Überlegungen, durch welche ich meine Behauptung begründet hatte, in gar keinem Zusammenhang stand, nämlich von der atomistischen Theorie, wie sie durch Ludwig Boltzmann vertreten wurde.

Boltzmann war es gelungen, für ein gegebenes Gas in einem gegebenen Zustand eine Größe H zu bilden, welche die Eigenschaft besitzt, daß ihr Betrag mit der Zeit beständig abnimmt. Man braucht also nur den negativen Wert dieser Größe mit der Entropie zu identifizieren, um das Prinzip der Vermehrung der Entropie zu gewinnen. Damit war denn auch die Irreversibilität als charakteristisch für die Vorgänge in einem Gase nachgewiesen.

So kam die tatsächliche Entwicklung der Dinge darauf hinaus, daß meine Behauptung des grundsätzlichen Unterschiedes zwischen der Wärmeleitung und einem rein mechanischen Vorgang zwar den Sieg über die früher von hervorragenden Autoritäten vertretene Ansicht davontrug, daß aber meine Beteiligung bei dem Kampf ganz überflüssig war; denn auch ohne sie wäre der Umschwung genau ebenso eingetreten.

Es versteht sich, daß dieser Kampf, in dem sich namentlich Boltzmann und Ostwald gegenüberstanden, ziemlich lebhaft geführt wurde, und daß er auch zu manchen drastischen Effekten Anlaß gab, da die beiden Gegner sich an Schlagfertigkeit und natürlichem Witz ebenbürtig waren. Ich selber konnte dabei nach dem Gesagten nur die Rolle eines Sekundanten von Boltzmann spielen, dessen Dienste von diesem freilich gar nicht anerkannt, ja nicht einmal gern gesehen wurden. Denn Boltzmann wußte recht wohl, daß mein Standpunkt von dem seinigen wesentlich verschieden war. Insbesondere verdroß es ihn, daß ich der atomistischen Theorie, welche die Grundlage seiner ganzen Forschungsarbeit bildete, nicht nur gleichgültig, sondern sogar etwas ablehnend gegenüberstand. Das hatte darin seinen Grund, daß ich damals dem Prinzip der Vermehrung der Entropie die nämliche ausnahmslose Gültigkeit zuschrieb wie dem Prinzip der Erhaltung der Energie, während bei Boltzmann jenes Prinzip nur als ein Wahrscheinlichkeitsgesetz erscheint, welches als solches auch Ausnahmen zuläßt. Die Größe H kann auch einmal zunehmen. Auf diesen Punkt war Boltzmann bei der Ableitung seines sog. H-Theorems gar nicht eingegangen, und ein talentvoller Schüler von mir, E. Zermelo, wies mit Nachdruck auf diesen Mangel einer strengen Begründung des Theorems hin. In der Tat fehlte in der Rechnung von Boltzmann die Erwähnung der für die Gültigkeit seines Theorems unentbehrlichen Voraussetzung der molekularen Unordnung. Er setzte sie wohl als selbstverständlich voraus. Jedenfalls erwiderte er dem jungen Zermelo mit beißender Schärfe, von der auch ein Teil mich selber traf, weil doch die Zermelosche Arbeit mit meiner Genehmigung erschienen war. Auf diese Weise kam es, daß Boltzmann zeitlebens, auch bei späteren Gelegenheiten, sowohl in seinen Publikationen als auch in unserer Privatkorrespondenz einen gereizten Ton gegen mich beibehielt, der erst in der letzten Zeit seines Lebens, als ich ihm von der atomistischen Begründung meines Strahlungsgesetzes berichtete, einer freundlichen Zustimmung wich.

Daß Boltzmann in dem Kampf gegen Ostwald und die Energetiker sich schließlich durchsetzte, war für mich nach dem Gesagten eine Selbstverständlichkeit. Die grundsätzliche Verschiedenheit der Wärmeleitung von einem rein mechanischen Vorgang wurde allgemein anerkannt. Dabei hatte ich Gelegenheit, eine, wie ich glaube, bemerkenswerte Tatsache festzustellen. Eine neue wissenschaftliche Wahrheit pflegt sich nicht in der Weise durchzusetzen, daß ihre Gegner überzeugt werden und sich als belehrt erklären, sondern vielmehr dadurch, daß die Gegner allmählich aussterben und daß die heranwachsende Generation von vornherein mit der Wahrheit vertraut gemacht ist.

Im übrigen boten die hier geschilderten Auseinandersetzungen für mich verhältnismäßig nur wenig Reiz, da etwas Neues dabei nicht herauskommen konnte. Mein Interesse wandte sich daher bald einem ganz anderen Problem zu, das mich für längere Zeit in seinem Bann festhalten und zu verschiedenen Arbeiten anregen sollte. Durch die zur Erforschung des Wärmespektrums ausgeführten Messungen von O. Lummer und E. Pringsheim in der Physikalisch-Technischen Reichsanstalt wurde meine Aufmerksamkeit auf den Kirchhoffschen Satz gelenkt, daß in einem evakuierten, von total reflektierenden Wänden begrenzten Hohlraum, der ganz beliebige emittierende und absorbierende Körper enthält, sich im Laufe der Zeit ein Zustand herstellt, in welchem alle Körper die nämliche Temperatur haben und die Strahlung in allen ihren Eigenschaften, auch in ihrer spektralen Energieverteilung, nicht von der Beschaffenheit der Körper, sondern einzig und allein von der Temperatur abhängt. Diese sog. normale Energieverteilung stellt also etwas Absolutes dar, und da das Suchen nach dem Absoluten mir stets als die schönste Forschungsaufgabe erschien, so machte ich mich mit Eifer an ihre Bearbeitung. Als ein direkter Weg zur Lösung bot sich die Benutzung der Maxwellschen elektromagnetischen Lichttheorie. Ich dachte mir nämlich den Hohlraum erfüllt von einfachen linearen Oszillatoren oder Resonatoren schwacher Dämpfung mit verschiedenen Eigenperioden und erwartete, daß der durch die gegenseitige Zustrahlung bewirkte Energieaustausch der Oszillatoren im Laufe der Zeit zu dem stationären, dem Kirchhoffschen Gesetz entsprechenden Zustand der normalen Energieverteilung führen würde.

Eine Frucht dieser längeren Reihe von Untersuchungen, von denen einzelne durch Vergleich mit vorliegenden Beobachtungen, z. B. den Dämpfungsmessungen von V. Bjerknes, geprüft werden konnten und sich dabei bewährten, war die Aufstellung der allgemeinen Beziehung zwischen der Energie eines Oszillators von bestimmter Eigenperiode und der Energiestrahlung des entsprechenden Spektralgebietes im umgebenden Feld beim stationären Energieaustausch. Es ergab sich dabei das bemerkenswerte Resultat, daß diese Beziehung gar nicht abhängt von der Dämpfungskonstante des Oszillators – ein Umstand, der mir deshalb sehr erfreulich und willkommen war, weil sich dadurch das ganze Problem insofern vereinfachen ließ, als statt der Energie der Strahlung die Energie des Oszillators gesetzt werden konnte, und dadurch an die Stelle eines verwickelten, aus vielen Freiheitsgraden zusammengesetzten Systems ein einfaches System von einem einzigen Freiheitsgrad trat.

Freilich bedeutete dieses Ergebnis nicht mehr als einen vorbereitenden Schritt zur Inangriffnahme des eigentlichen Problems, das nun in seiner ganzen unheimlichen Höhe um so steiler vor mir aufstieg. Der erste Versuch zu seiner Bewältigung mißlang; denn meine ursprüngliche stille Hoffnung, die von dem Oszillator emittierte Strahlung werde sich in irgendeiner charakteristischen Weise von der absorbierten Strahlung unterscheiden, erwies sich als trügerisch. Der Oszillator reagiert nur auf diejenigen Strahlen, die er auch emittiert und zeigt sich nicht im mindesten empfindlich gegen benachbarte Spektralgebiete.

Zudem rief meine Unterstellung, der Oszillator vermöge eine einseitige, also irreversible Wirkung auf die Energie des umgebenden Feldes auszuüben, den energischen Widerspruch von Boltzmann hervor, der mit seiner reiferen Erfahrung in diesen Fragen den Nachweis führte, daß nach den Gesetzen der klassischen Dynamik jeder der von mir betrachteten Vorgänge auch in genau entgegengesetzter Richtung verlaufen kann, derart, daß eine einmal von dem Oszillator emittierte Kugelwelle umgekehrt von außen nach innen fortschreitend bis auf den Oszillator zusammenschrumpft, von ihm wieder absorbiert wird und ihn dadurch veranlaßt, die vormals absorbierte Energie nach derjenigen Richtung, von der sie gekommen war, wieder von sich zu geben. Derartige singuläre Vorgänge, wie einwärts gerichtete Kugelwellen, konnte ich nun freilich dadurch ausschließen, daß ich eine besondere Festsetzung einführte: Die Hypothese der natürlichen Strahlung, welche in der Strahlentheorie dieselbe Rolle spielt, wie die Hypothese der molekularen Unordnung in der kinetischen Gastheorie, indem sie die Irreversibilität der Strahlungsvorgänge verbürgt. Aber die Rechnungen zeigten immer deutlicher, daß zur Erfassung des Kernpunktes der ganzen Frage noch ein wesentliches Bindeglied fehlte.

So blieb mir nichts übrig, als das Problem einmal von der entgegengesetzten Seite in Angriff zu nehmen: von der Thermodynamik her, auf deren Boden ich mich ohnehin von Hause aus sicherer fühlte. In der Tat kamen mir hier meine früheren Studien über den zweiten Hauptsatz der Wärmetheorie dadurch zugute, daß ich gleich von vorneherein darauf verfiel, nicht die Temperatur, sondern die Entropie des Oszillators mit seiner Energie in Beziehung zu bringen. Bei der Beschäftigung mit diesem Problem fügte es das Schicksal, daß ein früher von mir als unliebsam empfundener Umstand: der Mangel an Interesse der Fachgenossen für die von mir eingeschlagene Forschungsrichtung, jetzt gerade umgekehrt meiner Arbeit als eine gewisse Erleichterung zugute kam. Damals hatten sich nämlich eine ganze Anzahl hervorragender Physiker sowohl von der experimentellen als auch von der theoretischen Seite her dem Problem der Energieverteilung im Normalspektrum zugewandt. Aber sie suchten alle nur in der Richtung, die Strahlungsintensität in ihrer Abhängigkeit von der Temperatur darzustellen, während ich in der Abhängigkeit der Entropie von der Energie den tieferen Zusammenhang vermutete. Da die Bedeutung des Entropiebegriffs damals noch nicht die ihr zukommende Würdigung gefunden hatte, so kümmerte sich niemand um die von mir benützte Methode, und ich konnte in aller Muße und Gründlichkeit meine Berechnungen anstellen, ohne von irgendeiner Seite eine Störung oder Überholung befürchten zu müssen.

Da für die Irreversibilität des Energieaustausches zwischen einem Oszillator und der ihn erregenden Strahlung der zweite Differentialquotient seiner Entropie nach seiner Energie von charakteristischer Bedeutung ist, so berechnete ich den Wert dieser Größe für den Fall der Gültigkeit des damals im Vordergrund des Interesses stehenden Wienschen Energieverteilungsgesetzes und fand das merkwürdige Ergebnis, daß für diesen Fall das Reziproke jenes Wertes, das ich hier mit R bezeichnen will, proportional der Energie ist. Dieser Zusammenhang ist so überraschend einfach, daß ich ihn eine Zeitlang für ganz allgemein hielt und mich bemühte, ihn theoretisch zu begründen. Indessen erwies sich diese Auffassung doch bald als unhaltbar gegenüber den Ergebnissen neuerer Messungen. Während sich nämlich für kleine Werte der Energie, beziehungsweise für kurze Wellen, das Wiensche Gesetz auch in der Folge ausgezeichnet bestätigte, stellten für größere Werte der Energie, beziehungsweise für lange Wellen, zuerst Lummer und Pringsheim merkliche Abweichungen fest, und vollends die von H. Rubens und F. Kurlbaum mit den ultraroten Reststrahlen von Flußspat und Steinsalz ausgeführten Messungen offenbarten ein total verschiedenartiges, aber ebenfalls wieder insofern einfaches Verhalten, als die Größe

R nicht der Energie, sondern dem Quadrat der Energie proportional wird, falls man zu größeren Energien und Wellenlängen übergeht.

So waren durch direkte Erfahrungen für die Funktion R zwei einfache Grenzen festgelegt: für kleine Energien Proportionalität mit der Energie, für größere Energien Proportionalität mit dem Quadrat der Energie. Es versteht sich, daß ebenso wie jedes Energieverteilungsprinzip einen bestimmten Wert von R liefert, so auch jeder Ausdruck von R zu einem bestimmten Energieverteilungsgesetz führt, und es handelte sich nun darum, denjenigen Ausdruck von R zu finden, der das durch die Messungen festgestellte Energieverteilungsgesetz ergibt. Nun lag nichts näher, als für den allgemeinen Fall die Größe R gleichzusetzen der Summe eines Gliedes mit der ersten Potenz und eines Gliedes mit der zweiten Potenz der Energie, so daß für kleine Energien das erste, für große Energien das zweite Glied ausschlaggebend wird, und damit war die neue Strahlungsformel gefunden, welche ich in der Sitzung der Berliner Physikalischen Gesellschaft am 19. Oktober 1900 vorlegte und zur Prüfung empfahl.

Am Morgen des nächsten Tages suchte mich der Kollege Rubens auf und erzählte, daß er nach Schluß der Sitzung noch in der nämlichen Nacht meine Formel mit seinen Messungsdaten genau verglichen und überall eine befriedigende Übereinstimmung gefunden habe. Auch Lummer und Pringsheim, die anfänglich Abweichungen festgestellt zu haben glaubten, zogen bald darauf ihren Widerspruch zurück, da, wie mir Pringsheim mündlich mitteilte, sich herausstellte, daß die gefundenen Abweichungen durch einen Rechenfehler verursacht waren. Auch durch spätere Messungen wurde die Strahlungsformel immer wieder bestätigt, und zwar um so genauer, zu je feineren Messungsmethoden man überging.

Aber selbst wenn man ihre absolut genaue Gültigkeit voraussetzt, würde die Strahlungsformel lediglich in der Bedeutung eines glücklich erratenen Gesetzes doch nur eine formale Bedeutung besitzen. Darum war ich von dem Tage ihrer Aufstellung an mit der Aufgabe beschäftigt, ihr einen wirklichen physikalischen Sinn zu verleihen, und diese Frage führte mich von selbst auf die Betrachtung des Zusammenhangs zwischen Entropie und Wahrscheinlichkeit, also auf Boltzmannsche Gedankengänge. Da die Entropie S eine additive, die Wahrscheinlichkeit W aber eine multiplikative Größe ist, so setzte ich einfach $S = k \cdot \log W$, wo k eine universelle Konstante bezeichnet, und untersuchte nun die Frage, ob der Ausdruck von W, der sich ergibt, falls man für die Entropie S den dem gefundenen Strahlungsgesetz entsprechenden Wert einsetzt, sich als eine Wahrscheinlichkeitsgröße deuten läßt.

Als Resultat dieser Untersuchung[1] stellte sich heraus, daß dies in der Tat möglich ist, und daß dabei k die sog. absolute Gaskonstante vorstellt, aber nicht bezogen auf Grammoleküle oder Mole, sondern auf die wirklichen Moleküle. Sie wird öfters verständlicherweise als Boltzmannsche Konstante bezeichnet. Dazu ist allerdings zu bemerken, daß Boltzmann diese Konstante weder jemals eingeführt noch meines Wissens überhaupt daran gedacht hat, nach ihrem numerischen Wert zu fragen. Denn dann hätte er auf die Zahl der wirklichen Atome eingehen müssen – eine Aufgabe, die er aber ganz seinem Kollegen J. Loschmidt überließ, während er selbst bei seinen Rechnungen stets die Möglichkeit im Auge behielt, daß die kinetische Gastheorie nur ein mechanisches Bild darstellt. Daher genügte es ihm, bei den Grammatomen stehen zu bleiben. Der Buchstabe k hat sich erst ganz allmählich durchgesetzt. Noch mehrere Jahre nach seiner Einführung pflegte man stattdessen mit der Loschmidtschen Zahl L zu rechnen, welche die einem Grammatom entsprechende Atomzahl ausdrückt.

Was nun die Größe W anbetrifft, so erwies es sich, um diese Größe als eine Wahrscheinlichkeit deuten zu können, als notwendig, eine neue universelle Konstante einzuführen, die ich mit h bezeichnete und, da sie von der Dimension des Produktes Energie × Zeit ist, das elementare Wirkungsquantum nannte. Damit war also das Wesen der Entropie als ein Maß der Wahrscheinlichkeit im Sinne Boltzmanns auch in der Strahlung festgestellt. Besonders deutlich zeigte sich das in einem Satz, von dessen Gültigkeit mich der mir am nächsten stehende meiner Schüler, Max von Laue, in mehrfachen Gesprächen überzeugte, daß die Entropie zweier kohärenter Strahlenbündel kleiner ist als die Summe der Entropien der einzelnen Bündel, ganz entsprechend dem Satz, daß die Wahrscheinlichkeit des Eintreffens zweier voneinander abhängiger Ereignisse verschieden ist von dem Produkt der einzelnen Ereignisse.

Wenn nun die Bedeutung des Wirkungsquantums für den Zusammenhang zwischen Entropie und Wahrscheinlichkeit endgültig feststand, so blieb doch die Frage nach der Rolle, welche diese neue Konstante bei dem gesetzlichen Ablauf der physikalischen Vorgänge spielt, noch vollständig ungeklärt. Darum bemühte ich mich alsbald, das Wirkungsquantum h irgendwie in den Rahmen der klassischen Theorie einzuspannen. Aber allen solchen Versuchen gegenüber erwies sich diese Größe als sperrig und widerspenstig. Solange man sie als unendlich klein betrachten durfte, also bei

---

[1] „Dieses Resultat, enthaltend die Einführung der endlichen Energiequanten für den Oszillator, trug Max Planck am 14. 12. 1900 wieder vor der Physikalischen Gesellschaft zu Berlin vor. Das war der Geburtstag der Quantentheorie." (Zusatz von M. v. Laue).

größeren Energien und längeren Zeitperioden, war alles in schönster Ordnung. Im allgemeinen Fall jedoch klaffte an irgendeiner Stelle ein Riß, der um so auffallender wurde, zu je schnelleren Schwingungen man überging. Das Scheitern aller Versuche, diese Kluft zu überbrücken, ließ bald keinen Zweifel mehr daran übrig, daß das Wirkungsquantum in der Atomphysik eine fundamentale Rolle spielt und daß mit seinem Auftreten eine neue Epoche in der physikalischen Wissenschaft anhebt. Denn in ihm kündet sich etwas bis dahin Unerhörtes an, das berufen ist, unser physikalisches Denken, welches seit der Begründung der Infinitesimalrechnung durch Leibniz und Newton sich auf der Annahme der Stetigkeit aller kausalen Zusammenhänge aufbaut, von Grund aus umzugestalten.

Meine vergeblichen Versuche, das Wirkungsquantum irgendwie der klassischen Theorie einzugliedern, erstreckten sich auf eine Reihe von Jahren und kosteten mich viel Arbeit. Manche Fachgenossen haben darin eine Art Tragik erblickt. Ich bin darüber anderer Meinung. Denn für mich war der Gewinn, den ich durch solch gründliche Aufklärung davontrug, um so wertvoller. Nun wußte ich ja genau, daß das Wirkungsquantum in der Physik eine viel bedeutendere Rolle spielt, als ich anfangs geneigt war anzunehmen, und gewann dadurch ein volles Verständnis für die Notwendigkeit der Einführung ganz neuer Betrachtungs- und Rechnungsmethoden bei der Behandlung atomistischer Probleme. Der Ausbildung solcher Methoden, bei der ich selber nun allerdings nicht mehr mitwirken konnte, dienten vor allem die Arbeiten von Niels Bohr und von Erwin Schrödinger. Ersterer legte mit seinem Atommodell und mit seinem Korrespondenzprinzip den Grund zu einer sinngemäßen Verknüpfung der Quantentheorie mit der klassischen Theorie. Letzterer schuf durch seine Differentialgleichung die Wellenmechanik und damit den Dualismus zwischen Welle und Korpuskel.

Wenn so in der geschilderten Weise die Quantentheorie allmählich in den Mittelpunkt meines ganzen physikalischen Interesses hineingerückt war, so sollte sich hierzu eines Tages ein anderes Prinzip gesellen, das mich in einen neuen Ideenkreis einführte. Im Jahr 1905 erschien in den Annalen der Physik ein Aufsatz von A. Einstein, welcher die Grundgedanken der Relativitätstheorie enthält und dessen Ausführungen sofort meine rege Aufmerksamkeit erweckten. Zur Vermeidung eines naheliegenden Mißverständnisses muß ich hier einige erläuternde Bemerkungen allgemeiner Art einschalten. Gleich am Anfang meiner Lebensdarstellung habe ich betont, daß das Suchen nach dem Absoluten mir als die schönste wissenschaftliche Aufgabe erscheint. Man könnte darin einen Widerspruch gegen mein Interesse für die Relativitätstheorie erblicken. Diese Mutmaßung beruht auf einem grundsätzlichen Irrtum. Denn alles Relative setzt etwas Absolutes voraus, es hat nur dann einen Sinn, wenn ihm ein Absolutes gegenübersteht. Der oft gehörte Satz: „Alles ist relativ" ist ebenso irreführend wie gedankenlos. So liegt auch der sog. Relativitätstheorie etwas Absolutes zugrunde, nämlich die Maßbestimmung des Raum-Zeitkontinuums, und es ist gerade eine besonders reizvolle Aufgabe, das Absolute ausfindig zu machen, welches einem vorliegenden Relativen erst seinen Sinn verleiht.

Ausgehen können wir immer nur vom Relativen. Alle unsere Messungen sind relativer Art. Das Material der Instrumente, mit denen wir arbeiten, ist bedingt durch den Fundort, von dem es stammt, ihre Konstruktion ist bedingt durch die Geschicklichkeit des Technikers, der sie ersonnen hat, ihre Handhabung ist bedingt durch die speziellen Zwecke, die der Experimentator mit ihnen erreichen will. Aus allen diesen Daten gilt es das Absolute, Allgemeingültige, Invariante herauszufinden, was in ihnen steckt.

So ist es auch mit der Relativitätstheorie. Ihre Anziehungskraft für mich bestand darin, daß ich bemüht war, aus allen ihren Sätzen das Absolute, Invariante abzuleiten, das ihnen zugrunde liegt. Das gelang in verhältnismäßig einfacher Weise. Zunächst verleiht die Relativitätstheorie einer Größe, die in der klassischen Theorie nur eine relative Bedeutung hat, einen absoluten Sinn: der Lichtgeschwindigkeit. Wie das Wirkungsquantum in der Quantentheorie, so bildet die Lichtgeschwindigkeit in der Relativitätstheorie den absoluten Kernpunkt. In Zusammenhang damit erweist sich ein allgemeines Prinzip der klassischen Theorie: das Prinzip der kleinsten Wirkung, auch der Relativitätstheorie gegenüber als invariant, und dementsprechend behält die Wirkungsgröße ihre Bedeutung auch in der Relativitätstheorie. Das suchte ich im Einzelnen auszuführen, zuerst für einen Massenpunkt, dann für eine Hohlraumstrahlung. Dabei ergab sich u. a. die Trägheit der Strahlung und die Invarianz der Entropie gegenüber der Geschwindigkeit des Bezugssystems.

Aber das ist noch nicht alles. Das Absolute zeigte sich dem Wesen der Naturgesetzlichkeit noch tiefer verwurzelt, als man lange Zeit hindurch angenommen hatte. Im Jahre 1906 trat W. Nernst mit seinem neuen, oft auch als dritter Hauptsatz der Wärmetheorie bezeichneten Wärmetheorem hervor, dessen Inhalt, wie ich alsbald feststellte, auf die Hypothese hinausläuft, daß die Entropie, die bis dahin nur bis auf eine additive Konstante definiert war, einen absoluten positiven Wert besitzt. Dieser Wert, aus dem alle Gleichgewichtsbedingungen folgen, läßt sich von vornherein berechnen. Für einen chemisch homogenen, d. h. aus gleichartigen Molekülen bestehenden festen oder flüssigen Körper von der absoluten Temperatur Null ist er gleich Null. Schon dieser Satz enthält eine wichtige Tatsache, nämlich die, daß die spezifische Wärme eines festen oder flüssigen Körpers beim Nullpunkt der absoluten Temperatur verschwindet. Bei andern Temperaturen ergeben sich fruchtbare Folgerungen für die Schmelztemperatur eines Körpers und für die Umwandlungtemperatur allotroper Modifikationen. Geht man von chemisch homogenen festen und flüssigen Körpern zu Körpern mit verschiedenartigen Molekülen oder zu Lösungen und zu Gasen über, so geschieht die Berechnung der absoluten Entropie durch kombinatorische Betrachtungen, bei denen das elementare Wirkungsquantum herangezogen werden muß. Daraus ergeben sich dann die chemischen Eigenschaften eines beliebigen Körpers, und damit finden alle Fragen nach dem physikalisch-chemischen Gleichgewicht ihre vollständige Beantwortung. Was allerdings den zeitlichen Verlauf von Vorgängen betrifft, so treten hier andere Kräfte ins Spiel, über die man aus dem Wert der Entropie keinen Aufschluß gewinnen kann.

Wenn ich mit meinem zunehmenden Alter an der wissenschaftlichen Forschung allmählich immer weniger unmittelbaren Anteil nehmen konnte, so entwickelte sich dafür eine häufigere wissenschaftliche Korrespondenz, die vielfach anregend und fördernd auf mich einwirkte. In dieser Hinsicht hebe ich besonders hervor den Briefwechsel mit Cl. Schaefer, dessen „Einführung in die theoretische Physik" ich in pädagogischer Hinsicht für unübertrefflich halte, über seine Darstellung des zweiten Hauptsatzes der Wärmetheorie, und den mit A. Sommerfeld über das Problem der Quantisierung von Systemen mit mehreren Freiheitsgraden. Dieser Briefwechsel gipfelte sogar in einem poetischen Abschluß, den ich hierher setzen will, obwohl ich daran auszusetzen habe, daß Sommerfeld seinen eigenen Leistungen auf diesem Gebiet völlig ungenügend gerecht wird. Sommerfeld äußerte sich nämlich, hinweisend auf meine Untersuchungen über die Struktur des Phasenraumes:

„Der sorgsam urbar macht das neue Land,
Dieweil ich hier und da ein Blumensträußchen fand."

Darauf konnte ich nur erwidern:

„Was ich gepflückt, was Du gepflückt,
Das wollen wir verbinden,
Und da sich eins zum andern schickt,
Den schönsten Kranz draus winden."

Meinem Bedürfnis, sowohl von den gesicherten Ergebnissen meiner wissenschaftlichen Arbeit als auch von meiner im Laufe der Zeit gewonnenen Stellung gegenüber allgemeineren Fragen, wie die nach dem Sinn der exakten Wissenschaft, nach ihrem Verhältnis zur Religion, nach der Beziehung der Kausalität zur Willensfreiheit, möglichst vollständig Zeugnis abzulegen, entsprach es, wenn ich den zahlreichen, im Lauf der Jahre immer häufiger an mich ergangenen Einladungen zu Vorträgen in Akademien, Universitäten, gelehrten Gesellschaften und Veranstaltungen für weitere Kreise stets gern Folge leistete und davon manche wertvolle Anregung persönlicher Art mitgenommen habe, die ich für den Rest meines Lebens dankbar aufbewahre.

Zum 80. Geburtstag von Max Planck (23.4.1938)
Rede und Erwiderung

Schon vor Jahren hatte die Physikalische Gesellschaft die Max-Planck-Medaille für richtungweisende theoretische Arbeiten gestiftet. 1938 wurde sie dem französischen Physiker Louis Prince de Broglie verliehen. Max Planck übergibt sie dem französischen Botschafter in Berlin, André François-Poncet:

„Vor allen Dingen muß ich Euer Exzellenz meinen aufrichtigen Dank sagen dafür, daß Sie sich bewogen gefunden haben, unserer Bitte Folge zu leisten und die Medaille in Empfang zu nehmen anstelle des leider verhinderten Prinzen de Broglie. Ich betrachte Ihre Anwesenheit als eine doppelte Ehrung: Einmal für die Deutsche Physikalische Gesellschaft und für die Stellung, die sie im Rahmen der geistigen Welt Berlins einnimmt. Dann aber auch für den Kollegen Louis de Broglie selber, weil ich darin eine Anerkennung auch von Ihrer Seite seines Lebenswerks erblicke. Denn dieses Lebenswerk verdient schon lange die Verleihung der Medaille – und ich freue mich, daß dieser Augenblick jetzt eingetreten ist. Schon im Jahre 1924 hat Herr Louis de Broglie seine neuen Ideen über die Analogie zwischen einem bewegten Materieteilchen von bestimmter Energie und einer Welle von bestimmter Frequenz mitgeteilt. Damals waren diese Ideen so neu, daß niemand so recht heran wollte, daran zu glauben – und ich selber habe erst drei Jahre später diese Idee näher kennengelernt anläßlich eines Vortrages, den damals Herr Professor Kramers in Leiden hielt vor einem Kreise von Physikern, wo auch unser Altmeister Lorentz dabei war. Die Kühnheit dieser Idee war so groß – ich muß aufrichtig sagen, daß ich selber auch damals den Kopf schüttelte dazu, und ich erinnere mich sehr gut, daß Herr Lorentz mir damals sagte im vertraulichen Privatgespräch: „Diese jungen Leute nehmen es doch gar zu leicht, alte physikalische Begriffe beiseite zu setzen!“ Es war damals die Rede von Broglie-Wellen, von der Heisenberg-schen Unsicherheits-Relation – das schien damals uns Älteren etwas sehr schwer Verständliches.

Nun – die Entwicklung ist zwangsläufig über diese Bedenken hinweggegangen. Noch im Herbst desselben Jahres 1927 lernte ich Herrn de

Broglie persönlich kennen, auf dem 5. Solvay-Kongreß in Brüssel, und freute mich an seinem schlichten und gebildeten Wesen. Und seitdem ist die Entwicklung sturmweise vor sich gegangen: Die Ideen haben sich verdichtet und haben sich bewahrheitet; zuerst durch die theoretischen Arbeiten von Schrödinger – und dann experimentell (und dadurch auch endgültig) durch die Entdeckung der Beugung der Elektronen und der Atomstrahlen. So ist denn nun diese Idee in die Physik eingeführt und nimmt einen hervorragenden Platz ein unter den verschiedenen Theorien.

Ich freue mich, daß ich in diesem Augenblicke mich nicht nur an den Kollegen als Fachgenosse wenden kann, sondern daß ich in diesem Augenblicke auch als Deutscher sprechen kann.

Ich habe nach all meinen Erfahrungen im Inland und im Ausland die feste Überzeugung gewonnen, daß das französische Volk nicht minder sehnlich und ehrlich als das deutsche einen wahrhaften Frieden herbeiwünscht – einen Frieden, der es beiden Teilen ermöglicht, der produktiven Arbeit ohne Störung nachzugehen. Möge ein gütiges Geschick es fügen, daß Frankreich und Deutschland zusammenfinden, ehe es für Europa zu spät wird!

Mir ist es eine große Freude und Ehre, Euer Exzellenz dieses zu überreichen. Und ich glaube im Sinne der Deutschen Physikalischen Gesellschaft zu sprechen, wenn ich auch diese Gedanken der Medaille mitgebe, die ich jetzt Euer Exzellenz für Herrn de Broglie zu überreichen mich beehre."

Erwiderung von Botschafter François-Poncet

„Im Namen des durch eine leider ernste Krankheit verhinderten Professors Prinzen Louis de Broglie drücke ich der Physikalischen Gesellschaft und Herrn Geheimrat Planck für die meinem Landsmann verliehene Medaille den wärmsten Dank aus. Ein Land ehrt sich selbst im höchsten Maße, wenn es den Sohn eines fremden Landes zu ehren weiß. Denn die Wissenschaft lehrt uns, daß der Geist, der Genius, dahin weht, wohin er will – und daß in ihrem Bestreben, die Natur zu enträtseln, die Menschen über die Landesgrenze hinaus aufeinander angewiesen eine einzige, große geistige Familie sind.

Wissenschaft heißt Mitarbeit und Solidarität – und so fasse ich auch die Aufgabe der Diplomatie. Die Herrn Professor Louis de Broglie heute erwiesene deutsche Auszeichnung wird in Frankreich als ein Beweis dieser hohen Gesinnung aufgefaßt und dankbar empfunden werden. Meinerseits will ich auch nicht verfehlen, Herrn Geheimrat Planck die Glückwünsche der französischen Wissenschaft darzubringen. In Herrn Geheimrat Planck erkennen und begrüßen wir nicht nur einen der genialsten Gründer der modernen Physik, sondern auch einen jener vollendeten Menschentypen, worauf ein Land und die ganze Menschheit ein Recht haben, sich stolz zu fühlen.

Darum sei mir erlaubt, mit erneutem Dank – und wenn auch nur symbolisch – einen Zweig aus dem französischen Lorbeerhain Ihnen, Herr Professor, zu Füßen zu legen."

Max Planck als Mensch[1]

Von Lise Meitner, Stockholm

Es ist mir die sehr ehrenvolle Aufgabe zuteil geworden, an dieser von der Physikalischen Gesellschaft der Deutschen Demokratischen Republik *Max Plancks* Andenken gewidmeten Gedächtnis-Stätte etwas über *Planck* als Mensch zu sagen. Es ist nicht leicht, aus der Fülle persönlicher, stark gefühlsbetonter Erinnerungen eine Auswahl zu treffen, die von *Plancks* groß angelegter Persönlichkeit ein einigermaßen richtiges Bild vermitteln kann. Ich kann im besten Fall eine Skizze geben. Ich bin *Planck* zum erstenmal im Herbst 1907 begegnet, als ich ihn auf der Berliner Universität aufsuchte, um mich als Hörerin für seine Vorlesungen anzumelden. Kurze Zeit darnach bekam ich eine Abendeinladung in sein Haus in der Wangenheimstraße, wo ich seine erste Frau und seine mir später sehr nahestehenden Zwillingstöchter kennen lernte. Schon bei diesem ersten Besuch war ich sehr beeindruckt von der vornehmen Schlichtheit des Hauses und der ganzen Familie.

In Plancks Vorlesungen hatte ich dagegen anfangs mit einem gewissen Gefühl der Enttäuschung zu kämpfen. In Wien war ich Schülerin von Boltzmann gewesen. Boltzmann war sehr erfüllt von der Begeisterung für die Wunderbarkeit der Naturgesetze und ihre Erfaßbarkeit durch das menschliche Denkvermögen. Und er hatte keine Scheu, dieser Begeisterung in sehr persönlicher Weise Ausdruck zu geben, was uns junge Hörer natürlich sehr mitriß. Mit diesem Hintergrund erschienen mir zunächst Plancks Vorlesungen bei all ihrer außerordentlichen Klarheit etwas unpersönlich, beinahe nüchtern. Aber ich habe sehr schnell verstehen gelernt, wie wenig mein erster Eindruck mit Plancks wahrer Persönlichkeit zu tun hatte.

Ich erwähne diesen meinen anfänglichen Irrtum nur deshalb, weil ich glaube, daß der gleiche Irrtum von anderen Menschen begangen worden ist, die Planck menschlich nicht wirklich gekannt haben. Ihnen mochte seine nach außen gezeigte starke Zurückhaltung als geheimrätlich erscheinen. Aber wie fern war ihm jede „Geheimrätlichkeit". Er war von einer seltenen

---

[1]Vortrag, gehalten am 24. April 1958 in Berlin zur Feier von Max Plancks 100. Geburtstag. Abdruck mit freundlicher Genehmigung aus: Die Naturwissenschaften 45 (1958), S. 406–408.

Gesinnungsreinheit und innerlichen Geradlinigkeit, der seine äußere Einfachheit und Schlichtheit entsprach. Nur zur Illustration sei erwähnt, daß er täglich in seine Vorlesung mit der Berliner Stadtbahn in der 3. Klasse fuhr, und dasselbe auch bis in ein hohes Alter auf langen Reisen getan hat.

Als er einmal von Josef Joachim erzählte, mit dem er mehrfach musiziert hat, sagte er, „Joachim sei auch als Mensch so wunderbar gewesen, daß wenn er in ein Zimmer kam, die Luft im Zimmer besser wurde". Genau das konnte man von Planck sagen, und das hat die damalige jüngere Berliner Physikergeneration, zu der ich auch mich rechnen darf, sehr stark empfunden. Planck liebte heitere, ungezwungene Geselligkeit, und sein Heim war der Mittelpunkt einer solchen Geselligkeit. Die mehr fortgeschrittenen Hörer und die physikalischen Assistenten wurden ganz regelmäßig in die Wangenheimstraße eingeladen. Fielen die Einladungen in das Sommersemester, so wurden im Garten Laufspiele gespielt, an denen sich Planck mit geradezu kindlichem Eifer und größter Behendigkeit beteiligte. Es gelang fast nie, nicht von ihm eingefangen zu werden. Und wie sichtlich vergnügt er war, wenn er Einen erwischt hatte.

In einem seiner Aufsätze spricht Thomas Mann von Schillers edelmütiger Naivität und nennt Schillers Glocke das Lied der frommen Ordnung. Man könnte manche ausschlaggebende Wesenszüge von Planck in ähnlicher Weise charakterisieren. Er war auch von edelmütiger Naivität und voll Ehrfurcht vor der wunderbaren Gesetzmäßigkeit des Naturgeschehens, die er als fromme Ordnung empfand. So heißt es z. B. in seinem Vortrag „Naturwissenschaft und Religion": „Das Wunderbare ist..., daß in allen Vorgängen der Natur eine universelle, uns bis zu einem gewissen Grad erkennbare Gesetzlichkcit herrscht." Und an einer späteren Stelle wird gesagt: „Nichts hindert uns, die Weltordnung der Naturwissenschaft und den Gott der Religion miteinander zu identifizieren."

Gerade aus dieser Einstellung heraus ging bei allen Problemen Plancks erste Reaktion immer nach der Seite der Mäßigung. Das stand auch im Einklang mit seiner starken Bindung an das Traditionsgemäße. Und doch hat das niemals seine Verständnisfähigkeit für andere Gedankenrichtungen oder anders geartete Menschen ausgeschlossen, eine Verständnisfähigkeit, die über alle Äußerlichkeiten hinwegsehen und das Wesentliche erfassen konnte. Das war die Grundlage seiner großen Freundschaft mit Einstein, die Planck so vielfach auch öffentlich bewiesen hat. Ich möchte ein paar Worte darüber sagen, weil es mir scheint, daß Plancks mutiger Einsatz für Einstein, sowohl für den Wissenschaftler, also für die Relativitätstheorie, als auch für den Menschen Einstein, etwas in Vergessenheit geraten ist. Die älteren unter den anwesenden Physikern werden sich gewiß an die schwe-

ren Angriffe erinnern, denen Anfang der Zwanzigerjahre die Relativitätstheorie und Einstein selbst ausgesetzt waren und die schließlich in einer
in der Berliner Philharmonie abgehaltenen und allgemein zugänglichen
Versammlung vorgebracht wurden, eine zum Glück nicht gewöhnliche Methode zur Austragung wissenschaftlicher Differenzen. Einstein versuchte
eine Art Rechtfertigung seiner Theorie in einem in einer Tageszeitung
veröffentlichten Artikel, vermutlich in dem Gedanken, daß der allgemein
zugänglichen Versammlung eine allgemein zugängliche Zeitschrift gegenüber gestellt werden sollte. Naturgemäß wendete sich der Artikel, wenn
auch in absolut verbindlicher Form, vor allem gegen Lenards Darlegungen. Dieser Artikel, in einer nicht wissenschaftlichen Zeitung publiziert,
erregte großes Ärgernis bei einigen der bedeutendsten süddeutschen Physiker, die verlangten, daß Einstein sich bei Lenard entschuldigen sollte.
Darauf beschloß Einstein, von Deutschland wegzugehen.

Planck, in seinem Wunsch, Einstein in Deutschland zu behalten, suchte
seiner Natur gemäß nach einem sachlichen Ausweg. Im Anschluß an eine
Tagung, ich glaube es war 1921 in Nauheim, sollte eine nur Wissenschaftlern zugängliche Sitzung stattfinden, in der Lenard seine Einwände gegen
die Relativitätstheorie vorbringen und Einstein sie beantworten sollte. Den
Abend vorher war ich mit Planck zusammen. Er betonte, wie sehnlichst
er eine vernünftige Beilegung des Konfliktes wünsche, und daß er Alles
tun wollte, um Einstein nicht zu verlieren. Er sei auch bereit, zur Besänf-
tigung von Lenard selbst eine geeignete Erklärung zu unterschreiben. In
der Sitzung hatte Planck den Vorsitz. Als einer der Gegner der Relativitätstheorie sich gleich zu Anfang zum Wort meldete und über den erwähnten
Zeitungsartikel zu sprechen begann, erklärte Planck kurz und scharf, das
gehöre nicht zur Sache, und entzog dem Redner das Wort. Planck, dem
Liebenswürdigkeit die natürliche Umgangsform war, konnte im Bedarfs-
fall auch scharf sein. Daß die Auseinandersetzung zwischen Lenard und
Einstein zu keinem Ergebnis geführt hat, mag nebstbei erwähnt sein. Aber
Einstein blieb jedenfalls bis 1932 in Deutschland.

Planck konnte ein sehr aufmerksamer und warmherzig anteilnehmen-
der Beobachter seiner Mitmenschen sein. Ich habe das sehr oft persönlich
mit größter Dankbarkeit empfunden. Wie viel menschliches Verständnis
und wie viel Förderung habe ich von ihm bekommen. Seine rein äußerliche
Zurückhaltung war weitgehend eine Folge seiner großen Gewissenhaftigkeit. Alles, was er sagte, sollte er voll verantworten können. Wie oft hat
er mir, wenn ich ihn während meiner Assistentenzeit etwas Physikalisches
fragte, gesagt: „Ich will es Ihnen morgen beantworten". Wahrhaftigkeit war
ihm so eingeprägt, daß auch ein unverschuldeter Verstoß gegen sie ihn sehr

bedrückte. Darum hat er zu dem bekannten Aufruf „An die Kulturwelt" der 93 deutschen Gelehrten und Künstler aus dem Jahr 1914, auf den sein Name ohne sein Zutun gekommen war, offiziell Stellung genommen. Der Aufruf sollte die wegen der Besetzung Belgiens gegen Deutschland erhobenen Beschuldigungen widerlegen. Planck schrieb an A. H. Lorentz einen Brief, den er Lorentz zu veröffentlichen bat und in dem er einigen Behauptungen des Aufrufs ihre vernunftgemäße Einschränkung zuwies. Der Brief ist im „Rotterdamer Handelsblad" und in einer deutschen Zeitung, wenn ich nicht irre, in der Frankfurter Zeitung, veröffentlicht worden und enthielt unter anderem folgenden zum Teil gesperrt gedruckten Satz:

„Was ich Ihnen (nämlich Lorentz) gegenüber mit besonderem Nachdruck zu betonen wünsche, ist die feste, auch durch die Ereignisse des gegenwärtigen Krieges nie zu erschütternde Überzeugung, daß es Gebiete der geistigen und sittlichen Welt gibt, welche jenseits der Völkerkämpfe liegen." Beweisen diese Worte nicht Plancks Mut und seine mitten im ärgsten Nationalhader unbeirrbar gebliebene sittliche Wahrhaftigkeit und sein Gerechtigkeitsbedürfnis? Er selbst hat mehrmals in Vorträgen die hohe Bedeutung von Wahrhaftigkeit und Gerechtigkeit betont. So heißt es in einem 1935 gehaltenen Vortrag „Die Physik im Kampf um die Weltanschauung": „Die wissenschaftliche Widerspruchslosigkeit der Physik enthält unmittelbar die ethische Forderung der Wahrhaftigkeit und der Ehrlichkeit. Von der Wahrhaftigkeit unzertrennlich ist die Gerechtigkeit." Und weiter: „Wie die Naturgesetze ehern und folgerichtig wirken, im Großen nicht anders wie im Kleinen, so verlangt auch das Zusammenleben der Menschen gleiches Recht für Alle ... Wehe einem Gemeinwesen, wenn in ihm das Gefühl der Rechtssicherheit ins Wanken kommt, wenn bei Rechtsstreitigkeiten die Rücksicht auf Stellung und Herkunft eine Rolle spielt."

Diese in einem allgemein zugänglichen Vortrag 1935 gesagten Worte waren gewiß eine Warnung vor den nationalsozialistischen Rechtsmethoden und mußten auch unbedingt so aufgefaßt werden. Es hat Planck zweifellos bei seiner angeborenen Reserviertheit eine gewisse Überwindung gekostet, sie in einem öffentlichen Vortrag auszusprechen, aber seine innere Wahrhaftigkeit hat ihn dazu gezwungen.

Man könnte fast sagen, daß auch seine große wissenschaftliche Leistung, die Quantentheorie, diesen Ursprung in gewisser Hinsicht gehabt hat; daß nur seine unbeirrbare Wahrhaftigkeit ihn zum Schöpfer einer so revolutionierenden Theorie machen konnte, vor deren Konsequenzen ihm selbst manchmal bange wurde.

Wahrhaftigkeit und Gerechtigkeitsbedürfnis haben ihm auch das Verständnis für Dinge und Menschen gegeben, die jenseits seiner Natur lagen.

Er hat Menschen aus Situationen geholfen, in die zu geraten ihm seiner ganzen Einstellung nach sehr schwer verständlich sein mußte.

In den 40 Jahren, die ich Planck gekannt habe und in denen er mir allmählich sein Vertrauen und seine Freundschaft geschenkt hat, habe ich immer wieder mit Bewunderung festgestellt, daß er nie etwas getan oder nicht getan hat, weil es ihm nützlich oder schädlich hätte sein können. Was er für richtig erkannt hat, hat er durchgeführt ohne Rücksicht auf seine eigene Person.

Als er bei der Vorbereitung der Totenfeier für Fritz Haber auf die größten Widerstände seitens aller Behörden stieß und die ihm vom Minister Rust gemachten Zusagen von Rusts Unterbeamten annulliert wurden, sagte er am Abend vor der Feier zu mir: „Diese Feier werde ich machen, außer man holt mich mit der Polizei heraus." Und er hat sie gemacht und mit den Worten geschlossen: „Haber hat uns die Treue gehalten, wir werden ihm die Treue halten."

Plancks Vorlesungen waren, wie schon erwähnt, von vorbildlicher Klarheit. Dem entsprach auch die sehr übersichtliche Art, wie er die mathematischen Formeln auf der schwarzen Tafel hinschrieb, was er auch von seinen Hörern erwartete. Er hat seine Vorlesungen in mehreren Bänden veröffentlicht, aus denen eine sehr große Zahl von Physikstudenten sich ihr Wissen geholt haben. Aber die Zahl der Schüler, die sich unter Plancks Einfluß zu Wissenschaftlern entwickelt haben, ist erstaunlich klein. wenn sie auch was an Quantität fehlt durch Qualität reichlich ersetzt haben, wie Laue, Bothe, Reiche, Lamla und einige andere. Planck hat keine große Schule gebildet, wie es Sommerfeld in München oder Born in Göttingen getan haben. Das ist sicher kein Zufall, sondern ist irgendwie in Plancks Wesensart begründet. Dabei ist auffallend, daß Planck selbst schon in seiner Antrittsrede in der Berliner Akademie im Jahre 1894 gesagt hat: „Mir ist nicht das Glück zuteil geworden, daß ein hervorragender Forscher oder Lehrer auf die spezielle Richtung meines Bildungsganges Einfluß genommen hat." Dieselbe sichtlich mit Bedauern gemischte Feststellung hat Planck fast 50 Jahre später in seinen Lebenserinnerungen wiederholt. Es muß also ein sehr starker Eindruck hinter diesen Worten stehen. Und doch hat er selbst eine Art Scheu gehabt, stark aktiv in die geistige Entwicklung seiner Schüler einzugreifen. Es ist mir nicht klar, was dieser Einstellung zugrunde gelegen ist. Ob er aus seinen eigenen Erfahrungen geschlossen hat, daß die ihm von Jugend an aufgezwungene Selbstorientierung letzten Endes ein Vorteil war?

Plancks Ehrfurcht vor der frommen Ordnung im Naturgeschehen hat sich in der strengen Ordnung seines eigenen Lebens widergespiegelt. Er hat eine sehr systematische Tageseinteilung gehabt, täglich zur selben Zeit eine halbe Stunde Klavier gespielt - er war bekanntlich ein ebenso passionierter wie ausgezeichneter Pianist, und die vielen schönen Musikabende in seinem Haus sind Allen, die sie genießen durften, unvergeßbar. Helmholtz soll einmal in einem Trinkspruch gesagt haben, das Spazierengehen sei eine geheiligte Pflicht des Naturforschers. Planck hat jedenfalls diese Pflicht mit großer Liebe erfüllt. Seine beste Erholung in den Ferien waren bis in sein hohes Alter hinein große Bergtouren, auf denen sich seine zweite Gattin, Marga, als ebenso guter Wegkamerad erwies, wie sie im Grunewald die ihn verständnisvoll umsorgende, liebenswürdige Hausfrau war, deren Freundschaft auch ich viele gute Stunden verdanke. Planck war auch während der Semesterzeit ein sehr regelmäßiger und systematischer Spaziergänger und hat einmal im Lauf mehrerer Monate nach einem festgelegten Plan die ganze Umgebung von Berlin abgegangen.

Sein Familienleben war von den schwersten Schicksalsschlägen überschattet. Sein ältester Sohn ist ganz jung im ersten Weltkrieg gefallen; seine beiden Zwillingstöchter, die seine musikalische Begabung geerbt hatten, sind beide bei der Geburt ihres ersten Kindes gestorben; der jüngste Sohn aus erster Ehe, Erwin, bei dem Planck jedenfalls die Entwicklung zum ausgereiften Mann erleben durfte und mit dem ihn eine sehr tiefe Freundschaft verband, ist ein Opfer des Hitlerregimes geworden. Wer Planck näher stand, konnte sich nicht darüber täuschen, wie schwer ihn, trotz seiner nach außen bewahrten Haltung, diese Verluste getroffen haben. Es ist mir unvergeßlich, was er mir wenige Wochen nach dem Tod seiner zweiten Tochter gesagt hat.

Wohl hat er eine große Hilfe gehabt in seiner stark religiösen Einstellung, die er öfters selbst erwähnt hat. Sie ist wohl auch die Grundlage seiner in verschiedenen Vorträgen dargelegten Überzeugung, daß es einen freien Willen gäbe, d. h., daß wir Menschen für unsere Handlungen voll verantwortlich sind. Aber seine religiöse Einstellung war nicht getragen von dem Glauben an eine bestimmte Religionsform. Er hat mehrfach betont, daß man nie vergessen darf, „daß auch die heiligsten Symbole menschlichen Ursprungs sind, und daß daher der tief religiöse Mensch nicht an seinen Symbolen festklebt, sondern Verständnis dafür hat, daß es auch andere, ebenso religiöse Menschen geben kann, denen andere Symbole vertraut und heilig sind.“

Seine Einstellung zu persönlich erlebten Schicksalsschlägen findet man z. B. in dem Vortrag „Sinn und Grenzen der exakten Wissenschaft“. Da heißt es an einer Stelle: „Es bleibt nichts übrig als ein tapferes Ausharren im Lebenskampf und eine stille Ergebung in den Willen der höheren Macht, die über dem Einzelnen waltet“.

Immer wieder hat er in privaten Gesprächen und in Vorträgen betont,
daß man keinen rechtlichen Anspruch auf Glück habe. „Daher müsse man
eine jede freundliche Fügung des Schicksals, eine jede froh erlebte Stunde
als ein verpflichtendes Geschenk entgegennehmen." Planck war religiös im
selben Sinn wie es Goethe war. Goethe hat seinem Gedichtzyklus „Gott und
Welt" ein paar Verse vorangestellt, die er wohl für sich selbst gemeint hat
und die wie auf Planck gemünzt lauten. Erlauben Sie mir, daß ich sie zum
Schluß zitiere:

Weite Welt und breites Leben,
Langer Jahre redlich Streben,
Stets geforscht und stets gegründet,
Nie geschlossen, oft geründet,
Ältestes bewahrt mit Treue,
Freundlich aufgefaßtes Neue,
Heitern Sinn und reine Zwecke:
Nun, man kommt wohl eine Strecke.

Physik und Erkenntnistheorie

Dynamische und statistische Gesetzmäßigkeit

*Rede, gehalten bei der Feier zum Gedächtnis des Stifters der
Friedrich-Wilhelms-Universität Berlin, am 3. August 1914*

Nach altehrwürdigem Brauch begeht heute die Friedrich-Wilhelms-Universität, in freudigem Bekenntnis untilgbarer Dankesschuld, die Geburtsfeier ihres erhabenen Stifters, dessen Namen sie mit Stolz den ihren nennt, und entnimmt zugleich der besonderen Lage dieses Gedenktages die Anregung zu sinnender Rückschau auf das zur Neige gehende Semester. In einer Zeit der bittersten Not gegründet, durch ein Jahrhundert rastloser Arbeit zu hoher Blüte entfaltet, darf sie gegenwärtig mit Recht sich der genommenen Entwicklung freuen und fühlt sich gerade heute wieder besonders eng verbunden mit der Persönlichkeit ihres ersten Königlichen Herrn, der unter den Fürsten seiner Zeit emporragte durch die Makellosigkeit des Charakters, durch die Gewissenhaftigkeit und Treue, die er in allen Lagen seines schicksalsreichen Lebens zur Richtschnur des Handelns zu nehmen bemüht war.

Gewissenhaftigkeit und Treue, das sind auch die Wahrzeichen, unter denen unsere Universität groß geworden ist, während dagegen andere gleichzeitig gegründete, äußerlich noch glänzendere Schöpfungen menschlichen Genies, die eines solchen Merkmals entbehren mußten, vorzeitig in Staub zerronnen sind; sie sollen für immer die Leitsterne bleiben, welche Lehrern und Lernenden unserer Anstalt bei ihrer Arbeit wie bei all ihrem Tun voranleuchten. Niemals, zu keiner Zeit seit der Gründung unserer Universität, waren sie ihnen nötiger als in diesen Tagen, wo uns alle, die wir hier versammelt sind, ein einziges Gefühl im tiefsten Innern bewegt.

Wir wissen nicht, was der nächste Morgen bringen wird; wir ahnen nur, daß unserem Volke in kurzer Frist etwas Großes, etwas Ungeheures bevorsteht, daß es um Gut und Blut, um die Ehre und vielleicht um die Existenz des Vaterlandes gehen wird. Aber wir sehen und fühlen auch, wie sich bei dem furchtbaren Ernst der Lage alles, was die Nation an physischen und sittlichen Kräften ihr eigen nennt, mit Blitzesschnelle in eins zusammenballt und zu einer gen Himmel lodernden Flamme heiligen Zornes sich entzündet, während so manches, was sonst für wichtig und erstrebenswert gilt, als wertloses Flitterwerk unbeachtet zu Boden fällt.

Doch nur, wenn ein jeder, ob alt oder jung, ob hoch oder niedrig, gewissenhaft und treu auf dem ihm vom Schicksal gewiesenen Posten ausharrt, dürfen wir hoffen, daß das sich nun wendende Blatt der Weltgeschichte kommenden Geschlechtern einst Gutes von uns künden wird. Darum ziemt es uns in der gegenwärtigen Stunde zunächst, der überkommenen Pflicht zu gedenken und uns zu sammeln in schlicht-sachlicher, wissenschaftlicher Betrachtung.

Auch der Wissenschaft sind Gewissenhaftigkeit und Treue keine fremden Begriffe; denn nicht nur dem praktischen Leben, auch der reinen Forschung, die gleichfalls auf der Universität eine Heimat hat und hoffentlich auch für immer behalten wird, ist solch sittlicher Gehalt vonnöten. Denn wehe dem Forscher, der in dem Vorwärtsdrängen nach großen, weitreichenden Resultaten, vielleicht geblendet durch die ersten Erfolge einer neuen geistigen Eroberung, die gewissenhafteste Prüfung und Sicherung der gewonnenen Stellung unterläßt, der nicht treu und fest den gewählten Ausgangspunkt und den eingeschlagenen Weg im Auge behält. Über Nacht kann es ihm geschehen, daß seine mühsam gewonnene Position abgeschnitten wird und sich der einstürmenden Kritik gegenüber als unhaltbar erweist. Und nicht minder wehe dem Forscher, der vor einem neuen, von anderer Seite eingebrachten Befunde, der sich nicht recht in seine eigenen Ideenkreise einfügen will, die Augen verschließt und ihn, wenn nicht als unrichtig, so doch als belanglos hinzustellen geneigt ist. Die Einsicht, die er für den Augenblick zurückweist, wird er für die Zukunft um teuren Preis erkaufen müssen.

Derartige unvorhergesehene und auch unvorherzusehende Befunde fehlen in keiner Wissenschaft, und um so weniger, je frischere Jugendkraft in ihr pulsiert. Denn eine jede Wissenschaft, selbst die Mathematik nicht ausgenommen, ist bis zu einem gewissen Grade Erfahrungswissenschaft, mag sie nun die Natur oder die geistige Kultur zum Gegenstande haben, und in jeder Wissenschaft gilt als vornehmste Losung die Aufgabe, in der Fülle der vorliegenden Einzelerfahrungen und Einzeltatsachen nach Ordnung und Zusammenhang zu suchen, um dieselben durch Ergänzung der Lücken zu einem einheitlichen Bilde zusammenzuschließen.

Aber auch die Art der Gesetzlichkeit ist, auf so verschiedenen Gebieten die in den einzelnen Wissenschaften behandelten Materien auch liegen mögen, keineswegs so verschieden, als es beim Anblick der gewaltigen Gegensätze, wie sie zum Beispiel ein historisches und ein physikalisches Problem bietet, zunächst erscheinen möchte. Zum mindesten wäre es ganz verkehrt, einen grundsätzlichen Unterschied etwa darin zu suchen, daß auf dem Gebiete der Naturwissenschaft die Gesetzlichkeit allenthalben eine absolute, der Ablauf der Erscheinungen ein notwendiger sei, der keinerlei Ausnahmen gestattet, während auf geistigem Gebiete die Verfolgung des kausalen Zusammenhanges streckenweise immer auch durch etwas Willkür und Zufall hindurchführe. Denn einerseits ist für jegliches wissenschaftliche Denken, auch auf den höchsten Höhen des menschlichen Geistes, die Annahme einer in tiefstem Grunde ruhenden absoluten, über Willkür und Zufall erhabenen Gesetzlichkeit unentbehrliche Voraussetzung, und auf der anderen Seite findet sich auch die exakteste der Naturwissenschaften, die Physik, sehr häufig veranlaßt, mit Vorgängen zu operieren, deren gesetzlicher Zusammenhang einstweilen noch völlig im Dunkeln bleibt, und die daher im wohlverstandenen Sinne des Wortes unbedenklich als zufällige bezeichnet werden können.

Betrachten wir nur einmal als speziell herausgegriffenes Beispiel das Verhalten radioaktiver Atome nach der nun wohl allseitig anerkannten Zerfallshypothese von Rutherford und Soddy. Wie kommt ein bestimmtes Uranatom dazu, nachdem es ungezählte Millionen von Jahren sich inmitten seiner Umgebung vollständig unveränderlich und passiv verhalten hat, plötzlich innerhalb einer unmeßbar kurzen Zeit ohne jede feststellbare Veranlassung seinem Namen Schande zu machen und mit einer Gewalt zu explodieren, gegen welche unsere brisantesten Sprengstoffe sich wie Kinderpistolen ausnehmen, indem es seine Bruchstücke zum Teil mit Geschwindigkeiten von Tausenden von Kilometern in der Sekunde fortschleudert und zugleich elektromagnetische Strahlung von einer Feinheit aussendet, welche die der härtesten Röntgenstrahlen noch um ein Bedeutendes übertrifft, während dagegen ein unmittelbar benachbartes, allem Anschein nach vollkommen gleichartiges Atom noch weitere Millionen von Jahren in gleicher Passivität verharrt, bis endlich auch ihm die Schicksalsstunde schlägt? Fürwahr: hier auch nur mit einer Vermutung hinsichtlich des kausal bestimmenden dynamischen Gesetzes einzugreifen, erscheint zur Zeit um so hoffnungsloser, als bisher alle Versuche, durch Anwendung äußerer Mittel, zum Beispiel Erhöhung oder Erniedrigung der Temperatur, einen Einfluß auf den Verlauf der radioaktiven Erscheinungen zu gewinnen, völlig ergebnislos verlaufen sind. Und doch ist die genannte Atomzerfallshypothese für die physikalische Forschung von der allergrößten Bedeutung, sie hat in die anfangs schier verwirrende Menge von Einzeltatsachen mit einem Schlage Zusammenhang gebracht und hat eine Anzahl neuer Folgerungen gezeitigt, die zum Teil durch die Erfahrung in glänzender Weise bestätigt wurden, zum Teil zu neuen wichtigen Forschungen und Entdeckungen anregten.

Wie ist nun so etwas möglich? Wie kann man überhaupt aus der Betrachtung von Vorgängen, deren Verlauf im ganzen wie im einzelnen vorläufig noch vollständig dem blinden Zufall überlassen bleibt, wirkliche Gesetze ableiten? – Auch die Physik hat, wie schon lange vorher die sozialen Wissenschaften, die hohe Bedeutung einer von der rein kausalen gänzlich verschiedenen Betrachtungsweise kennengelernt und hat dieselbe seit etwa der Mitte des vorigen Jahrhunderts mit immer steigendem Erfolge angewendet; es ist dies die statistische Methode, mit deren Ausbildung die ganze neuere Entwicklung der theoretischen Physik aufs engste zusammenhängt. Statt den zur Zeit noch völlig im Dunkeln liegenden dynamischen Gesetzen eines Einzelvorganges ohne eine Aussicht auf greifbaren Erfolg nachzuforschen, werden zunächst einmal nur die an einer großen Zahl von Einzelvorgängen einer bestimmten Art gemachten Beobachtungen zusammengestellt und aus ihnen Durchschnitts- oder Mittelwerte gebildet. Für diese Mittelwerte ergeben sich dann je nach den besonderen Umständen des Falles gewisse erfahrungsmäßige Regeln, und die so gewonnenen Regeln gestatten, allerdings niemals mit absoluter Sicherheit, aber doch mit einer Wahrscheinlichkeit, die sehr häufig der Gewißheit praktisch gleichkommt, den Ablauf auch zukünftiger Vorgänge im voraus anzugeben, zwar nicht in allen Einzelheiten, wohl aber – und darauf kommt es bei den Anwendungen oft gerade am meisten an – in ihrem durchschnittlichen Verlauf.

Mag auch dem wissenschaftlichen Bedürfnis manches Forschers, dem es vor allem nach Aufklärung des Kausalzusammenhanges verlangt, ein solches im Grunde provisorisches Verfahren unbefriedigend und unsympathisch erscheinen, für die praktische Physik ist dasselbe nun einmal tatsächlich unentbehrlich geworden. Ein Verzicht darauf würde einen Strich durch die wichtigsten neueren Errungenschaften der physikalischen Wissenschaft bedeuten. Übrigens ist zu bedenken, daß man in der Physik, genau genommen, nirgends mit absolut bestimmten Größen rechnet; denn eine jede durch physikalische Messungen gewonnene Zahl ist mit einem gewissen möglichen Fehler behaftet. Wer also nur wirklich bestimmte Zahlen, nicht zugleich auch einen Fehlerbereich zulassen wollte, müßte auf die Verwertung von Messungen und konsequenterweise auf induktive Erkenntnis überhaupt Verzicht leisten.

Immerhin erhellt aus der geschilderten Sachlage wohl hinreichend deutlich die überaus hohe Bedeutung, welche die Durchführung einer sorgfältigen und grundsätzlichen Trennung der beiden besprochenen Arten von Gesetzmäßigkeit: der *dynamischen*, streng kausalen, und der lediglich *statistischen*, für das Verständnis des eigentlichen Wesens jeglicher naturwissenschaftlichen Erkenntnis besitzt; es sei mir daher gestattet, diesem Gegenstande und diesem Gegensatze heute einige Ausführungen zu widmen.

Am besten werden wir an ein paar Erscheinungen aus dem alltäglichen Leben anknüpfen. Nehmen wir zwei offene Glasröhren, vertikal aufgestellt und mit ihren unteren Enden durch einen Kautschukschlauch verbunden, und gießen wir von oben in die eine Röhre eine gewisse Menge einer schweren Flüssigkeit, etwa Quecksilber, so wird die Flüssigkeit durch den Verbindungsschlauch auch in die andere Röhre einströmen, und zwar so lange, bis die Flüssigkeitsoberflächen in beiden Röhren gleich hoch sind. Dieser Zustand des Gleichgewichts stellt sich bei jeder Störung immer wieder ein. Wenn wir zum Beispiel die eine Röhre schnell heben, so daß das Quecksilber für einen Augenblick mit emporgerissen wird und infolgedessen in der gehobenen Röhre höher steht, so wird es sich sogleich wieder senken, bis die Niveauhöhen auf beiden Seiten sich wieder ausgeglichen haben. Dies ist das bekannte elementare Gesetz der kommunizierenden Röhren, auf welchem jegliche Heberwirkung beruht.

Nun denken wir uns einen anderen Vorgang. Wir nehmen ein Stück Eisen, das in einem geheizten Ofen auf eine hohe Temperatur erwärmt ist, und werfen es in ein Gefäß mit kaltem Wasser. Die Wärme des Eisens wird sich der des Wassers mitteilen, und zwar so lange, bis vollkommene Gleichheit der Temperaturen erreicht ist. Dann ist, wie man sagt, der thermische Gleichgewichtszustand eingetreten, der sich bei jeder Störung stets wieder herstellen wird.

Offenbar zeigen die beiden beschriebenen Erscheinungen eine gewisse Analogie. In beiden Fällen ist für den Eintritt einer Veränderung maßgebend eine gewisse Differenz, das eine Mal eine Differenz der Niveauhöhe, das andere Mal eine Differenz der Temperaturen, und Gleichgewicht besteht nur dann, wenn die Differenz verschwindet. Man bezeichnet daher manchmal auch die Temperatur geradezu als das Wärmeniveau und kann dann sagen, daß im ersten Fall die Energie der Gravitation, im zweiten Fall die Energie der Wärme in der Richtung von höherem zu tieferem Niveau wandert, bis die Niveaus sich ausgeglichen haben.

Kein Wunder, daß diese Analogie von einer auf die höchsten Ziele eingestellten, aber zu vorschnellen Verallgemeinerungen neigenden Richtung der Energetik ohne weiteres als der Ausfluß eines gemeinsamen großen „Prinzips des Geschehens" erklärt wurde, welches jedwede Veränderung in der Natur auf Energieaustausch zurückführen will und die verschiedenen Energieformen als selbständig und gleichwertig nebeneinanderstehend behandelt. Jeder Energieform soll ein besonderer Intensitätsfaktor entsprechen, der Gravitation die Höhe, der Wärme die Temperatur, und die Differenz der Intensitätsfaktoren soll den Verlauf des Geschehens bestimmen. Der Anschaulichkeit dieses Satzes entspricht die Zuversicht, mit der seine allgemeine Gültigkeit verkündet wurde, und es konnte nicht fehlen, daß derselbe schnell in populäre Darstellungen und sogar in elementare Lehrbücher überging.

In Wirklichkeit ist die Analogie zwischen den beiden geschilderten Erscheinungen nur eine ganz oberflächliche, und die Gesetze, nach denen sie verlaufen, sind durch eine tiefe Kluft voneinander geschieden. Denn, wie die Gesamtheit aller heute vorliegenden Erfahrungen mit voller Bestimmtheit zu behaupten gestattet, gehorcht die erste Erscheinung einem dynamischen, die zweite aber einem statistischen Gesetz, oder mit anderen Worten: daß die Flüssigkeit von höherem auf tieferes Niveau sinkt, ist notwendig, daß aber die Wärme von höherer zu tieferer Temperatur übergeht, ist nur wahrscheinlich.

Es versteht sich, daß eine derartige im ersten Augenblick höchst fremdartig, ja fast paradox anmutende Behauptung durch eine erdrückende Fülle von Belegen gestützt sein muß; ich werde mich bemühen, die wichtigsten derselben hier anzudeuten und damit zugleich meiner Aufgabe einer Schilderung des Gegensatzes zwischen dynamischer und statistischer Gesetzmäßigkeit gerecht zu werden. Was zunächst die Notwendigkeit des Herabsinkens der schweren Flüssigkeit betrifft, so läßt sich dieselbe leicht als eine Folge des Prinzips der Erhaltung der Energie erweisen. Denn wenn die auf dem höheren Niveau befindliche Flüssigkeit ohne besonderen äußeren Antrieb noch weiter in die Höhe stiege, die auf dem tieferen Niveau befindliche noch weiter herabsinken würde, so läge damit eine Schöpfung von Energie aus dem Nichts vor, im Widerspruch zu dem genannten Prinzip. Bei der zweiten Erscheinung liegt die Sache schon anders. Hier könnte sehr wohl ein Übergang von Wärme aus dem kalten Wasser in das heiße Eisen eintreten, ohne daß das Prinzip der Erhaltung der Energie verletzt wird; denn da die Wärme selber eine Form der Energie ist, so würde dieses Prinzip nur verlangen, daß die Menge der vom Wasser abgegebenen Wärme ebenso groß ist wie die der von dem Eisen aufgenommenen Wärme.

Aber auch sonst zeigen die beiden Erscheinungen in ihrem Verlauf schon dem unbefangenen Beobachter gewisse charakteristische Verschiedenheiten. Die von dem höheren Niveau herabsinkende Flüssigkeit bewegt sich um so schneller, je tiefer sie sinkt; wenn der Gleichstand der Niveauhöhen erreicht ist, wird die Flüssigkeit nicht stehenbleiben, sondern sich infolge ihrer Trägheit über die Gleichgewichtslage hinaus bewegen, so daß nun die ursprünglich höhere Flüssigkeit tiefer zu stehen kommt; dabei wird die Geschwindigkeit wieder abnehmen und die Flüssigkeit allmählich zum Stillstand kommen; und hierauf wird sich das Spiel in gerade umgekehrter Richtung wiederholen. Könnte jeglicher Verlust von Bewegungsenergie, namentlich an die angrenzende Luft und an die Röhrenwandung durch Reibung, vermieden werden, so würde die Flüssigkeit bis in alle Ewigkeit um ihre Gleichgewichtslage hin und her pendeln. Ein solcher Prozeß wird daher auch als reversibel bezeichnet.

Ganz anders bei der Wärme. Je kleiner die Temperaturdifferenz zwischen Eisen und Wasser wird, um so langsamer erfolgt der Wärmeübergang von dem Eisen zum Wasser, und wenn man fragt, wie lange es dauert, bis die Gleichheit der Temperaturen erreicht ist, so ergibt die Rechnung, daß dazu eine unendlich lange Zeit gehören würde, oder mit anderen Worten: Es wird stets eine kleine Temperaturdifferenz noch übrigbleiben, mag man auch noch solange zuwarten. Von einem Hin- und Herpendeln der Wärme zwischen den beiden Körpern ist also gar keine Rede, der Wärmeübergang erfolgt vielmehr immer nur einseitig und stellt daher einen irreversiblen Prozeß dar.

Es gibt in der Gesamtheit der physikalischen Erscheinungen keinen tiefer ausgeprägten Gegensatz als den zwischen reversiblen und irreversiblen Prozessen. Zu den ersteren gehören die Gravitationserscheinungen, die mechanischen und elektrischen Schwingungen, die akustischen und elektromagnetischen Wellen. Sie alle lassen sich unschwer einem einzigen dynamischen Gesetz unterordnen: dem Prinzip der kleinsten Wirkung, welches das Prinzip der Erhaltung der Energie zugleich mitenthält. Zu den irreversiblen Prozessen gehören die Wärmeleitung, die elektrische Leitung, die Reibung, die Diffusion, sowie sämtliche chemische Reaktionen, sofern sie überhaupt mit merklicher Geschwindigkeit verlaufen. Für diese hat R. Clausius seinen für die Physik und Chemie so ungemein fruchtbaren zweiten Hauptsatz der Wärmetheorie abgeleitet, dessen Bedeutung darauf beruht, daß er einem jeden irreversiblen Prozeß seine Richtung vorschreibt. Aber erst L. Boltzmann war es vorbehalten, den Inhalt des zweiten Hauptsatzes und damit die Gesamtheit der irreversiblen Prozesse, deren Eigentümlichkeiten einer gemeinsamen dynamischen Erklärung unüberwindliche Schwierigkeiten bereiteten, durch die Einführung der atomistischen Betrachtungsweise auf seine eigentliche Wurzel zurückzuführen.

Nach der atomistischen Hypothese ist die Wärmeenergie eines Körpers nichts anderes als die Gesamtheit der äußerst feinen schnellen unregelmäßigen Bewegungen seiner einzelnen Moleküle, die Höhe seiner Temperatur entspricht der mittleren lebendigen Kraft der Moleküle, und der Wärmeübergang von einem heißen zu einem kälteren Körper beruht darauf, daß die lebendigen Kräfte der beiderseitigen Moleküle bei den durch die Berührung der Körper bedingten häufigen Zusammenstößen sich gegenseitig im Mittel ausgleichen. Das ist aber nicht so zu verstehen, als ob bei jedem einzelnen Zusammenstoß zweier Moleküle dasjenige mit größerer lebendiger Kraft an Geschwindigkeit einbüßt, dasjenige mit geringerer lebendiger Kraft dagegen beschleunigt wird; denn wenn zum Beispiel ein schnell bewegtes Molekül von der Seite her, quer gegen seine Bewegungsrichtung, von einem langsamer bewegten Molekül getroffen wird, muß seine Geschwindigkeit noch weiter wachsen, während die des langsameren Moleküls sich noch weiter vermindert. Aber im großen und ganzen wird doch nach den Gesetzen der Wahrscheinlichkeit, falls nicht ganz exzeptionelle Verhältnisse vorliegen, eine gewisse Vermischung der lebendigen Kräfte eintreten, und dies entspricht einem Ausgleich der Temperaturen der beiden Körper. Alle aus dieser Anschauung heraus entwickelten Folgerungen, die besonders für gasförmige Körper schon ziemlich ins einzelne gehen, haben sich als verträglich mit der Erfahrung erwiesen.

Allein so vielversprechend und aussichtsvoll diese atomitistische Betrachtungsweise auch erscheinen mag, sie wurde bis vor kurzem doch vielfach im Grunde nur als eine geistvolle Hypothese bewertet, da manchem vorsichtigen Forscher der gewaltige Sprung aus dem sichtbaren, direkt kontrollierbaren, in das unsichtbare Gebiet, aus dem Makrokosmos in den Mikrokosmos, doch allzu gewagt dünkte. Selbst Boltzmann vermied es offensichtlich, die Tragweite seiner Anschauungen und Berechnungen durch allzu kühnes Vorstürmen zu gefährden, er legte Wert darauf, die atomistische Hypothese als ein bloßes Bild der Wirklichkeit zu bezeichnen. Heute dürfen wir weitergehen, insoweit es überhaupt einen Sinn hat, vom Standpunkt der Erkenntnistheorie aus, einem Bilde die Wirklichkeit entgegenzusetzen. Denn wir kennen jetzt eine Reihe von Erfahrungen, welche der atomistischen Hypothese den nämlichen Grad von Sicherheit verleihen, wie ihn etwa die mechanische Theorie der Akustik oder die elektromagnetische Theorie der Licht- und Wärmestrahlung besitzt.

Nach dem oben von mir als unzulänglich bezeichneten energetischen Prinzip alles Geschehens müßte der Zustand einer ruhenden Flüssigkeit von gleichmäßiger Temperatur ein absolut unveränderlicher sein; denn wenn nirgendwo Intensitätsdifferenzen vorhanden sind, fehlt auch jede Ursache zum Eintritt einer Veränderung. Nun kann man aber die Verhältnisse in einer Flüssigkeit sichtbar machen dadurch, daß man in eine durchsichtige Flüssigkeit, zum Beispiel Wasser, zahlreiche sehr kleine Staubteilchen oder auch Tröpfchen einer anderen Flüssigkeit, zum Beispiel von Mastix oder Gummigutt, hineinbringt. Ich glaube, niemand, der einmal durch ein Mikroskop in guter Beleuchtung ein derartiges Präparat beobachtet hat, wird den ersten Eindruck des ihm sich darbietenden Schauspiels vergessen. Es ist der Einblick in eine neue Welt. Statt der erwarteten Kirchhofruhe bemerkt er einen äußerst lebhaften, munteren Tanz der kleinen suspendierten Teilchen, wobei gerade die kleinsten sich am tollsten gebärden; von irgendeinem Reibungswiderstand der Flüssigkeit ist keine Spur zu bemerken; wenn einmal ein Teilchen still stehen bleibt, fängt dafür wieder ein anderes an, sich zu bewegen. Man wird unwillkürlich an das aufgeregte Treiben in einem Ameisenhaufen erinnert, welchen man mit einem Stock berührt hat. Aber während die gereizten Tierchen sich allmählich wieder beruhigen und bei eintretender Dunkelheit ihre Beweglichkeit verlieren, zeigen die unter dem Mikroskop befindlichen Teilchen, solange nur die Temperatur der Flüssigkeit nicht verändert wird, niemals auch nur die mindesten Anzeichen einer Ermüdung – ein wirkliches Perpetuum mobile, im wörtlichsten Sinne dieses auch in mannigfachen anderen Bedeutungen gebrauchten Ausdrucks.

Das beschriebene, im Jahre 1827 von dem englischen Botaniker Brown entdeckte Phänomen wurde zwar schon vor 25 Jahren von dem französischen Physiker Gouy auf die Wärmebewegungen der Flüssigkeitsmoleküle zurückgeführt, welche, selber unsichtbar, an die zwischen ihnen herumschwimmenden mikroskopisch sichtbaren Teilchen fortwährend anstoßen und sie dadurch in unregelmäßige Bewegung versetzen; aber der endgültige Beweis für die Richtigkeit dieser Auffassung wurde erst in neuester Zeit erbracht, indem die von Einstein und Smoluchowski theoretisch abgeleiteten statistischen Gesetze über die Verteilungsdichte, die Geschwindigkeiten, die zurückgelegten Wege, ja sogar die Drehungen der mikroskopischen Teilchen in allen Einzelheiten ihre glänzende quantitative Bestätigung fanden, namentlich durch die experimentellen Arbeiten von Jean Perrin, den die philosophische Fakultät unserer Universität bei ihrer Jahrhundertfeier als Zeichen ihrer Anerkennung dafür mit dem Doktorhut geschmückt hat.

Es bleibt sonach für den Physiker, der nun einmal an die induktive Beweisführung gebunden ist, kein Zweifel: die Materie ist atomistisch konstituiert, die Wärme ist Bewegung der Moleküle, und die Wärmeleitung, wie alle übrigen irreversiblen Vorgänge, gehorcht nicht dynamischen, sondern statistischen, das heißt Wahrscheinlichkeitsgesetzen. Freilich ist es schwer, sich auch nur eine annähernde Vorstellung zu machen von dem winzigen Grad der Wahrscheinlichkeit, die dafür besteht, daß einmal für einen Augenblick die Wärme in umgekehrter Richtung, vom kalten Wasser zum heißen Eisen, übergeht. Wenn jemand in einen mit zahlreichen verschiedenen Buchstaben angefüllten Sack blindlings hineingreift, einen Buchstaben nach dem anderen hervorzieht und die Buchstaben in der Reihenfolge, wie sie gezogen sind, nebeneinanderlegt, so wird man immerhin die *Möglichkeit* zugeben müssen, daß dabei vernünftige Worte herauskommen können, vielleicht sogar ein Gedicht von Goethe. Oder wenn jemand mit einem gewöhnlichen Würfel hundert Würfe hintereinander macht, so wird niemand die Möglichkeit bestreiten können, daß bei allen Würfen ohne Ausnahme jedesmal sechs geworfen wird, da doch das Ergebnis jedes Wurfes unabhängig ist von dem der vorherigen Würfe. Aber wenn in Wirklichkeit einmal so etwas passieren sollte, so würde jedermann doch ohne weiteres sagen: es geht nicht mit rechten Dingen zu, der Würfel ist vielleicht nicht vollkommen symmetrisch, und kein Verständiger würde sich dem Gewicht dieser Behauptung entziehen. Denn die Wahrscheinlichkeit, daß unter normalen Umständen ein derartiger Ausnahmefall eintritt, ist doch gar zu gering. Und dennoch ist sie immer noch ganz ungeheuer groß gegenüber der Wahrscheinlichkeit, daß einmal Wärme aus einem kälteren in einen wärmeren Körper übergeht. Man bedenke nur, daß es sich bei dem Würfel nur um sechs Zahlen, also um sechs verschiedene Fälle, bei den Buchstaben um 25, bei den Molekülen dagegen um viele Millionen in den kleinsten noch sichtbaren Raumteilen handelt, die mit den verschiedensten Geschwindigkeiten behaftet sind. Also vom Standpunkt der praktischen Physik aus ist gewiß kein Grund zu Bedenken vorhanden wegen der Möglichkeit einer Abweichung von der Allgemeingültigkeit der Gesetze der Wärmeleitung.

Anders steht es allerdings mit der Theorie. Denn es muß jedem einleuchten, daß eine wenn auch noch so kleine Wahrscheinlichkeit von der absoluten Unmöglichkeit durch eine abgrundtiefe Kluft getrennt ist; ja diese Kluft macht sich unter besonderen Umständen wirklich geltend. Man braucht nur hinreichend oft zu würfeln, um schließlich, sogar mit großer Wahrscheinlichkeit, auch auf hundert Sechser hintereinander rechnen zu können, oder man braucht das Buchstabenspiel nur mit hinlänglicher Ausdauer zu wiederholen, um schließlich auch den Faustmonolog herauszubekommen. Immerhin ist es gut, daß wir nicht auf diese Methode des Dichtens allein angewiesen sind; denn um auf einen solchen Erfolg rechnen zu können, würde weder das Lebensalter eines Menschen noch wahrscheinlich das des Menschengeschlechts überhaupt ausreichen.

Was aber die Anwendung auf die Physik betrifft, so sind derartige minimale Wahrscheinlichkeiten unter Umständen doch sehr ernsthaft zu nehmen. Wenn ein Pulvermagazin eines schönen Tages in die Luft fliegt, ohne daß man irgendeinen äußeren Anlaß der Explosion ausfindig machen kann, so wird ein solches Ereignis gewiß nicht ignoriert werden, und doch ist die sogenannte Selbstzündung eben auch anzusehen als bedingt durch eine oft an sich sehr unwahrscheinliche Häufung von verhängnisvollen Zusammenstößen chemisch reagierender Moleküle, deren Gesetze nur auf statistischem Wege erschlossen werden können. Man sieht, wie vorsichtig man auch in der exakten Wissenschaft mit den Wörtchen „gewiß" und „sicherlich" umgehen muß und wie bescheiden oft die Tragweite von Erfahrungsgesetzen einzuschätzen ist.

So werden wir durch Theorie und Erfahrung gleichmäßig genötigt, in allen Gesetzmäßigkeiten der Physik einen fundamentalen Unterschied zu machen zwischen Notwendigkeit und Wahrscheinlichkeit, und bei jeder beobachteten Gesetzmäßigkeit zuallererst zu fragen, ob sie dynamischer oder ob sie statistischer Art ist. Dieser Dualismus, der mit der Einführung der statistischen Betrachtungsweise unvermeidlich in alle physikalischen Gesetzmäßigkeiten hineingetragen worden ist, will manchem unbefriedigend erscheinen, und man hat daher schon den Versuch gemacht, ihn, wenn es nun doch nicht anders geht, dadurch zu beseitigen, daß man die absolute Gewißheit bzw. Unmöglichkeit überhaupt leugnet und nur noch größere oder geringere Grade von Wahrscheinlichkeit zuläßt. Danach gäbe es in der Natur gar keine dynamischen Gesetze mehr, sondern nur noch statistische; der Begriff einer absoluten Notwendigkeit wäre in der Physik überhaupt aufgehoben. Eine solche Auffassung dürfte sich aber sehr bald als ein ebenso verhängnisvoller wie kurzsichtiger Irrtum herausstellen, selbst wenn wir ganz davon absehen wollen, daß alle reversiblen Prozesse ohne Ausnahme durch dynamische Gesetze geregelt werden und daß gar kein Grund vorliegt, diese Gesetze fallen zu lassen. Denn sowenig wie irgendeine andere Wissenschaft der Natur oder des menschlichen Geistes kann die Physik der Voraussetzung einer absoluten Gesetzmäßigkeit entbehren, ja gerade den Schlußfolgerungen der Statistik, von denen hier die Rede ist, wäre ohne sie die wesentlichste Grundlage entzogen.

Man bedenke doch, daß auch die Sätze der Wahrscheinlichkeitsrechnung einer exakten Formulierung und einer strengen Beweisführung nicht nur fähig, sondern auch bedürftig sind, weshalb sie auch von jeher in besonders hohem Maße das Interesse hervorragender Mathematiker gefesselt haben. Wenn die Wahrscheinlichkeit dafür, daß auf ein bestimmtes Ereignis ein anderes bestimmtes Ereignis folgt, gleich $^1/_2$ ist, so heißt das nicht etwa, daß man über das Eintreten des zweiten Ereignisses überhaupt nichts weiß, sondern es wird damit positiv behauptet, daß unter allen Fällen, in denen das erste Ereignis eintritt, gerade 50 Prozent das zweite Ereignis herbeiführen, und daß dieses Prozentualverhältnis um so genauer herauskommt, je zahlreichere Fälle der Betrachtung zugrunde gelegt werden. Ja auch über die bei einer geringeren Anzahl von beobachteten Fällen zu erwartende Abweichung von dem Mittelwerte, über die sogenannte Dispersion, gibt die Wahrscheinlichkeitsrechnung genau Auskunft, und wenn einmal die gemachten Beobachtungen einen Widerspruch mit der vorher berechneten Größe der Dispersion ergeben, so kann man mit Sicherheit daraus schließen, daß in den Grundlagen der Berechnung eine unrichtige Annahme, ein sogenannter systematischer Fehler steckt.

Um solch weitgehende Behauptungen aufstellen zu können, sind naturgemäß auch sehr weitgehende Voraussetzungen notwendig, und so wird es sich verstehen lassen, daß in der Physik die exakte Berechnung von Wahrscheinlichkeiten nur dann möglich ist, wenn für die elementarsten Wirkungen, also im allerfeinsten Mikrokosmos, lediglich dynamische Gesetze als gültig angenommen werden dürfen. Entziehen sich diese auch einzeln der Beobachtung durch unsere groben Sinne, so liefert doch die Voraussetzung ihrer absoluten Unabänderlichkeit die unumgänglich notwendige feste Grundlage für den Aufbau der Statistik.

Nach diesen Darlegungen erscheint also der Dualismus zwischen statistischer und dynamischer Gesetzmäßigkeit aufs engste verknüpft mit dem Dualismus zwischen Makrokosmos und Mikrokosmos, den wir als eine experimentell erhärtete Tatsache hinnehmen müssen. Tatsachen lassen sich nun aber einmal nicht durch Theorien aus der Welt schaffen, mag man dies nun unbefriedigend finden oder nicht, und so wird nichts übrigbleiben, als sowohl den dynamischen wie auch den statistischen Gesetzen die ihnen gebührende Stelle in dem gesamten System der physikalischen Theorien einzuräumen.

Dabei dürfen freilich Dynamik und Statistik nicht etwa als koordiniert nebeneinanderstehend aufgefaßt werden. Denn während ein dynamisches Gesetz dem Kausalbedürfnis vollständig genügt und daher einen einfachen Charakter trägt, stellt jedes statistische Gesetz ein Zusammengesetztes vor, bei dem man niemals definitiv stehenbleiben kann, da es stets noch das Problem der Zurückführung auf seine einfachen dynamischen Elemente in sich birgt. Die Lösung derartiger Probleme bildet eine der Hauptaufgaben der fortschreitenden Wissenschaft; an ihnen arbeitet die Chemie in gleicher Weise wie die physikalischen Theorien der Materie und der Elektrizität. Auch die Meteorologie darf in diesem Zusammenhang erwähnt werden; denn in den Bestrebungen von V. Bjerknes sehen wir einen groß angelegten Plan, alle meteorologische Statistik auf ihre einfachen Elemente, nämlich auf physikalische Gesetzmäßigkeiten, zurückzuführen. Mag der Versuch praktischen Erfolg haben oder nicht, gemacht muß er einmal werden, schon weil es im Wesen jeglicher Statistik liegt, daß sie wohl oft das erste, aber niemals das letzte Wort zu sprechen hat.

Wie unter den dynamischen Gesetzen das Prinzip der Erhaltung der Energie oder der erste Hauptsatz der Wärmetheorie, so steht unter den statistischen Gesetzen der Physik der zweite Hauptsatz der Wärmetheorie in vorderster Reihe. Auch dieser Satz ist, obwohl er ein Wahrscheinlichkeitssatz ist und obwohl man infolgedessen oft von den Grenzen seiner Gültigkeit spricht, sehr wohl einer exakten allgemeingültigen Formulierung fähig. Eine solche läßt sich etwa folgendermaßen aussprechen. Alle physikalischen und chemischen Zustandsänderungen verlaufen im Mittel so, daß sie die Wahrscheinlichkeit des Zustands vergrößern. Nun ist unter allen Zuständen, die ein System von Körpern annehmen kann, der wahrscheinlichste Zustand dadurch ausgezeichnet, daß alle Körper die nämliche Temperatur besitzen; aus diesem und keinem anderen Grunde erfolgt die Wärmeleitung *im Mittel* stets im Sinne eines Ausgleichs der Temperaturen, also in der Richtung von höherer zu tieferer Temperatur. Über einen *einzelnen* Vorgang vermag aber der zweite Hauptsatz stets nur dann etwas mit Bestimmtheit auszusagen, wenn man von vornherein sicher ist, daß der Verlauf des speziellen Vorgangs nicht merklich abweicht von dem mittleren Verlauf einer großen Anzahl von Vorgängen, die alle von dem nämlichen Anfangszustand ihren Ausgang nehmen. Um die Erfüllung dieser Bedingung zu sichern, genügt theoretisch die Einführung der sogenannten Hypothese der elementaren Unordnung. Experimentell gibt es kein anderes Mittel, als den betreffenden Versuch öfters hintereinander zu wiederholen, oder auch ihn durch verschiedene Beobachter, die unabhängig voneinander arbeiten, reproduzieren zu lassen. Eine derartige Wiederholung eines bestimmten Versuches, oder die Anstellung einer ganzen Versuchsreihe, ist ja auch tatsächlich das Verfahren, das in der praktischen Physik allgemein angewendet wird. Denn kein Physiker wird sich bei seinen Messungen jemals auf einen einzigen Versuch beschränken, schon wegen der Elimination der unvermeidlichen Versuchsfehler.

Mit der Energie hat aber der zweite Wärmesatz direkt gar nichts zu tun. Ein gutes Beispiel für einen Vorgang, der überhaupt nicht von Energieumwandlungen begleitet zu sein braucht, bietet die Diffusion, die lediglich deshalb erfolgt, weil eine gleichmäßige Mischung zweier verschiedener Substanzen wahrscheinlicher ist als eine ungleichmäßige. Man kann zwar auch die Diffusion der Energetik unterordnen, indem man für diesen besonderen Zweck den besonderen Begriff der freien Energie einführt, der eine bequeme Formulierung zuläßt und für viele Fälle auch die Anschauung erleichtert, aber dies Verfahren ist doch insofern ein indirektes, als die freie Energie sich ihrerseits im Grunde nur durch ihre Beziehungen zur Wahrscheinlichkeit verstehen läßt.

Verweilen wir nach diesen flüchtigen Ausblicken zum Schluß noch bei den Gesetzmäßigkeiten in den Vorgängen des geistigen Lebens, so finden wir hier zum Teil ganz ähnliche Verhältnisse, nur daß die strenge Kausalität hinter der Wahrscheinlichkeit, der Mikrokosmos hinter dem Makrokosmos, vollkommen zurücktritt. Aber dennoch ist auch hier auf allen Gebieten, bis hinauf zu den höchsten Problemen des menschlichen Willens und der Moral, die Annahme eines absoluten Determinismus für jede wissenschaftliche Untersuchung die unentbehrliche Grundlage. Freilich ist dabei eine Vorsicht geboten, die zwar auch in der Naturwissenschaft gilt, aber dort wegen ihrer Selbstverständlichkeit gewöhnlich nicht besonders hervorgehoben wird: die nämlich, daß der zu untersuchende Vorgang durch die Untersuchung selber in seinem Verlauf nicht gestört wird. Wenn ein Physiker die Temperatur eines Körpers messen will, so darf er dazu kein Thermometer verwenden, durch dessen Anbringung die Temperatur des Körpers verändert wird. Aus diesem Grunde erstreckt sich die Möglichkeit einer vollständig objektiven wissenschaftlichen Untersuchung geistiger Vorgänge prinzipiell genommen nur auf die Beurteilung fremder Persönlichkeiten, soweit sie von der eigenen Person unabhängig sind, für die eigene Person auch noch auf die Vergangenheit, insofern dieselbe fertig abgeschlossen vor dem inneren Auge des Denkers liegt, nicht aber auf die eigene Gegenwart und nicht auf die eigene Zukunft, zu welcher der Weg immer nur durch die Gegenwart hindurchführt. Denn das Denken und Forschen selber gehört auch mit zu den geistigen Vorgängen im Menschen, und wenn das Objekt der Untersuchung mit dem denkenden Subjekt identisch wird, so verändert es sich fortwährend in dem Maße, wie die Erkenntnis fortschreitet.

Es ist daher auch von vornherein völlig aussichtslos, vom Standpunkt des Determinismus aus die Vorgänge der eigenen Zukunft erschöpfend zu behandeln und damit zugleich den Begriff der sittlichen Freiheit erledigen zu wollen. Wer die uns durch das Bewußtsein gegebene freie, durch keinerlei Kausalgesetz eingeschränkte Selbstbestimmung für logisch unvereinbar hält mit dem absoluten Determinismus auf allen Gebieten des geistigen Lebens, der begeht einen prinzipiellen Fehler von ähnlicher Art wie der obenerwähnte Physiker, wenn er die bemerkte Vorsicht nicht beachtet, oder wie ihn ein Physiologe begehen würde, wenn er sich einbildete, die natürlichen Funktionen eines Muskels an dem anatomischen Präparat desselben studieren zu können.

So setzt sich die Wissenschaft selber ihre eigene unübersteigliche Grenze. Aber der Mensch in seinem unablässigen Drange kann sich mit dieser Grenze nicht begnügen, er will und muß über sie hinausdringen, da er eine Antwort braucht auf die wichtigste, unaufhörlich wiederkehrende Frage seines Lebens: Wie soll ich handeln? – Und eine volle Antwort auf diese

Frage findet er nicht beim Determinismus, nicht bei der Kausalität, überhaupt nicht bei der reinen Wissenschaft, sondern er findet sie nur bei seiner sittlichen Gesinnung, bei seinem Charakter, bei seiner Weltanschauung.

Gewissenhaftigkeit und Treue, das sind die Führer, die ihm wie in der Wissenschaft, so auch weit darüber hinaus den rechten Lebensweg weisen, die ihm keineswegs glänzende Augenblickserfolge, wohl aber die höchsten Güter des menschlichen Geistes, nämlich den inneren Frieden und die wahre Freiheit gewährleisten. Sie stellen auch das unzerreißbare Band dar, welches unsere Universität nun schon länger als ein Jahrhundert hindurch mit dem Andenken an ihren Königlichen Stifter verbindet. Möge sich dieses Band auch fernerhin als wirksam erweisen, möge unter solcher Führung seine Schöpfung, unsere geliebte alma mater, auch während der folgenden Jahrhunderte durch alle inneren und äußeren Stürme hindurch blühen, wachsen und gedeihen!

Vom Relativen zum Absoluten

Gastvorlesung, gehalten in der Universität München,
am 1. Dezember 1924

Eure Magnifizenz! Meine hochverehrten Damen und Herren! Es ist mir eine hohe Ehre und eine ganz besondere Freude, daß es mir durch eine freundliche Einladung verstattet ist, hier in diesem Hause, in dem ich vor fünfzig Jahren als akademischer Bürger einziehen durfte, in dem ich später den Doktorgrad und dann die Venia legendi erwarb, wieder einmal das Wort ergreifen und über Gegenstände meiner Wissenschaft reden zu dürfen. Unwillkürlich lenkt sich dabei der Blick zurück auf den ehemaligen Stand der wissenschaftlichen Forschung und ermißt den gewaltigen Abstand, der sich bei der Vergleichung der beiderseitigen Bilder, dem von früher und dem von heute, dem inneren Auge offenbart. Wohl kaum in irgendeinem halben Jahrhundert hat die Physik ihr Antlitz so von Grund auf und so vollkommen unerwartet gewandelt. Als ich meine physikalischen Studien begann und bei meinem ehrwürdigen Lehrer Philipp v. Jolly wegen der Bedingungen und Aussichten meines Studiums mir Rat erholte, schilderte mir dieser die Physik als eine hochentwickelte, nahezu voll ausgereifte Wissenschaft, die nunmehr, nachdem ihr durch die Entdeckung des Prinzips der Erhaltung der Energie gewissermaßen die Krone aufgesetzt sei, wohl bald ihre endgültige stabile Form angenommen haben würde. Wohl gäbe es vielleicht in einem oder dem anderen Winkel noch ein Stäubchen oder ein Bläschen zu prüfen und einzuordnen, aber das System als Ganzes stehe ziemlich gesichert da, und die theoretische Physik nähere sich merklich demjenigen Grade der Vollendung, wie ihn etwa die Geometrie schon seit Jahrhunderten besitze.

Das war vor fünfzig Jahren die Anschauung eines auf der Höhe der Zeit stehenden Physikers. Zwar fehlte es schon damals in der physikalischen Wissenschaft nicht an gewissen dunklen, einer näheren Aufklärung bedürftigen Punkten, die in den behaglichen Zustand der Sättigung etwas Beunruhigendes brachten. So trotzte das sonderbare Verhalten des Lichtäthers hartnäckig allen auf seine Erklärung abzielenden Versuchen, und das Phänomen der um jene Zeit von Wilh. Hittorf entdeckten Kathodenstrahlen gab den Experimentatoren und den Theoretikern schwierige Rätsel auf. Noch Heinrich Hertz, das letzte strahlende Gestirn am

Firmament der klassischen Physik, brachte die Kathodenstrahlen in Zusammenhang mit longitudinalen Ätherwellen, da es ihm mit den damals zur Verfügung stehenden experimentellen Methoden nicht gelingen wollte, eine Einwirkung der Kathodenstrahlen auf eine Magnetnadel nachzuweisen, und er sich mit Recht sagte, daß eine solche Einwirkung notwendig vorhanden sein müßte, wenn die Kathodenstrahlen Träger des elektrischen Stromes wären.

Mit der Entdeckung der Elektronen, der Röntgenstrahlen und der Radioaktivität brach dann die neue Ära der Physik an, unter deren Eindruck wir heute stehen, und deren Auswirkungen noch durchaus nicht vollkommen übersehbar sind und sich jedenfalls noch auf lange Zeiträume erstrecken werden. Wenn ich es nun heute unternehme, Sie zu einem gemeinsamen Gange in die höheren Regionen der theoretischen physikalischen Forschung einzuladen, so schulde ich Ihnen vor allem ein Wort der Erklärung über die Bedeutung der wohl etwas abstrakt anmutenden Form, in die ich das Thema meines heutigen Vortrages fassen zu sollen glaubte, sowie über die Absichten, die mich bei der Wahl gerade dieses Themas geleitet haben, und über den Standpunkt, von dem aus ich an seine Behandlung heranzutreten gedenke. Dennoch möchte ich davon absehen, mich hier zu Anfang in eine allgemeine Begriffsbestimmung der Worte „relativ" und „absolut" zu vertiefen, und zwar einmal aus dem Grunde, weil ich überzeugt bin, auch bei der sorgfältigsten Auseinandersetzung doch nicht allen Ansprüchen an Vollständigkeit und Korrektheit genügen zu können, dann aber hauptsächlich deshalb, weil mir nicht an der Bezeichnung, sondern an der Sache liegt, und weil ich sehr gern bereit sein würde, die erstere jedweder Änderung zu unterwerfen, falls sich für dieselbe Sache ein treffenderer Ausdruck finden sollte. Auch werde ich weder einen besonderen Standpunkt meinen Ausführungen zugrunde legen, noch eine besondere Absicht von vornherein mit ihnen verbinden, sondern ich möchte mich vielmehr lediglich darauf beschränken, Ihnen aus dem uns vorliegenden tatsächlichen Entwicklungsgang der physikalisch-chemischen Forschung in letzten Jahrhundert einige bedeutungsvolle Erscheinungen vorzuführen, an ihnen gewisse gemeinsame Züge aufzusuchen und diesen gemeinsamen Zügen eine charakteristische Fassung zu geben. Wir wollen es daher auch vermeiden, von irgendwelchen vorbereitenden allgemeinen Betrachtungen auszugehen, sondern wollen möglichst unbefangen lediglich die Tatsachen selber auf uns wirken lassen und je nach dem Eindruck, den ihre Gesamtheit auf uns macht, uns unser Urteil bilden.

Ich beginne mit der Besprechung eines der elementarsten Begriffe der Chemie: des Begriffs des *Atomgewichts*. Bekanntlich ist schon in der griechischen Philosophie von Atomen die Rede, aber die Messung des Atomgewichts datiert erst seit der Entdeckung des Fundamentalsatzes der chemischen Stöchiometrie, des Satzes, daß alle chemischen Verbindungen nach ganz bestimmten Gewichtsverhältnissen erfolgen. So verbindet sich 1 g Wasserstoff stets gerade mit 8 g Sauerstoff zu Wasser, mit 35,5 g Chlor zu Chlorwasserstoff usw. Daher ist 8 g das Äquivalentgewicht des Sauerstoffs, 35,5 g das Äquivalentgewicht des Chlors, und ebenso läßt sich für jedes chemische Element aus einer jeden Verbindung, die es mit einem anderen Element eingehen kann, ein Äquivalentgewicht ableiten. Natürlich gelten diese Zahlen nur dann, wenn man den Wasserstoff als Einheit wählt; insofern steckt in ihnen eine gewisse Willkür. Aber noch mehr. Ihre Bedeutung beschränkt sich zunächst durchaus auf die speziellen Verbindungen, aus denen sie abgeleitet sind. Das Äquivalentgewicht 8 des Sauerstoffs gilt nur in bezug auf Wasser. Nimmt man statt Wasser eine andere Verbindung mit Sauerstoff, etwa Wasserstoffsuperoxyd, so wird das Äquivalentgewicht des Sauerstoffs 16. Es ist von vornherein kein prinzipieller Grund vorhanden, die eine Zahl vor der anderen zu bevorzugen. Jedes Element besitzt daher im allgemeinen mehrere verschieden große Äquivalentgewichte, ja prinzipiell genommen so viele, als es Arten von Verbindungen eingehen kann. Wenn von einem Element überhaupt keine Verbindung bekannt ist, fehlt es auch an jedem Anhaltspunkt, ihm ein Äquivalentgewicht zuzuschreiben.

Nun hat sich aber die wichtige Tatsache ergeben, daß bei den verschiedenen Verbindungen, welche ein Element mit anderen Elementen eingehen kann, immer die nämlichen Zahlen für das Äquivalentgewicht oder auch ganze Multipla derselben wiederkehren. So gilt das Äquivalentgewicht 35,5 für Chlor nicht nur für die Verbindung mit 1 g Wasserstoff zu Chlorwasserstoff, sondern auch für die Verbindung mit 8 g Sauerstoff zu Chloroxyd. Will man dieses regelmäßige Zusammentreffen nicht als unbegreiflichen Zufall ansehen, so liegt es nahe, dem Begriff des Äquivalentgewichtes eine selbständigere Bedeutung zu geben, ihn abzulösen von der Frage nach den Verbindungen, welche das Element mit anderen Elementen eingehen kann, und ihm damit in gewissem Sinne einen absoluten Charakter zu verleihen. Das ist auch in der Tat sehr bald geschehen, nur blieb dabei noch eine gewisse Schwierigkeit übrig, die in der Chemie längere Zeit hindurch als besonders lästig empfunden wurde und die daher rührt, daß zwei Elemente häufig mehrere verschiedenstufige Verbindungen miteinander eingehen können, wie zum Beispiel Wasserstoff und Sauerstoff, so daß man nicht weiß, ob für das Äquivalentgewicht des Sauerstoffs 8 g oder 16 g zu nehmen ist. Um hier zu einer klaren Entscheidung zu kommen, bedarf es einer neuen, der Stöchiometrie an sich fremden Idee, eines neuen Axioms, und dieses Axiom fand sich in der Hypothese von Avogadro. Dieselbe gründet sich auf die von Gay-Lussac festgestellte Tatsache, daß zwei Elemente im Gaszustand sich nicht nur nach bestimmten Gewichtsverhältnissen, sondern auch, bei gleicher Temperatur und gleichem Druck genommen, nach bestimmten Volumenverhältnissen verbinden, und sie greift aus der Schar der verschiedenen für einen Stoff in Betracht kommenden Äquivalentgewichte ein ganz bestimmtes heraus, das sie als Molekulargewicht bezeichnet, indem sie das Verhältnis der Molekulargewichte zweier Gase allgemein gleichsetzt dem Verhältnis ihrer Dichten. In dieser Definition ist keine Rede mehr von chemischen Reaktionen, sondern nur von chemischen Stoffen. Daher läßt sie sich auch anwenden auf Elemente, die sich, wie die Edelgase, nur schwer oder überhaupt nicht mit anderen Stoffen verbinden.

Da nach dem Avogadroschen Satze die Moleküle der chemischen Elemente häufig nicht als Ganzes, sondern nur mit einem Bruchteil ihres Gesamtgewichts in die Moleküle ihrer Verbindungen eingehen, wie zum Beispiel das Molekül des Wasserdampfes aus einem ganzen Molekül Wasserstoff und einem halben Molekül Sauerstoff, das Molekül des Chlorwasserstoffs aus je einem halben Molekül Wasserstoff und Chlor sich zusammensetzt, so gelangt man von dem Molekulargewicht zum Atomgewicht eines Elements als dem kleinsten Bruchteil, in den genannten Beispielen der Hälfte, des Molekulargewichts, welcher sich in den Verbindungen des Elements vorfindet.

Wenn somit durch die Avogadrosche Definition der Begriff des Atomgewichts eine gewisse absolute Bedeutung gewonnen hat, so haftet ihm doch in dieser Fassung noch etwas merklich Relatives an. Denn das Avogadrosche Atomgewicht bedeutet nur eine Verhältniszahl, es bedarf zu seiner Bestimmung noch der willkürlichen Festsetzung des Atomgewichts für irgendein spezielles Element, etwa Wasserstoff gleich 1 g, oder Sauerstoff gleich 16 g. Ohne die Bezugnahme auf diese Festsetzung haben die Zahlen für das Atomgewicht keinen Sinn. Daher war von jeher das Interesse zahlreicher Forscher darauf gerichtet, den Begriff des Atomgewichts auch von dieser letzten Beschränkung zu befreien und seine Bedeutung in einem noch weiteren Sinne zu einer absoluten zu machen – ein Problem, das allerdings für die praktischen Bedürfnisse der Chemiker weniger in Betracht kommt, da es sich in der eigentlichen Chemie immer nur um die Verhältnisse von Gewichtsmengen handelt.

Wohl in jeder Wissenschaft kommt es gelegentlich zu einem Konflikt zwischen den Forschern, welche bemüht sind, die anerkannten Axiome der Wissenschaft zu ordnen, zu analysieren und von allen mehr zufälligen und fremdartigen Bestandteilen zu säubern – ich will sie hier einmal als Puristen bezeichnen –, und solchen Forschern, die darauf ausgehen, die vorliegenden Axiome durch Einführung neuer Ideen zu erweitern, und die daher gern nach verschiedenen Richtungen tastende Fühler ausstrecken, um zu erkunden, nach welcher Seite wohl ein Fortschritt zu erzielen wäre. So hat es auch in der Chemie nicht an Puristen gefehlt, welche alle Versuche scharf verurteilten, in dem Atomgewicht mehr zu sehen als eine bloße Verhältniszahl, während dagegen gerade die führenden Chemiker es zum mindesten nützlich fanden, die Atome im Sinne der mechanischen Naturanschauung als selbständige winzige Gebilde zu betrachten, die im Molekül nach bestimmten räumlichen Abmessungen angeordnet sind und sich bei einer eintretenden chemischen Änderung entsprechend trennen oder umgruppieren. Ich selber entsinne mich von meiner Münchener Zeit her, aus dem Anfang der achtziger Jahre, noch lebhaft des Eindrucks, den hier im chemischen Universitätslaboratorium die Polemik des damaligen Wortführers der puristisch denkenden Chemiker, Hermann Kolbe in Leipzig, hervorrief, der über die bis ins einzelne gehenden mechanisch-atomistischen Vorstellungen, zu welchen die Ausbildung der chemischen Konstitutionsformeln Anlaß gab, sein heiliges Anathema aussprach und sich in demselben Maße, in welchem die erwartete Wirkung ausblieb, in eine immer schärfere Tonart hineinredete. Derartigen heftigen, schließlich sogar persönliches Gebiet berührenden Angriffen gegenüber tat Adolf von Baeyer das, was unter diesen Umständen das beste war: er schwieg und arbeitete weiter, bis der Erfolg ihm recht gab. Ein ähnliches Bild gewahren wir heute in dem Kampfe um das Atommodell von Niels Bohr, das allerdings an den guten Willen des Theoretikers noch weit höhere Ansprüche stellt als früher die Hypothesen der Strukturchemie.

Aber auch vom philosophischen Standpunkt aus setzten die Puristen jahrzehntelang der Ausbildung der atomistischen Theorie hartnäckigen Widerspruch entgegen. Hier ist vor allem Ernst Mach zu nennen, der zeit seines Lebens nicht müde wurde, mit den scharfen Waffen seiner Begriffsanalyse und gelegentlich auch seiner Ironie die naiven und rohen Anschauungen in Mißkredit zu bringen, welche er den Anhängern der Atomistik zum Vorwurf machte, und die nach seiner Meinung zu der sonstigen philosophischen Entwicklung der modernen Physik in einem eigentümlichen Gegensatz standen.

Gegen solche Angriffe hatten die Vertreter der atomistischen Theorie, zu denen in erster Linie Ludwig Boltzmann zählte, schon deshalb einen schweren Stand, weil sich mit Mitteln der Logik gegen die Puristen überhaupt niemals etwas ausrichten läßt, aus dem einfachen Grunde, weil die Puristen ja gerade ihrerseits alles dasjenige vertreten und verfechten, was aus den anerkannten Axiomen ihrer Wissenschaft auf logischem Wege gefolgert werden kann. Was sie verwerfen, ist nur das Eindringen neuer, fremdartiger Axiome, besonders, wenn diese sich noch nicht zu einer endgültigen, allgemein brauchbaren Fassung verdichtet haben. Nun ist aber noch kein einziges Axiom als ein fertiges System, wie Pallas Athene aus dem Haupte des Zeus, entsprungen, sondern es lebt zunächst nur unvollkommen, ja oft mehr oder weniger unklar in der Phantasie seines Erzeugers, und erblickt häufig erst nach schweren Geburtswehen das Licht der Öffentlichkeit, indem es eine wissenschaftlich brauchbare Form annimmt. Und selbst, wenn es allgemeinere Anerkennung errungen hat, braucht der Purist sich noch lange nicht für überwunden zu erklären. Denn die Frage des endgültigen Erfolges eines neuen physikalischen Axioms wird gar nicht auf logischem Gebiete entschieden, sondern nur dadurch, daß gewisse empirische Gesetzmäßigkeiten ohne das Axiom nicht zu verstehen sind. Dann bleibt den Puristen nichts anderes übrig, als solche Gesetzmäßigkeiten für Zufall zu erklären. Auf diese Behauptung können sie sich allerdings unter allen Umständen als auf die letzte unangreifbare Position zurückziehen, während die wissenschaftliche Forschung sich dann um solchen Widerstand nicht weiter kümmert und auf ihrem Wege fortschreitet. So ist es oft gegangen, und so wird es wohl noch oft gehen.

Im vorliegenden Falle wurden derartige empirische Gesetzmäßigkeiten allmählich in derartiger Fülle festgestellt, daß die Frage nach der Existenz einer absoluten Größe des Atomgewichts sehr bald in positivem Sinne entschieden wurde. Ich brauche hier nur auf die Entwicklung der kinetischen Theorie der Gase und Flüssigkeiten, auf die Gesetze der Licht- und Wärmestrahlung, auf die Entdeckung der Kathodenstrahlen und der Radioaktivität, auf die Messung des elektrischen Elementarquantums hinzuweisen, welche alle auf den verschiedensten Wegen zu dem nämlichen Wert des Atomgewichts führen. Heute wird kein Physiker Einspruch erheben gegen die Behauptung, daß das Gewicht eines Atoms Wasserstoff, abgesehen von unvermeidlichen Messungsfehlern, 1,65 *Quadrilliontel* Gramm beträgt, eine Zahl, deren Bedeutung unabhängig ist von den Atomgewichten anderer chemischer Elemente und die in diesem Sinne als eine absolute Größe bezeichnet werden kann.

Meine Damen und Herren! Ich bitte um Vergebung, wenn ich mir hier erlaubt habe, Sie an allerlei Bekanntes zu erinnern. Es geschah dies wahrlich nicht in der Absicht, Sie zu belehren, sondern nur deshalb, um Ihren Blick zu schärfen für eine charakteristische Erscheinung in der Entwicklung der wissenschaftlichen Forschung, welche sich in verschiedenem Zusammenhang immer wieder beobachten läßt. Denn auf jedem Gebiet der Wissenschaft wird mit Axiomen gearbeitet, und auf jedem Gebiet gibt es Puristen, welche sich jeder über das Formal-Logische hinausgehenden Erweiterung der anerkannten Axiome mit allen Mitteln zu widersetzen geneigt sind.

Indem ich nun daran gehe, Ihnen andere Fälle vorzuführen, werde ich schließlich zur Besprechung von Fragen gelangen, die nicht so klar und abgeschlossen liegen wie die bisher behandelten, und um die daher auch heute noch lebhafte Kämpfe geführt werden.

Ich wende mich zunächst zu dem Begriff der *Energie*. Das Prinzip der Erhaltung der Energie hat sich entwickelt aus dem mechanischen Prinzip der lebendigen Kraft, welches besagt, daß die bei irgendeinem mechanischen Vorgang eintretende Zunahme der lebendigen Kraft eines bewegten Körpers gleich ist der Abnahme des Potentials der auf den Körper wirkenden Kräfte. Die Änderung der einen Energieart, der kinetischen Energie, wird also gerade kompensiert durch eine ebenso große Änderung der anderen Energieart, der potentiellen Energie. Auch hier können die Puristen in gewissem Sinne mit vollem Rechte die Behauptung aufstellen, daß, da in der Formulierung des Energieprinzips nur von Energiedifferenzen die Rede ist, auch der Begriff der Energie sich nicht auf einen Zustand, sondern auf eine Zustandsänderung bezieht, und daß daher in dem Werte der Energie eine additive Konstante unbestimmt bleibt, nach deren Größe zu fragen gar keinen physikalischen Sinn hat, ebenso etwa wie es bei dem Bau eines Hauses für den Architekten keinen praktischen Sinn hat, nach der Höhe der einzelnen Stockwerke über dem Meeresspiegel zu fragen, da es auch hier nur auf die Differenzen ankommt.

Gegen einen solchen Standpunkt ließe sich auch nicht das mindeste einwenden, wenn das Prinzip der Erhaltung der Energie das einzige Axiom der Physik wäre. Da das aber nicht der Fall ist, so kann man die Frage jedenfalls nicht kurzerhand abweisen, ob es sich nicht doch empfiehlt, den Begriff der Energie durch Einführung eines neuen Axioms insofern eine absolute Bedeutung zuzuschreiben, als man ihre Größe durch den augenblicklichen Zustand als vollkommen bestimmt ansieht. Die große Vereinfachung, die sowohl der Begriff der Energie als auch die Anwendung des Energieprinzips durch eine solche Auffassung erfahren würde, liegt auf der Hand. In der Tat ist dieselbe heute vollständig zur Durchführung gelangt. Wir dürfen bei jedem physikalischen Gebilde in einem gegebenen Zustande in ganz bestimmtem Sinne von der Größe seiner Energie sprechen, ohne irgendeine additive Konstante.

Nehmen wir zuerst die elektromagnetische Energie im reinen Vakuum. Hier besteht das Axiom, welches den Absolutwert der Energie festlegt, darin, daß die Energie des elektromagnetisch neutralen Feldes gleich Null gesetzt wird. Dieser Satz ist weder selbstverständlich, noch aus dem Energieprinzip an sich ableitbar. Noch vor wenig Jahren hat Nernst die Hypothese aufgestellt, daß im sogenannten neutralen Felde eine gewisse stationäre Energiestrahlung von ungeheuer großem Betrage, die sogenannte Nullpunktstrahlung, vorhanden ist, welche sich zwar bei den gewöhnlich beobachtbaren Vorgängen nicht bemerklich macht, weil sie alle Körper gleichmäßig durchdringt, aber doch unter besonderen Umständen in Erscheinung treten kann, ähnlich wie der Luftdruck, obwohl er eine sehr beträchtliche Kraft darstellt, bei den meisten Bewegungen, die wir beobachten, keine Rolle spielt, da er überall nach allen Richtungen gleichmäßig wirkt. Eine solche Strahlungshypothese ist also von vornherein durchaus berechtigt, über ihre Bedeutung kann nur die Verfolgung ihrer Konsequenzen entscheiden, zu deren bedenklichsten jedenfalls die gehört, daß sie ein spezielles Bezugssystem als ruhend auszeichnen würde, nämlich dasjenige, in welchem die Nullpunktstrahlung nach allen Richtungen gleich groß ist. Durch die absolute Energie des neutralen Feldes ist natürlich auch die absolute Energie jedes anderen elektromagnetischen Feldes festgelegt.

Gehen wir weiter zur Energie der Materie, so können wir auch für diese zu einem bestimmten Absolutwert gelangen. Aber die Energie eines ruhenden Körpers ist nicht etwa gleich Null, wie man vielleicht nach Analogie des elektromagnetisch neutralen Feldes mutmaßen könnte, sondern sie ist gleich dem Produkt seiner Masse und dem Quadrat der Lichtgeschwindigkeit. Es ist die sogenannte Ruheenergie des Körpers; sie wird bedingt durch seine chemische Beschaffenheit und durch seine Temperatur. Wird der Körper durch eine Kraft in Bewegung gesetzt, so macht sich diese Größe, die im allgemeinen einen ungeheuer großen Zahlenwert besitzt, gar nicht geltend, weil es sich hierbei nur um Energiedifferenzen handelt. Daß solche eigenartigen Anschauungen nicht aus dem Energieprinzip allein gewonnen werden können, habe ich schon oben betont. Tatsächlich wurzeln sie in der speziellen Relativitätstheorie. Es muß ein merkwürdiges Zusammentreffen genannt werden, daß gerade eine Theorie der Relativität zur Bestimmung des Absolutwerts der Energie eines physikalischen Gebildes geführt hat. Das scheinbar Paradoxe dieser Gegenüberstellung erklärt sich einfach daraus, daß es sich in der Relativitätstheorie um die Abhängigkeit von dem gewählten Bezugssystem, hier dagegen um die Abhängigkeit von dem physikalischen Zustand des betrachteten Gebildes handelt.

Aber hat es denn wirklich, so könnten die Puristen nun wohl fragen, irgendeinen vernünftigen Sinn, zu sagen, daß die Energie eines Sauerstoffatoms 16mal so groß ist als die eines Wasserstoffatoms? Und sie hätten gewiß recht, wenn es schlechthin unsinnig wäre, von einer Umwandlung des Sauerstoffs in Wasserstoff zu reden. Indessen ist es doch immer bedenklich, etwas für sinnlos zu erklären, solange es keinem Gesetze der Logik widerspricht, und wir tun daher besser, wenn wir abwarten, ob vielleicht nicht doch einmal eine Zeit kommt, wo die Frage einer derartigen Umwandlung eine vernünftige Bedeutung gewinnt. Anzeichen dafür sind schon heute vorhanden.

Wie bei der elektromagnetischen und bei der kinetischen Energie, so ist man auf allen Gebieten der Physik, in der Mechanik wie in der Elektrodynamik, von der Betrachtung der Energiedifferenzen, welche unmittelbar durch Messung gewonnen werden, zur Betrachtung der Absolutwerte der Energie geleitet worden. Stets wurde durch dieses Verfahren ein merklicher Fortschritt der Theorie erzielt. Bei den Erscheinungen der strahlenden Wärme zum Beispiel hat man es strenggenommen immer nur mit den Differenzen der absorbierten und der emittierten Strahlung zu tun. Denn ein Körper, der Wärmestrahlen absorbiert, emittiert auch solche. Aber man trennt nach der Theorie von Prevost diese beiden Größen voneinander und legt jeder derselben eine selbständige Bedeutung bei. Beim Galvanismus mißt man nur Potentialdifferenzen, aber man spricht auch vom Absolutwert des Potentials, indem man das Potential in unendlicher Entfernung von allen elektrischen Ladungen gleich Null setzt. Bei der Emission monochromatischer Strahlung in einem Atom erhält man durch die Messung der emittierten Frequenz immer nur die Differenz der Atomenergie vor und nach der Emission, aber erst durch die Trennung der beiden Glieder dieser Differenz, der sogenannten Terme, und ihrer Einzeluntersuchung ist es Niels Bohr für die Gebiete der sichtbaren, Arnold Sommerfeld für die der Röntgenstrahlen gelungen, die Anhaltspunkte zu finden für die Enträtselung der hier verborgenen Fragen. So hat überall der Begriff der Energie eines Gebildes in einem bestimmten Zustande eine absolute, von der Bezugnahme auf andere Zustände unabhängige Bedeutung gewonnen.

Diese Tendenz, von der Differenz auf die einzelnen Terme überzugehen oder, was auf dasselbe herauskommt, von dem Differential auf das Integral, findet sich, wie bei der Energie so auch bei vielen anderen physikalischen Größen. So werden in der Elastizitätstheorie die Volumkräfte zurückgeführt auf Flächenkräfte, in der Elektrodynamik die ponderomotorischen elektrischen und magnetischen Kräfte auf die sogenannten Maxwellschen Spannungen, in der Thermodynamik die Druck- und Temperaturgrößen auf die thermodynamischen Potentiale. Immer handelt es sich dabei um einen Aufstieg oder um ein Integrationsverfahren, und die Frage nach dem

Absolutwert der so gewonnenen Größen höherer Stufe fällt zusammen mit der Frage nach der Bestimmung der Integrationskonstanten, deren Beantwortung stets eine besondere Untersuchung erheischt.

Bei einem dieser Fälle, der deshalb besonderes Interesse beansprucht, weil er auch gegenwärtig noch nicht als endgültig erledigt betrachtet werden kann, möchte ich hier noch ein wenig verweilen. Es handelt sich um den Absolutwert der *Entropie.* Nach der ursprünglichen Definition von Rudolf Clausius bedarf es zur Messung der Entropie eines Körpers der Ausführung irgendeines reversiblen Prozesses, aus welchem dann die Differenz der Entropie im Anfangszustand und im Endzustand des Prozesses abgeleitet werden kann. Die Folge war, daß man anfänglich den Begriff der Entropie nicht auf einen Zustand, sondern auf eine Zustandsänderung bezog, genau wie man das früher beim Atomgewicht und bei der Energie getan hatte, und zwar legte man ihm nur für reversible Prozesse eine Bedeutung bei. Indessen dauerte es doch nicht lange, bis sich eine erweiterte Auffassung durchsetzte, und man lernte die Entropie als eine Eigenschaft des augenblicklichen Zustandes betrachten, in der allerdings eine additive Konstante unbestimmt blieb, da man immer nur Entropiedifferenzen messen konnte. Auch wenn man nach dem Vorgange Einsteins den Begriff der Entropie auf die Statistik der zeitlichen Schwankungen eines physikalischen Gebildes um seinen thermodynamischen Gleichgewichtszustand gründet, gelangt man immer nur zu Entropiedifferenzen, niemals zu einem Absolutwert der Entropie.

Gibt es aber nun nicht doch einen Weg, um ebenso wie für die Energie, so auch für die Entropie einen absoluten Wert zu finden? Es liegt mir fern, lediglich aus Gründen der Analogie diese Frage zu bejahen, und man muß den Puristen darin unbedingt beipflichten, wenn sie betonen, daß es im allgemeinen gar keinen Sinn hat, aus dem Werte einer Differenz auf die Werte der beiden Terme, des Minuend und des Subtrahend einzeln, schließen zu wollen. Im Interesse einer klaren Begriffsbildung ist es sogar durchaus notwendig, in jedem Falle genau festzustellen, was man aus einer Definition herausholen kann und was nicht. In dieser Hinsicht ist die Kritik der Puristen unentbehrlich. Sie erweisen sich dabei als die gewissenhaften Wächter für die Ordnung und Sauberkeit in der Methodik des wissenschaftlichen Arbeitens, die wir unter keinen Umständen missen wollen, heutzutage weniger als je. Aber die Physik ist nun einmal keine deduktive Wissenschaft, und die Anzahl ihrer Axiome ist keine festliegende. Wenn ein neues Axiom sich meldet, soll man ihm nicht lediglich deshalb den Einlaß wehren, weil es fremd ist, sondern man soll erst prüfen, welchen Ideen es entspringt und zu welchen Folgerungen es führt.

Im vorliegenden Falle ist es nicht schwierig, der Idee, welche der Annahme eines Absolutwertes der Entropie zugrunde liegt, eine deutliche und anschauliche Fassung zu geben. Wenn wir mit Boltzmann die Entropie als ein Maß für die thermodynamische Wahrscheinlichkeit ansehen, so bedeutet die Entropie eines im thermodynamischen Gleichgewicht befindlichen physikalischen Gebildes von vielen Freiheitsgraden, welches mit einer bestimmten Energie ausgestattet ist, nichts anderes als die Anzahl der verschiedenartigen Zustände, die ein solches Gebilde unter den gegebenen Bedingungen annehmen kann. Und wenn die betrachtete Entropie einen absoluten Wert besitzt, so heißt dies, daß die Anzahl der unter den gegebenen Bedingungen möglichen Zustände eine ganz bestimmte, endliche ist.

Zu den Zeiten von Clausius, Helmholtz und Boltzmann wäre freilich eine solche Behauptung unzweifelhaft auf der Stelle als völlig unannehmbar abgewiesen worden. Denn solange man in den Differentialgleichungen der klassischen Dynamik die einzige Grundlage der Physik erblickte, mußte man notgedrungen die Zustände als stetig veränderlich und daher die Anzahl der bei gegebenen äußeren Bedingungen möglichen Zustände als unendlich groß betrachten. Seit der Einführung der Quantenhypothese ist das aber anders geworden, und nach meiner Meinung kann es nicht mehr lange dauern, bis die Behauptung, daß man in einem ganz bestimmten Sinne von einer diskreten Anzahl möglicher Zustände und dementsprechend von der absoluten Größe der Entropie reden kann, den Widerspruch überwunden haben wird, der ihr gegenwärtig von Seiten angesehener Physiker noch entgegengesetzt wird.

In der Tat hat das neue Axiom bereits Leistungen aufzuweisen, welche mit denen der bestbewährten Theorien wetteifern können. Auf dem Gebiet der strahlenden Wärme hat es zur Aufstellung des Gesetzes der Energieverteilung im Normalspektrum geführt, im Gebiet der Thermodynamik findet es seinen Ausdruck in dem vielfach erprobten und bewährten Nernstschen Wärmetheorem, das es insofern noch weiter ergänzt, als sich nicht nur die Existenz, sondern auch die numerische Größe der sogenannten chemischen Konstanten daraus ableiten läßt, bei den Problemen des Atombaues hat es den Ideen von Niels Bohr den Ausgangspunkt für die Festlegung der sogenannten stationären Elektronenbahnen und damit die Vorbedingung für die Entwirrung der spektroskopischen Phänomene geliefert, ja wenn nicht alle Anzeichen trügen, so bereitet sich mit seiner weiteren Durchführung ein Prozeß vor, den man in gewissem Sinne geradezu als eine Arithmetisierung der Physik bezeichnen kann, da hierbei eine Reihe von physikalischen Größen, die man bisher ohne weiteres als stetig veränderlich betrachtet hat, sich unter der Lupe einer schärferen Analyse als diskret und abzählbar herausstellen. Ganz in dieser Richtung liegt das merkwürdige Ergebnis der unlängst im Utrechter physikalischen Institut auf Anregung seines Leiters L. S. Ornstein ausgeführten Messungen, daß die Intensitätsverhältnisse der Komponenten von Spektralmultipletts durch einfache ganze Zahlen wiedergegeben werden, sowie der neuerdings von Max Born ausgearbeitete interessante Versuch, die Differentialgleichungen der klassischen Mechanik durch Differenzengleichungen zu ersetzen.

Meine Damen und Herren! Unsere bisherigen Betrachtungen haben uns an einigen der Geschichte der Physik entnommenen Fällen einen übereinstimmenden Zug erkennen lassen, der sich etwa dahin formulieren läßt, daß gewisse physikalische Größen, denen man nach ihrer ursprünglichen Begriffsbestimmung nur einen relativen Wert beimessen konnte, im Laufe der fortschreitenden Entwicklung der Wissenschaft eine selbständige absolute Bedeutung angenommen haben. Darf man diesen Zug als charakteristisch für den Fortschritt der physikalischen Forschung überhaupt ansehen? Es wäre voreilig, diese Frage ohne weiteres zu bejahen. Ja, ich könnte mir sehr wohl denken, daß ein Gegner dieser Ansicht sich vielleicht veranlaßt fühlte, seinerseits das Wort zu ergreifen und sozusagen einen Gegenvortrag gegen den meinigen zu halten mit dem umgekehrten Titel: Vom Absoluten zum Relativen. Und er würde es durchaus nicht schwer finden, geeignetes Material für die Verfechtung seines Standpunktes herbeizuschaffen. Er würde vielleicht, ebenso wie ich, mit dem Begriff des Atomgewichts beginnen, indem er etwa folgendes ausführte: Die Zahl, die wir vorhin als das absolute Gewicht eines Atoms bezeichnet haben, ist bei den meisten Elementen tatsächlich mitnichten eine absolute Größe. Denn da ein Element in der Regel mehrere Isotope mit verschiedenem Atomgewicht besitzt, so stellt das gemessene Atomgewicht einen mehr oder minder zufällig zustande gekommenen Mittelwert vor, der ganz davon abhängt, in welchem Mischungsverhältnis die verschiedenen Isotope in dem untersuchten Präparat vertreten sind. Und selbst wenn wir ein einzelnes Isotop ins Auge fassen, so wäre es vom Standpunkt unserer heutigen Kenntnisse ganz unwissenschaftlich, dasselbe als etwas Absolutes zu betrachten. Vielmehr entspricht es den neuesten, durch die zuerst von Ernest Rutherford ausgeführte Zertrümmerung von Atomkernen aufs beste gestützten Anschauungen, die alte Proutsche Hypothese wieder aufzunehmen und sämtliche chemischen Elemente als aus einem einzigen, dem Wasserstoff, aufgebaut anzusehen. Damit wird aber dem Begriff des Atomgewichts grundsätzlich der absolute Charakter entzogen und derselbe zu einer reinen Verhältniszahl gestempelt.

Nach diesem augenscheinlichen Erfolg würde dann mein Gegner vielleicht dazu übergehen, seinen Haupttrumpf auszuspielen: die Einsteinsche allgemeine Relativitätstheorie. Hier würde wohl allein schon die Nennung des Stichwortes genügen, um jeden Versuch, bei den Begriffen „Raum" und „Zeit" noch von etwas Absolutem zu reden, als antiquiert und rückständig erscheinen zu lassen.

Aber man soll sich wohl hüten, aus Worten und aus Bezeichnungen, die vielleicht nicht immer in jeder Hinsicht glücklich gewählt sind, sachliche Folgerungen abzuleiten. Daß die Relativitätstheorie tatsächlich zur Auffindung eines Absolutwertes der Energie geführt hat, ist schon früher zur Sprache gekommen, und es würde von recht oberflächlicher Denkweise zeugen, wenn man bei der Erkenntnis der Notwendigkeit einer Relativierung von Raum und Zeit stehenbliebe und nicht noch weiter fragen würde, wohin denn diese Relativierung führt. Sicherlich ist es häufig in der Geschichte der Wissenschaft vorgekommen und bezeichnete dann in der Regel einen grundsätzlichen Fortschritt, daß gewisse Begriffe, denen man eine Zeitlang eine absolute Bedeutung beigelegt hatte, sich als nur relativ gültig erwiesen. Aber damit war das Absolute nicht eliminiert, sondern nur zurückgeschoben. Eine Leugnung des Absoluten schlechthin käme nach meiner Meinung auf dasselbe hinaus, als wenn jemand, der nach der Ursache eines eingetretenen Ereignisses forscht, falls er einmal die Entdeckung macht, daß ein gewisser Umstand, den er eine Zeitlang für die gesuchte Ursache hielt, nicht dafür in Betracht kommen kann, nun daraus den Schluß ziehen wollte, daß das Ereignis überhaupt keine Ursache gehabt hat. Nein, man kann ebensowenig alles relativieren, wie man alles definieren oder alles beweisen kann. Denn wie bei jeder Begriffsbildung von mindestens einem Begriff ausgegangen werden muß, der keiner besonderen Definition bedarf, und wie jede Beweisführung von einem Obersatz Gebrauch machen muß, der ohne Beweis als zutreffend anerkannt wird, so knüpft jedes Relative im letzten Grunde an etwas selbständiges Absolutes an. Sonst schwebt der Begriff oder der Beweis oder das Relative in der Luft, ähnlich wie ein Rock, für den kein Nagel zum Aufhängen da ist. Das Absolute stellt den notwendigen festen Ausgangspunkt dar; derselbe muß nur an der richtigen Stelle gesucht werden.

Nach diesen Überlegungen ist es in der Tat nicht schwer, auf die Behauptungen des geschilderten Gegenvortrages eine geeignete Erwiderung zu finden.

Die Zurückführung der Atomgewichte aller Elemente auf dasjenige des Wasserstoffs wird, wenn sie sich einmal wirklich durchführen läßt, eine der fundamentalsten Errungenschaften vorstellen, welche die wissen-

schaftliche Erforschung der Materie gezeitigt hat. Ihre Bedeutung besteht
darin, daß im Lichte dieser Erkenntnis alle Materie einen einheitlichen
Ursprung aufweist. Dann werden die beiden Bestandteile des Wasserstoffatoms: der positiv geladene Wasserstoffkern, das sogenannte Proton, und
das negative Elektron, zusammen mit dem elementaren Wirkungsquantum die Bausteine bilden, aus denen sich das physikalische Weltgebäude
zusammensetzt, und diesen Größen wird, solange sie sich nicht aufeinander oder auf andere zurückführen lassen, gewiß ein absoluter Charakter
zugeschrieben werden müssen. Da haben wir also wieder das Absolute, nur
auf höherer Stufe und in vereinfachter Form. Und um den Vergleichsfaden
noch etwas fortzuspinnen, fragen wir jetzt weiter nach dem Baugrunde,
auf welchem sich das gewaltige Werk erhebt. Die von Albert Einstein erarbeitete Erkenntnis, daß unsere Begriffe des Raumes und der Zeit, wie
sie Newton und ebenso Kant als die absolut gegebenen Formen unserer
Anschauung ihren Gedankengängen zugrunde legten, wegen der Willkür,
die in der Wahl des Bezugssystems und des Messungsverfahrens liegt, in
gewissem Sinne nur eine relative Bedeutung besitzen, greift vielleicht am
allertiefsten an die Wurzeln unseres physikalischen Denkens. Aber wenn
dem Raum und der Zeit der Charakter des Absoluten abgesprochen worden ist, so ist das Absolute nicht aus der Welt geschafft, sondern es ist nur
weiter rückwärts verlegt worden, und zwar in die Metrik der vierdimensio-
nalen Mannigfaltigkeit, welche daraus entsteht, daß Raum und Zeit mittels
der Lichtgeschwindigkeit zu einem einheitlichen Kontinuum zusammenge-
schweißt werden. Diese Metrik stellt etwas von jeglicher Willkür abgelöstes
Selbständiges und daher Absolutes dar.

So ist auch in der vielfach mißverstandenen Relativitätstheorie das Absolute nicht aufgehoben, sondern es ist im Gegenteil durch sie nur noch
schärfer zum Ausdruck gekommen, daß und inwiefern die Physik sich allenthalben auf ein in der Außenwelt liegendes Absolutes gründet. Denn
wenn das Absolute, wie manche Erkenntnistheoretiker annehmen, nur im
eigenen Erleben zu finden wäre, so müßte es grundsätzlich ebenso viele
Arten von Physik geben, wie es Physiker gibt, und wir würden der Tatsache völlig verständnislos gegenüberstehen, daß es wenigstens bis zum
heutigen Tage möglich ist, eine physikalische Wissenschaft aufzubauen
und zu pflegen, deren Inhalt für alle forschenden Intelligenzen, bei aller
Verschiedenartigkeit ihrer Einzelerlebnisse, sich als der nämliche erweist.
Daß nicht wir uns aus Zweckmäßigkeitsgründen die Außenwelt schaffen,
sondern daß umgekehrt sich uns die Außenwelt mit elementarer Gewalt
aufzwingt, ist ein Punkt, welcher in unserer stark von positivistischen Strö-
mungen durchsetzten Zeit nicht als selbstverständlich unausgesprochen

bleiben darf. Indem wir bei jeglichem Naturgeschehen von dem Einzelnen, Konventionellen und Zufälligen dem Allgemeinen, Sachlichen und Notwendigen zustreben, suchen wir hinter dem Abhängigen das Unabhängige, hinter dem Relativen das Absolute, hinter dem Vergänglichen das Unvergängliche. Und so weit ich sehe, zeigt sich diese Tendenz nicht nur in der Physik, sondern in jeglicher Wissenschaft, ja nicht nur auf dem Gebiet des Wissens, sondern auch auf dem des Guten und dem des Schönen.

Doch ich laufe hier Gefahr, von meinem Thema abzuschweifen. Denn ich hatte mir nicht vorgenommen, Behauptungen aufzustellen und sie dann zu beweisen, sondern ich wollte umgekehrt erst einige Tatsachen aus der Physik reden lassen und an sie einige zusammenfassende Betrachtungen anreihen.

Darum zum Schluß nur noch eine naheliegende, aber sehr verfängliche Frage. Wer bürgt uns dafür, daß ein Begriff, welchem wir heute einen absoluten Charakter zuschreiben, vielleicht schon morgen sich in einem gewissen neuen Sinne als relativ erweisen und einem höheren absoluten Begriffe weichen wird? Hier kann es nur eine einzige Antwort geben: Nach allem, was wir erlebt und gelernt haben, kann eine derartige Bürgschaft niemand in der Welt übernehmen. Ja, wir dürfen wohl sogar mit aller Sicherheit behaupten, daß das Absolute schlechthin uns niemals faßbar sein wird. Das Absolute bildet vielmehr ein ideales Ziel, das wir stets vor uns haben, ohne es doch jemals erreichen zu können – ein allerdings vielleicht betrüblicher Gedanke, mit dem wir uns eben abfinden müssen. Es geht uns darin ähnlich wie einem in unbekanntem Gelände wandernden Bergsteiger, der niemals weiß, ob hinter dem Gipfel, den er vor sich sieht und dem er mühsam zustrebt, sich nicht ein noch höherer auftürmt. Wohl aber mag es wie ihm so auch uns zum Trost dienen, daß es dabei doch immer aufwärts- und vorwärtsgeht, und daß uns nichts hindert, dem ersehnten Ziel in unbeschränktem Grade näherzukommen. Diese Annäherung immer weiterzutreiben und immer enger zu gestalten, ist das eigentliche unausgesetzte Streben einer jeglichen Wissenschaft, und wir können hier mit Gotthold Ephraim Lessing sagen: Nicht der Besitz der Wahrheit, sondern das erfolgreiche Ringen um sie macht das Glück des Forschers aus; denn alles Verweilen ermüdet und erschlafft auf die Dauer. Ein starkes, gesundes Leben gedeiht nur durch Arbeit und Fortschritt. Vom Relativen zum Absoluten.

Die Physik im Kampf um die Weltanschauung

Vortrag, gehalten im Harnack-Haus, Berlin-Dahlem, am 6. März 1935

Meine hochverehrten Damen und Herren!

Was hat die Physik mit dem Kampf um die Weltanschauung zu tun? so wird wohl mancher von Ihnen zu fragen geneigt sein, wenn er sich den Sinn des Themas überlegt, zu dem ich Ihnen heute einen Beitrag liefern möchte. Die Physik beschäftigt sich doch lediglich mit Gegenständen und Vorgängen der unbelebten Natur, während man von einer Weltanschauung, wenn sie irgendwie befriedigend sein soll, verlangen muß, daß sie das gesamte körperliche und geistige Leben umspannt und gerade auch zu allen seelischen Fragen bis hin zu den höchsten Problemen der Ethik Stellung nimmt.

So einleuchtend dieser Einwand auf den ersten Blick scheinen mag, einer näheren Prüfung hält er nicht stand. Zunächst ist zu sagen, daß die unbelebte Natur doch auch mit zur Welt gehört, daß also eine Weltanschauung, die Anspruch auf umfassende Geltung erhebt, auch auf die Gesetze der unbelebten Natur Rücksicht nehmen muß, und daß sie auf die Dauer unhaltbar ist, wenn sie mit diesen in Widerspruch gerät. Ich brauche hier nicht hinzuweisen auf die Schar der religiösen Dogmen, denen die physikalische Wissenschaft den Todesstoß versetzt hat.

Aber mit solch negativer, zersetzender Wirkung erschöpft sich keineswegs der Einfluß der Physik auf die Weltanschauung. Im Gegenteil, viel stärker wirkt sie durch ihren Beitrag zum positiven Aufbau. Zunächst nach der formalen Seite. Es ist allgemein bekannt, daß die Methoden der physikalischen Wissenschaft sich wegen ihrer Exaktheit als ausnehmend fruchtbar erwiesen haben und daher auch für die Geisteswissenschaften in gewisser Weise vorbildlich geworden sind. Dann aber auch inhaltlich. Wie eine jegliche Wissenschaft ursprünglich vom Leben ausgeht, so läßt auch die Physik sich tatsächlich niemals vollständig trennen von den Forschern, die sie betreiben, und schließlich ist doch jeder Forscher zugleich auch eine Persönlichkeit, mit allen ihren intellektuellen und ethischen Eigenschaften. Daher wird die Weltanschauung des Forschers stets auf die Richtung seiner wissenschaftlichen Arbeit mitbestimmend einwirken, und es ist selbstverständlich, daß dann auch umgekehrt die Resultate seiner Forschung nicht ohne Einfluß auf seine Weltanschauung bleiben können. Dies für die Physik im einzelnen auszuführen, werde ich als die Hauptaufgabe meiner heutigen Ausführungen betrachten. Ich hoffe also, wenn auch nicht sofortige Zustimmung, so doch wenigstens keinen direkten Widerspruch von Ihnen zu erfahren, wenn ich behaupte, daß auch die Physik im Kampf um die Weltanschauung eine Waffe, und zwar eine sehr scharfe Waffe, zur Verfügung stellen kann.

Beginnen wir mit einer Überlegung allgemeinerer Art. Eine jede wissenschaftliche Betrachtungsweise hat zur Voraussetzung die Einführung einer gewissen *Ordnung* in die Fülle des zu behandelnden Stoffes. Denn nur durch eine ordnende und vergleichende Tätigkeit kann man die Übersicht über das vorliegende und sich unablässig häufende Material gewinnen, welche notwendig ist, um die auftretenden Probleme zu formulieren und weiter zu verfolgen. Ordnung aber bedingt Einteilung, und insofern steht am Anfang einer jeden Wissenschaft die Aufgabe, den ganzen vorliegenden Stoff nach einem gewissen Gesichtspunkt einzuteilen. Aber nach welchem Gesichtspunkt? Das ist nicht nur der erste, sondern, wie zahllose Erfahrungen gezeigt haben, sehr oft geradezu der entscheidende Schritt auf der Bahn, welche die Entwicklung der ganzen Wissenschaft einschlägt.

Hier ist nun von besonderer Wichtigkeit die Feststellung, daß es einen bestimmten, von vornherein zweifellos feststellbaren Gesichtspunkt, nach welchem eine endgültige, für alle Fälle passende Einteilung getroffen werden kann, in keinem Fall, in keiner einzigen Wissenschaft gibt, daß man also in dieser Beziehung niemals von einem zwangsläufigen, aus der Natur der Sache selbst entspringenden und von jeder willkürlichen Voraussetzung freien Aufbau einer Wissenschaft reden kann. Über diesen Umstand müssen wir uns vor allem klar sein. Er ist deshalb von grundsätzlicher Wichtigkeit, weil aus ihm deutlich hervorgeht, daß gleich am Anfang einer jeden wissenschaftlichen Erkenntnis eine Entscheidung über den Standpunkt der Betrachtung getroffen werden muß, zu deren Festsetzung sachliche Erwägungen nicht ausreichen, sondern Werturteile mit herangezogen werden müssen.

Nehmen wir ein einfaches Beispiel aus der reifsten und exaktesten aller Wissenschaften, der Mathematik. Sie behandelt das Reich der Zahlengrößen. Um eine Übersicht über alle Zahlen zu gewinnen, liegt es wohl am nächsten, sie nach ihrer Größe zu ordnen. Dann stehen sich zwei Zahlen um so näher, je weniger sie sich an Größe unterscheiden. Ich will nun zwei Zahlen nennen, welche an Größe einander fast ganz gleich sind. Die eine Zahl ist die Quadratwurzel aus 2, die andere Zahl ist der zwölfziffrige Dezimalbruch 1 , 41 421 356 237. Die erste Zahl ist nur um wenige Billiontel größer als die zweite. Daher können die beiden Zahlen bei allen numerischen Rechnungen in der Physik wie in der Astronomie als völlig identisch behandelt werden. Sobald man aber die Reihe der Zahlen nicht nach ihrer Größe, sondern nach ihrer Herkunft ordnet, klafft zwischen den beiden Zahlen ein himmelweiter Unterschied. Denn der Dezimalbruch ist eine rationale Zahl, er läßt sich ausdrücken durch das Verhältnis zweier ganzer Zahlen, während die Quadratwurzel irrational ist und jene Eigenschaft nicht besitzt.

Stehen sich nun die beiden genannten Zahlen nahe oder stehen sie sich nicht nahe? Ein Streit über die so gestellte Frage hätte ungefähr ebensoviel Sinn wie der Streit zwischen zwei Personen, die einander gegenüberstehen, über die Frage, welche Seite die rechte und welche die linke ist.

Ich habe dieses einfache Beispiel deshalb angeführt, weil ich der Überzeugung bin, daß eine beträchtliche Anzahl wissenschaftlicher Kontroversen, und gerade solcher, die mit besonderer Lebhaftigkeit ausgefochten wurden, im Grunde darauf hinauslaufen, daß die beiden Gegner, oft ohne das deutlich auszusprechen, bei der Anordnung ihrer Gedankengänge von vornherein ein verschiedenes Einteilungsprinzip benützten, und daß jedweder Art von Einteilung stets eine gewisse Dosis Willkür und damit eine gewisse Einseitigkeit anhaftet.

Noch stärker als in der Mathematik wirkt sich die Bedeutung der Wahl des Ordnungsprinzips in jeder Naturwissenschaft aus. Man denke nur an die systematische Botanik. Schon im Interesse der unentbehrlichen Nomenklatur ist die Einteilung aller Pflanzen nach Arten, Gattungen, Familien usw. notwendig, und je nach der Wahl des Einteilungsprinzips ergaben sich verschiedene Systeme, die sich im Lauf der Entwicklung der botanischen Wissenschaft gelegentlich bitter befehdet haben, von denen aber keines als das allein berechtigte zu betrachten ist, da ein jedes an einer gewissen Einseitigkeit leidet. Denn auch das heute allgemein benutzte natürliche System der Pflanzen, obwohl den früheren künstlichen Systemen weit überlegen, ist nicht ein in allen Teilen eindeutig bestimmtes, endgültiges, sondern unterliegt bis zu einem gewissen Grade gewissen Schwankungen, die einer verschiedenartigen Einstellung der maßgebenden Forscher zu der Frage des zweckmäßigsten Einteilungsprinzips entsprechen.

Am auffälligsten und bedeutsamsten aber tritt einerseits die Notwendigkeit, andererseits die Willkür einer ordnenden Betrachtung bei den Geisteswissenschaften in Erscheinung, vor allem bei der Geschichte. Mag man die Geschichte nach Längsschnitten oder nach Querschnitten ordnen, mag man nach politischen, ethnographischen, linguistischen, sozialen, wirtschaftlichen Gesichtspunkten einteilen, stets ist man genötigt, Grenzlinien zu ziehen und Unterschiede einzuführen, die sich bei genauerer Betrachtung als fließend und als unzureichend erweisen, da es eben keinerlei Art von Einteilung gibt, bei der nicht Verwandtes getrennt, Zusammengehöriges auseinandergerissen wird. So trägt eine jegliche Wissenschaft schon in ihrem Aufbau einen willkürlichen und daher vergänglichen Zug an sich, und das wird sich niemals ändern, weil es in der Natur der Sache liegt.

Wenn wir uns nun speziell der Physik zuwenden, so steht auch hier am Anfang der wissenschaftlichen Forschung die Aufgabe, die zu untersuchenden Vorgänge in verschiedene Gruppen einzuordnen. Da nun der Ursprung aller physikalischen Erfahrungen in unseren Sinnesempfindungen liegt, so bot sich als erstes Einteilungsprinzip die Unterscheidung nach den einzelnen menschlichen Sinnesorganen dar. und die physikalische Wissenschaft wurde eingeteilt in Mechanik, Akustik, Optik, Wärme, die man als getrennte Gebiete behandelte. Aber im Lauf der Zeit zeigte es sich, daß zwischen einzelnen Teilen verschiedener Gebiete innige Zusammenhänge bestehen, und daß die Aufstellung genauer physikalischer Gesetze viel besser gelingt, wenn man von den Sinnesorganen zunächst absieht und die Aufmerksamkeit in erster Linie auf die Vorgänge außerhalt der Sinnesorgane richtet, wenn man z. B. die von einem tönenden Körper ausgehenden Schallwellen ganz unabhängig vom Ohr, die von einem glühenden Körper ausgehenden Lichtstrahlen unabhängig vom Auge behandelt. Das führt zu einer andersartigen Einteilung der Physik, bei welcher einzelne Gebiete eine Umgruppierung erfahren, indem die Sinnesorgane ganz in den Hintergrund treten. So wurden nun die Wärmestrahlen, wie sie etwa von einem geheizten Kachelofen ausgesendet werden, ganz aus der Wärmelehre herausgenommen und der Optik zugeteilt, um dort als völlig gleichartig mit den Lichtstrahlen behandelt zu werden. Gewiß liegt in einer solchen Umstellung, welche die Sinnesempfindung völlig ignoriert, etwas Einseitiges und Gewaltsames. Dem Sinnesmenschen *Goethe* wäre sie ein Greuel gewesen. Denn in seinem stets aufs Ganze gerichteten Blick hielt er fest an dem Primat der unmittelbaren Empfindung und konnte daher niemals einwilligen in eine Trennung des Sehorgans von der Lichtquelle.

Wär' nicht das Auge sonnenhaft,
Wie könnten wir das Licht erblicken?

Und doch hätte Goethe ein Jahrhundert später den milden Glanz einer Glühlampe an seinem Schreibtisch sich vermutlich doch wohl gern gefallen lassen, obwohl deren Herstellung gerade auf der Grundlage der von ihm so heiß bekämpften physikalischen Theorie gelungen war.

Daß eben dieser so erfolgreichen Theorie bei ihrer konsequenten Weiterbildung nach Verlauf weniger Jahrzehnte die entgegengesetzte Einseitigkeit zum Verhängnis werden würde, konnte freilich zu seinen Lebzeiten weder *Goethe* noch sein großer wissenschaftlicher Gegner *Newton* im voraus ahnen. Doch ich will nicht vorgreifen und kehre zurück zur Schilderung des weiteren Entwicklungsganges der physikalischen Wissenschaft.

Der Ausschaltung der spezifischen Sinnesempfindung aus den Grundbegriffen der Physik folgte naturgemäß die Verdrängung der Sinnesorgane durch geeignete Meßinstrumente. Das Auge wich der photographischen Platte, das Ohr der schwingenden Membran, die wärmeempfindliche Haut dem Thermometer. Die Einführung selbstregistrierender Apparate machte von subjektiven Fehlerquellen noch weitergehend unabhängig. Aber das wesentliche Merkmal der eingeschlagenen Entwicklung bestand nicht in der Benutzung neuer Meßgeräte, deren Empfindlichkeit und Genauigkeit immer mehr gesteigert wurde. Wesentlich war vielmehr die allgemein zur Grundlage der Theorie gemachte Voraussetzung, daß die Messung einen unmittelbaren Aufschluß über das Wesen eines physikalischen Vorganges gewährt, wozu notwendig auch gehört, daß die Vorgänge unabhängig verlaufen von den Instrumenten, mit denen sie gemessen werden. Dann ist bei jeder physikalischen Messung zu unterscheiden zwischen dem objektiven oder realen Vorgang, der sich völlig selbständig abspielt, und dem Messungsvorgang, der durch jenen Vorgang ausgelöst wird und von ihm Kunde gibt. Die physikalische Wissenschaft hat es mit den realen Vorgängen zu tun. Ihr Ziel ist die Aufdeckung der Gesetzmäßigkeiten, welchen diese Vorgänge gehorchen.

Das Berechtigte dieser Fragestellung hat sich in den unermeßlich reichen Früchten gezeigt, welche die klassische Physik auf den ihr durch diese Auffassung gewiesenen Wegen ernten konnte, und welche sich sowohl im praktischen Leben durch die Vermittlung der Technik als auch in benachbarten Wissenschaften nach allen Richtungen hin sichtbar ausgewirkt haben, so daß ich auf ihre Schilderung im einzelnen füglich verzichten kann.

Durch solche Erfolge ermutigt, schritt die Forschung in der einmal eingeschlagenen Richtung nach dem Grundsatz divide et impera konsequent weiter. Der Abspaltung der realen Vorgänge von den Meßinstrumenten folgte die Spaltung der Körper in die Moleküle, die Spaltung der Moleküle in die Atome, die Spaltung der Atome in die Kerne und Elektronen. Und parallel damit ging die Teilung von Raum und Zeit in unendlich kleine Intervalle. Überall suchte und fand man das Walten strenger Gesetzmäßigkeiten, die um so einfachere Formen annahmen, je weiter man in der Teilung vordrang, und nichts schien der Erwartung zu widersprechen, daß es einmal gelingen werde, die Gesetze des physikalischen Makrokosmos vollständig zurückzuführen auf die raumzeitlichen Differentialgleichungen, die für den Mikrokosmos gelten. Diese Differentialgleichungen lieferten dann für irgendeinen als Ausgangspunkt gewählten Zustand der Natur die eintretenden Zustandsänderungen und daraus durch Integration die Zustände für alle künftigen Zeiten, ein ebenso umfassendes wie durch seine Harmonie befriedigendes Bild des physikalischen Weltgeschehens.

Um so auffallender und peinlicher mußte es berühren, als es sich zu Beginn dieses Jahrhunderts bei der immer fortschreitenden Verfeinerung und Vervielfältigung der Messungsmethoden, zuerst auf dem Gebiet der Wärmestrahlung, dann bei der Lichtstrahlung und in der Elektronenmechanik herausstellte, daß der beschriebenen klassischen Theorie eine unüberschreitbare objektiv bestimmbare Schranke gesetzt ist. Ein Beispiel möge dies erläutern. Der Zustand eines sich bewegenden Elektrons, wie ihn die klassische Physik zur Berechnung seiner Bewegung als bekannt voraussetzen muß, umfaßt die Lage und die Geschwindigkeit des Elektrons. Nun hat sich gezeigt, daß jede Methode, die Lage eines Elektrons genau zu messen, die genaue Messung der Geschwindigkeit ausschließt, und zwar wächst die Ungenauigkeit der Geschwindigkeitsmessung gerade entsprechend der Genauigkeit der Lagenmessung, und umgekehrt, nach einem ganz bestimmten angebbaren durch die Größe des elementaren Wirkungsquantums bedingten Gesetz. Ist die Lage des Elektrons absolut genau bekannt, so ist seine Geschwindigkeit völlig unbestimmt, und umgekehrt.

Es versteht sich, daß bei dieser Sachlage die Differentialgleichungen der klassischen Physik ihre grundlegende Bedeutung verlieren, und daß die Aufgabe, die Gesetzmäßigkeit der realen physikalischen Vorgänge vollständig aufzudecken, einstweilen als unlösbar betrachtet werden muß. Selbstverständlich darf man daraus nun nicht sogleich den Schluß ziehen, daß eine Gesetzmäßigkeit überhaupt nicht existiert, sondern man wird den Mißerfolg auf eine mangelhafte Formulierung des Problems und eine dementsprechend verfehlte Fragestellung schieben. Worauf beruht aber der begangene Fehler? Und wie kann man ihn verbessern?

Zunächst ist zu betonen, daß man nicht von einem Zusammenbruch der theoretischen Physik sprechen darf in dem Sinn, daß nur alles Bisherige als unrichtig betrachtet und beiseite geworfen wird. Dafür ist die Fülle der von der klassischen Physik erzielten Erfolge viel zu erdrückend. Es handelt sich nicht um einen Neubau, sondern um einen Ausbau und eine Erweiterung der Theorie, und zwar speziell für die Mikrophysik, da auf dem Gebiet der Makrophysik, d.h. für größere Körper und größere Zeiträume, die klassische Theorie ihre Geltung immer behalten wird. Der Fehler ist also offenbar nicht in der Grundlage der Theorie zu suchen, sondern zunächst nur darin, daß unter den Voraussetzungen, die beim Aufbau der Theorie benutzt wurden, sich notwendigerweise eine befindet, die an dem Mißerfolg die Schuld trägt, und durch deren Beseitigung für den Erweiterungsbau Raum zu schaffen wäre.

Prüfen wir nun einmal den vorliegenden Sachverhalt. Der theoretischen Physik liegt zugrunde die Annahme der Existenz realer von den Sinnesempfindungen unabhängiger Vorgänge. Diese Annahme muß unter allen Umständen aufrecht erhalten bleiben: auch die positivistisch eingestellten Physiker bedienen sich tatsächlich ihrer. Denn wenn sie auch an dem Primat der Sinnesempfindungen als der einzigen Grundlage der Physik festhalten, so sind sie doch um einem unvernünftigen Solipsismus zu entgehen, zu der Annahme genötigt, daß es auch individuelle Sinnestäuschungen, Halluzinationen gibt, und können diese nur ausschließen durch die Forderung, daß physikalische Beobachtungen jederzeit reproduzierbar sind. Damit wird aber ausgesprochen, was durchaus nicht von vornherein selbstverständlich ist, daß die funktionellen Beziehungen zwischen den Sinnesempfindungen gewisse Bestandteile enthalten, die unabhängig sind von der Persönlichkeit des Beobachters, ebenso wie von der Zeit und dem Ort der Beobachtung, und gerade diese Bestandteile sind das, was wir als das Reale an dem physikalischen Vorgang bezeichnen und was wir in seiner gesetzlichen Bedingtheit zu erfassen suchen.

Zu der Annahme der Existenz realer Vorgänge hat nun aber die klassische Physik, wie wir sahen, stets die weitere Annahme gefügt, daß das Verständnis für die Gesetzmäßigkeiten der realen Vorgänge sich vollständig gewinnen läßt auf dem Wege fortschreitender räumlicher und zeitlicher Teilung bis ins unendlich Kleine. Das ist eine Voraussetzung, die bei genauerer Betrachtung eine starke Einschränkung enthält. Sie führt z. B. zu dem Schluß, daß die Gesetze eines realen Vorganges sich vollständig verstehen lassen, wenn man ihn trennt von dem Vorgang, mittelst dessen er gemessen wird. Nun liegt es nahe, die folgende Überlegung anzustellen: der Messungsvorgang kann nur dann von dem realen Vorgang Kunde geben, wenn er mit ihm irgendwie kausal zusammenhängt, und wenn er mit ihm kausal zusammenhängt, wird er ihn im allgemeinen auch mehr oder weniger beeinflussen und ihn in gewisser Weise stören, wodurch das Messungsresultat verfälscht wird. Diese Störung und der durch sie bedingte Fehler wird um so bedeutender sein, je enger und feiner der Kausalnexus ist, der das reale Objekt mit dem Messungsinstrument verknüpft, die Störung wird sich herabmindern lassen, wenn man den Kausalnexus lockert, oder wie wir sagen können, wenn man die Kausaldistanz zwischen Objekt und Messungsinstrument vergrößert. Ganz vermeiden läßt sich die Störung nie; denn wenn man die Kausaldistanz unendlich groß nimmt, wenn man Objekt und Messungsinstrument vollständig voneinander trennt, so erfährt man überhaupt nichts von dem realen Vorgang.

Da nun gerade die Messungen an einzelnen Atomen und Elektronen äußerst feine und empfindliche Methoden, also eine enge kausale Distanz erfordern, so versteht man, daß die genaue Bestimmung der Lage eines Elektrons mit einem verhältnismäßig starken Eingriff in seinen Bewegungszustand verbunden ist, und ebenso umgekehrt, daß die genaue Messung der Geschwindigkeit eines Elektrons eine verhältnismäßig lange Zeit erfordert. Im ersten Fall wird die Geschwindigkeit des Elektrons gestört, im zweiten Fall verwischt sich die Lage des Elektrons im Raume. Das gibt eine Kausalerklärung für die oben besprochene Ungenauigkeitsrelation.

So einleuchtend diese Überlegung erscheint, kann sie doch noch nicht den eigentlichen Kern unseres Problems treffen. Denn der Umstand, daß der Ablauf eines physikalischen Vorganges durch das Messungsinstrument gestört wird, ist auch in der klassischen Physik wohlbekannt, und es wäre von vornherein gar nicht einzusehen, warum es nicht bei fortschreitender Verfeinerung der Messungsmethoden einmal gelingen sollte, auch bei Elektronen den Betrag der Störung im voraus zu berechnen. Wir müssen also, um dem Versagen der klassischen Physik im Bereich des Mikrokosmos auf den Grund zu kommen, noch etwas tiefer schürfen.

Einen wichtigen Schritt vorwärts in dieser Frage brachte die Aufstellung der Quantenmechanik oder Wellenmechanik, aus deren Gleichungen sich nach genauen Vorschriften die beobachtbaren atomaren Vorgänge in voller Übereinstimmung mit der Erfahrung berechnen lassen. Allerdings liefert die Quantenmechanik nicht wie die klassische Mechanik die Lage eines einzelnen Elektrons zu einer bestimmten Zeit, sondern sie liefert nur die Wahrscheinlichkeit dafür, daß sich ein Elektron zu einer bestimmten Zeit in irgendeiner beliebig angenommenen Lage befindet, oder, wie man auch sagen kann, sie liefert für eine große Schar von Elektronen diejenige Anzahl derselben, welche zu einer bestimmten Zeit sich in irgendeiner Lage befinden.

Das ist ein Gesetz von lediglich statistischem Charakter. Seine ausgezeichnete Bestätigung durch alle vorliegenden Messungen auf der einen Seite und die Tatsache der Ungenauigkeitsrelation auf der andern Seite haben eine Reihe von Physikern veranlaßt, die statistische Gesetzmäßigkeit als die einzige und endgültige Grundlage für alle gesetzlichen Beziehungen, zunächst einmal auf dem Gebiete der Atomphysik anzusehen und die

Frage nach der Kausalität der einzelnen Ereignisse für physikalisch sinnlos zu erklären.

Hier stoßen wir nun auf einen Punkt, dessen nähere Erörterung von besonderer Wichtigkeit ist, da sie tief in die grundsätzliche Frage nach der Aufgabe und nach den Leistungen der Physik hineinführt. Wenn man als Aufgabe der physikalischen Wissenschaft die Aufdeckung der gesetzmäßigen Beziehungen zwischen den realen Vorgängen in der Natur betrachtet, so gehört die Kausalität mit zum Wesen der Physik, und ihre grundsätzliche Ausschaltung muß zum mindesten als stark bedenklich empfunden werden.

Vor allem ist zu bemerken, daß die Gültigkeit statistischer Gesetzmäßigkeiten mit dem Walten einer strengen Kausalität sehr wohl verträglich ist. Schon die klassische Physik enthält zahlreiche Beispiele dafür. Wenn z. B. der Druck eines Gases auf die umschließende Gefäßwand durch den unregelmäßigen Anprall der zahlreichen nach allen Richtungen durcheinanderfliegenden Gasmoleküle seine Erklärung findet, so steht damit nicht in Widerspruch, daß der Stoß eines einzelnen Moleküls gegen die Wand oder gegen ein anderes Molekül nach einem ganz bestimmten Gesetz erfolgt und daher kausal vollkommen determiniert ist. Nun mag man einwenden, daß strenge Kausalität bei einem Vorgang erst dann als unwiderleglich bewiesen erachtet werden kann, wenn man in der Lage ist, den Verlauf des Vorganges genau vorauszusagen, daß aber niemand die Bewegung eines einzelnen stoßenden Moleküls zu kontrollieren vermag. Demgegenüber ist zu erwidern, daß ein wirkliches genaues Voraussagen eines Vorganges in der Natur überhaupt in keinem einzigen Falle möglich ist, und daß daher von einer unmittelbaren exakten experimentellen Prüfung der Gültigkeit des Kausalgesetzes niemals die Rede sein kann. Bei jeder noch so genauen Messung zeigen sich unvermeidliche Beobachtungsfehler. Deswegen wird aber doch sowohl das Messungsergebnis als auch jeder einzelne Beobachtungsfehler auf besondere kausale Bedingungen zurückgeführt. Wenn wir am Meeresufer dem Spiel der schäumenden Brandung zuschauen, so hindert uns nichts an der Überzeugung, daß jedes einzelne Wasserbläschen bei seiner Bewegung streng kausalen Gesetzen folgt, obwohl wir nicht daran denken können, sein Entstehen und Vergehen im einzelnen zu verfolgen, geschweige denn vorauszuberechnen.

Aber jetzt wird hier die Ungenauigkeitsrelation ins Feld geführt. Solange die klassische Physik in Geltung war, konnte man hoffen, daß die unvermeidlichen Beobachtungsfehler durch gehörige Steigerung der Meßgenauigkeit unter jede Grenze herabzumindern seien. Diese Hoffnung ist seit der Entdeckung des elementaren Wirkungsquantums zunichte geworden. Denn das Wirkungsquantum setzt eine bestimmte objektive Grenze für die erreichbare Genauigkeit fest, und innerhalb dieser Grenze gibt es keine Kausalität mehr, sondern nur noch Unsicherheit und Zufall.

Die Antwort auf diesen Einwand haben wir schon vorbereitet. Der Grund für die Ungenauigkeit der Messungen in der Atomphysik braucht nicht in einem Versagen der Kausalität zu liegen, sondern sie kann ebensowohl auf einem Fehler der Begriffsbildung und der daran anknüpfenden Fragestellung beruhen.

Gerade die Wechselwirkungen zwischen dem Messungsvorgang und dem realen Vorgang sind es ja, welche uns die Ungenauigkeitsbeziehung wenigstens bis zu einem gewissen Grade kausal verständlich machten. Danach können wir die Bewegung eines Elektrons ebensowenig im einzelnen verfolgen, wie wir etwa ein farbiges Bild sehen können, dessen Dimensionen noch kleiner sind als die Wellenlänge seiner Farbe.

Freilich: den Gedanken, daß es mit der Zeit doch einmal gelingen werde, die Unsicherheit physikalischer Messungen durch Verfeinerung der Messungsinstrumente in unbeschränktem Maß herabzumindern, müssen wir als sinnlos ablehnen. Aber gerade die Existenz einer derartigen objektiven Schranke, wie sie durch das elementare Wirkungsquantum dargestellt wird, muß als ein Zeichen für das Walten einer gewissen neuartigen Gesetzlichkeit bewertet werden, die doch ihrerseits sicherlich nicht auf Statistik zurückgeführt werden kann. Und ebenso wie das Wirkungsquantum stellt auch jede andere elementare Konstante, wie z. B. die Ladung oder die Masse eines Elektrons, eine absolut gegebene reale Größe vor, und es erscheint mir völlig abwegig, wenn man diesen universellen Konstanten, wie es die Verneiner jeglicher Kausalität eigentlich konsequenterweise tun müßten, eine gewisse prinzipielle Ungenauigkeit beilegen wollte.

Daß den Messungen in der Atomphysik eine prinzipielle Genauigkeitsgrenze gezogen ist, wird auch durch die Überlegung verständlich, daß die Messungsinstrumente ja selber aus Atomen bestehen und daß die Genauigkeit jedes Meßinstrumentes ihre Grenze findet in der Empfindlichkeit, mit der es anspricht. Mit einer Brückenwaage kann man nicht auf Milligramme genau messen.

Wenn man nun aber nur Brückenwaagen zur Verfügung hat und wenn jede Aussicht fehlt, sich feinere Waagen zu verschaffen? Ist es dann nicht ratsamer, auf den Versuch genauer Wägungen grundsätzlich zu verzichten und die Frage nach den einzelnen Milligrammen für sinnlos zu erklären, als einer Aufgabe nachzuspüren, die durch direkte Messungen gar nicht gelöst werden kann? Wer so spricht, der unterschätzt die Bedeutung der Theorie. Denn die Theorie führt uns in gewisser von vornherein gar nicht absehbarer

Weise über die direkten Messungen hinaus, vermittelst der sogenannten Gedankenexperimente, die uns weitgehend unabhängig machen von den Mängeln der wirklichen Instrumente.

Nichts ist verkehrter als die Behauptung, ein Gedankenexperiment besitze nur insofern Bedeutung, als es jederzeit durch Messung verwirklicht werden kann. Wenn das richtig wäre, so würde es z. B. keinen exakten geometrischen Beweis geben. Denn jeder Strich, den man auf dem Papier ziehen kann, ist in Wirklichkeit keine Linie, sondern ein mehr oder weniger schmaler Streifen, und jeder gezeichnete Punkt ist in Wirklichkeit ein kleinerer oder größerer Fleck. Trotzdem zweifeln wir nicht an der strengen Beweiskraft geometrischer Konstruktionen.

Mit dem Gedankenexperiment erhebt sich der Geist des Forschers über die Welt der wirklichen Meßwerkzeuge hinaus, sie verhelfen ihm zur Bildung von Hypothesen und zur Formulierung von Fragen, deren Prüfung durch wirkliche Experimente ihm den Einblick in neue gesetzliche Zusammenhänge eröffnet, auch in solche Zusammenhänge, welche einer direkten Messung unzugänglich sind. Ein Gedankenexperiment ist an keine Genauigkeitsgrenze gebunden, denn Gedanken sind feiner als Atome und Elektronen, auch fällt dabei die Gefahr einer kausalen Beeinflussung des zu messenden Vorganges durch das Messungsinstrument fort. Die einzige Bedingung, von der die erfolgreiche Durchführung eines Gedankenexperimentes abhängt, ist die Voraussetzung der Gültigkeit widerspruchsfreier gesetzlicher Beziehungen zwischen den betrachteten Vorgängen. Denn was man als nicht vorhanden voraussetzt, darf man auch nicht zu finden hoffen.

Gewiß ist ein Gedankenexperiment eine Abstraktion. Aber diese Abstraktion ist dem Physiker, und zwar sowohl dem Experimentator wie dem Theoretiker, bei seiner Forschungsarbeit ebenso unentbehrlich wie diejenige, daß es eine reale Außenwelt gibt. Denn ebenso wie wir bei jedem Vorgang, den wir in der Natur beobachten, etwas voraussetzen müssen, was unabhängig von uns verläuft, müssen wir auf der andern Seite danach trachten, uns von den Mängeln unserer Sinne und unserer Messungsmethoden möglichst zu befreien, und von einer höheren Warte aus die Einzelheiten des Vorganges zu durchschauen. Diese beiden Abstraktionen sind gewissermaßen einander entgegengesetzt. Der realen Außenwelt als Objekt steht der sie betrachtende ideale Geist als Subjekt gegenüber. Beide lassen sich nicht logisch deduzieren, und es ist daher auch nicht möglich, diejenigen, die sie ablehnen, ad absurdum zu führen. Aber daß sie bei der Entwicklung der physikalischen Wissenschaft beide eine entscheidende Rolle spielen, ist nun einmal eine Tatsache, von der jedes Blatt der Geschichte Zeugnis ablegt. Gerade die großen Geister und Bahnbrecher der Physik, die *Kepler*, *Newton*, *Leibniz*, *Faraday*, wurden getrieben von ihrem Glauben einerseits an die Realität der Außenwelt, andererseits an das Walten einer höheren Vernunft in oder über ihr.

Man sollte nie vergessen, daß alle schöpferischen physikalischen Ideen ihren Ursprung an dieser zweifachen Quelle haben, zunächst allerdings meist in mehr oder weniger provisorischer, durch die Eigenart der Phantasie des einzelnen Forschers bedingter Gestaltung, dann mit der Zeit in mehr bestimmtere und selbständigere Formen gefaßt. Gewiß hat es in der Physik stets auch eine Anzahl von trügerischen Ideengängen gegeben, auf die vielfach unnütze Arbeit, verwendet wurde. Aber auf der andern Seite hat sich doch auch manches Problem, das zunächst von scharfen Kritikern als sinnleer abgelehnt wurde, als höchst bedeutungsvoll erwiesen. Noch vor 50 Jahren galt bei allen positivistisch denkenden Physikern die Frage der Bestimmung des Gewichts eines einzelnen Atoms als physikalisch sinnlos, als ein Scheinproblem, weil es einer wissenschaftlichen Untersuchung unzugänglich sei. Heute läßt sich das Gewicht eines Atoms bis auf den zehntausendsten Teil seines Betrages angeben, obwohl unsere feinsten Waagen zur direkten Messung ebenso untauglich sind, wie eine Brückenwaage zur Messung von Milligrammen. Daher muß man sich wohl hüten, ein Problem, für dessen Bewältigung vorerst kein deutlicher Weg zu erblicken ist, von vornherein für ein Scheinproblem zu erklären. Es gibt eben nun einmal kein Kriterium, um a priori zu entscheiden, ob ein vorliegendes Problem physikalisch sinnvoll ist oder nicht. Das ist ein Punkt, der von den Positivisten vielfach übersehen wird. Die einzige Möglichkeit, um zu einer richtigen Bewertung des Problems zu gelangen, liegt in der Prüfung der Folgerungen, zu denen es führt. Daher werden wir auch angesichts der fundamentalen Bedeutung, welche die Voraussetzung einer streng waltenden Gesetzlichkeit für die physikalische Wissenschaft besitzt, die Frage nach ihrer Anwendbarkeit in der Atomphysik nicht vorschnell für sinnlos erklären dürfen, sondern wir werden zunächst einmal alles versuchen müssen, dem Problem der Gesetzlichkeit auf diesem Gebiet auf die Spur zu kommen.

Worin liegt denn nun aber die tiefere Ursache für das eigentümliche Versagen der klassischen Physik in der Frage der Kausalität, wenn dafür weder die Störung, die ein physikalischer Vorgang durch das zu seiner Messung benutzte Instrument erleidet, noch die mangelnde Genauigkeit der Meßwerkzeuge einen hinreichenden Grund abgeben kann? Offenbar bleibt nichts übrig als die allerdings sehr naheliegende radikale Annahme, daß die elementaren Begriffe der klassischen Physik in der Atomphysik nicht mehr ausreichen.

Die klassische Physik ist ja aufgebaut auf der Voraussetzung, daß die physikalische Gesetzmäßigkeit sich am vollständigsten offenbart im unendlich Kleinen. Denn nach ihr ist der Ablauf des physikalischen Geschehens an irgendeiner Stelle der Welt vollständig bestimmt durch den Zustand an der betreffenden Stelle und in ihrer unmittelbaren Nachbarschaft. Demgemäß besitzen alle physikalischen Zustandsgrößen: Lage, Geschwindigkeit, elektrische und magnetische Feldstärke usw. einen rein lokalen Charakter, und die zwischen ihnen geltenden Gesetze werden vollständig dargestellt durch raumzeitliche Differentialgleichungen zwischen diesen Größen. Damit kommt man aber offenbar in der Atomphysik nicht aus; also müssen die obigen Begriffe ergänzt bzw. verallgemeinert werden. Aber in welcher Richtung? Eine gewisse Andeutung scheint mir in der neuerdings immer deutlicher zutage tretenden Erkenntnis zu liegen, daß die raumzeitlichen Differentialgleichungen, auch die der Wellenmechanik, für sich allein noch nicht den vollen Inhalt der für die Vorgänge in einem physikalischen Gebilde gültigen Gesetzlichkeit erschöpfen, sondern daß dazu immer noch die Berücksichtigung auch der Randbedingungen für das betrachtete Gebilde gehört. Der Rand aber ist immer von endlicher Ausdehnung, sein unmittelbares Hereinspielen in den Kausalzusammenhang bedeutet also ein neuartiges, der klassischen Physik fremdes Element der kausalen Betrachtung.

Ob und wie weit man auf diesem Wege einmal weiterkommen wird, muß die zukünftige Forschung lehren. Wie dem immerhin sein mag, und welche Ergebnisse dereinst einmal ans Tageslicht kommen werden, eins läßt sich auf alle Fälle mit voller Sicherheit behaupten: von einer restlosen Erfassung der realen Welt wird ebensowenig jemals die Rede sein können wie von einer Erhebung der menschlichen Intelligenz bis in die Sphäre des idealen Geistes. Das sind und bleiben eben Abstraktionen, die begriffsmäßig außerhalb der Wirklichkeit liegen. Wohl aber hindert nichts an der Annahme, daß wir uns dem unerreichbaren Ziele fortdauernd und unbegrenzt annähern können, und dieser Aufgabe zu dienen, in der einmal als aussichtsreich erkannten Richtung dauernd vorwärts zu kommen, ist gerade der Sinn der unablässig tätigen, sich immer aufs neue korrigierenden und verfeinernden wissenschaftlichen Arbeit. Daß es sich dabei wirklich um ein Fortschreiten, nicht etwa nur um ein zielloses Hin- und Herpendeln handelt, wird dadurch bewiesen, daß wir von jeder neu gewonnenen Erkenntnisstufe aus alle vorherigen Stufen vollständig überschauen können, während der Blick auf die vor uns liegenden noch verhüllt ist, ähnlich wie ein zu neuen Höhen emporstrebender Bergwanderer die bereits erklommenen Gipfel von oben überschaut und den gewonnenen Überblick für den weiteren Aufstieg verwertet. Nicht in der Ruhe des Besitzes, sondern in der steten Vermehrung der Erkenntnis liegt die Befriedigung und das Glück des Forschers.

Meine Damen und Herren! Wir haben bisher nur von Physik gesprochen. Aber Sie werden sicherlich den Eindruck haben, daß das Gesagte allgemeinere Bedeutung beansprucht, weit über die Grenzen der physikalischen Wissenschaft hinaus. Denn die Wissenschaften, Natur- und Geisteswissenschaften, sind nun einmal an keiner einzigen Stelle scharf voneinander zu trennen. Sie bilden vielmehr ein einheitliches fest verflochtenes Gewebe. Ergreift man davon nur einen Zipfel, so setzt sich der Spannungszustand zwangsläufig nach allen Richtungen fort, und das Ganze gerät in Bewegung. So ist es auch mit der Frage der Kausalität. Es hätte gar keinen Sinn, innerhalb der Physik das Walten einer strengen, unverbrüchlichen Gesetzlichkeit anzunehmen, wenn das Nämliche nicht auch in der Biologie und Psychologie zutreffen würde. –

Wie steht es denn nun aber mit der Willensfreiheit, deren Primat uns doch durch unser Selbstbewußtsein, also durch die unmittelbarste Erkenntnisquelle, die es geben kann, mit aller Sicherheit verbürgt wird? Ist auch der menschliche Wille kausal gebunden oder ist er es nicht? Die so gestellte Frage ist, wie ich das schon wiederholt darzulegen versuchte, ein Musterbeispiel für eine Art von Problemen, die wir oben als Scheinprobleme bezeichnet haben, die nämlich genau genommen gar keinen bestimmten Sinn besitzen. Im vorliegenden Falle liegt die vermeintliche Schwierigkeit nur in einer unvollständigen Formulierung der Frage. Der wirkliche Sachverhalt läßt sich kurz folgendermaßen aussprechen. Vom Standpunkt eines idealen alles durchschauenden Geistes betrachtet ist der menschliche Wille, wie überhaupt alles körperliche und geistige Geschehen, kausal vollständig gebunden. Dagegen vom Standpunkt des eigenen Ich betrachtet ist der auf die Zukunft gerichtete eigene Wille nicht kausal gebunden, und zwar deshalb, weil das Erkennen des eigenen Willens selber den Willen immer wieder kausal beeinflußt, so daß hier von einer endgültigen Erkenntnis eines festen kausalen Zusammenhanges gar nicht die Rede sein kann. Man könnte dafür auch kurz sagen: objektiv, von außen, betrachtet ist der Wille kausal gebunden, subjektiv, von innen, betrachtet ist der Wille frei. Diese beiden Sätze widersprechen sich einander ebensowenig, wie die beiden einander entgegengesetzten Behauptungen über die rechte und linke Seite, von denen früher die Rede war. Wer dem nicht zustimmen will, der übersieht oder vergißt, daß das eigene Wollen dem eigenen Erkennen niemals restlos untertänig ist, sondern ihm gegenüber stets das letzte Wort behält.

Es bleibt also dabei, daß wir auf den Versuch, die Motive unserer eigenen Willenshandlungen lediglich auf Grund des Kausalgesetzes, also auf dem Wege rein wissenschaftlicher Erkenntnis, vorauszubestimmen, grundsätzlich Verzicht leisten müssen, und damit ist ausgesprochen, daß kein Verstand und keine Wissenschaft genügt, um eine Antwort zu geben auf die wichtigste aller Fragen, die uns im persönlichen Leben überall bedrängen, die Frage: wie soll ich handeln?

Also scheidet mithin die Wissenschaft da, wo ethische Probleme ins Spiel kommen, ganz aus der Betrachtung aus? Eine einfache Überlegung zeigt, daß dies mit nichten zutrifft. Wir haben ja gleich anfangs gesehen, daß schon beim ersten Aufbau einer jeden Wissenschaft, bei der Frage nach der zweckmäßigen Einteilung, zwischen Erkenntnisurteilen und Werturteilen sich ein unlöslicher wechselseitiger Zusammenhang offenbart, und daß eine Wissenschaft niemals vollständig zu trennen ist von der Persönlichkeit des Forschers, der sie betreibt. Und gerade die neuere Physik hat uns einen Fingerzeig gegeben, der noch deutlicher in dieselbe Richtung weist. Sie hat uns gelehrt, daß man dem Wesen eines Gebildes nicht auf die Spur kommt, wenn man es immer weiter in seine Bestandteile zerlegt und dann jeden Bestandteil einzeln studiert, da bei einem solchen Verfahren oft wesentliche Eigenschaften des Gebildes verlorengehen. Man muß vielmehr stets auch das Ganze betrachten und auf den Zusammenhang der einzelnen Teile achten.

Nicht anders verhält es sich mit dem Inhalt des geistigen Lebens. Wissenschaft, Religion, Kunst lassen sich niemals vollständig voneinander trennen. Stets ist das Ganze noch etwas anderes als die Summe der einzelnen Teile. Das Nämliche gilt schließlich auch bei der Anwendung auf die ganze Menschheit. Es wäre eine lächerliche Einfalt, wenn man versuchen wollte, durch das Studium auch noch so vieler einzelner Menschen einen Begriff zu bekommen von den Eigentümlichkeiten ihrer Gesamtheit. Denn jeder Einzelne gehört zunächst einer Gemeinschaft an, seiner Familie, seiner Sippe und seinem Volke, einer Gemeinschaft, der er sich ein- und unterordnen muß und von der er sich niemals ungestraft loslösen kann. Daher ist auch jede Wissenschaft, ebenso wie jede Kunst und jede Religion auf nationalem Boden erwachsen. Daß man dies eine Zeitlang vergessen konnte, hat sich an unserm Volke bitter genug gerächt.

Nun, das ist ja alles wohlbekannt, können Sie sagen, aber um das einzusehen, bedarf es nicht erst des Umweges über die Physik. Nein ganz gewiß nicht. An dieser Stelle handelt es sich mir auch nur darum, festzustellen, daß die physikalische Wissenschaft hier keine Sonderstellung einnimmt, sondern in ganz dasselbe Ergebnis und in die nämliche Anschauung einmündet, wie jede andere Wissenschaft, so verschieden auch die Ausgangspunkte sein mögen. Die eigentliche Stärke ihrer Position zeigt nun aber die Physik bei der weiteren Entwicklung unseres Gedankenganges. Denn bei ihr tritt am klarsten und unzweideutigsten die Tendenz auf, sich von ihrem spezielleren Ursprung aus nach allen Richtungen zu erweitern und auszudehnen, ähnlich wie ein in gesundem Wachstum begriffener Baum das Bestreben hat, mit seinem Wipfel sich immer weiter in die Luft zu erheben und seine Zweige nach allen Seiten auszustrecken, während doch seine Wurzeln fest im Grunde haften bleiben. Eine Wissenschaft, die nicht fähig oder willens ist, über das eigene Volk hinauszuwirken, verdient nicht ihren Namen. In dieser Beziehung hat es nun die Physik entschieden leichter als andere Wissenschaften. Denn daß die Naturgesetze in allen Ländern der Erde die nämlichen sind, kann niemand bestreiten. Daher braucht die Physik nicht erst um ihre internationale Bedeutung zu kämpfen, wie z B. die Geschichtswissenschaft, bei der man sogar in Zweifel gezogen hat, ob es überhaupt einen Sinn habe, von dem idealen Ziel einer objektiven Geschichtsschreibung zu sprechen. Und wie die Wissenschaft, so hebt sich auch die Ethik über das einzelne Volk hinaus. Wie wäre auch sonst ein gesitteter Verkehr zwischen Angehörigen verschiedener Völker möglich? Auch auf diesem Gebiete ist die Stellung der Physik stark und entschieden. Ihre wissenschaftliche Widerspruchslosigkeit enthält unmittelbar die ethische Forderung der Wahrhaftigkeit und der Ehrlichkeit, die gleichfalls für alle Kulturvölker und für alle Zeiten Geltung besitzt und daher den Rang der ersten und vornehmsten Tugend beanspruchen darf. Ich glaube nicht zuviel zu sagen, wenn ich behaupte, daß eine Sünde gegen dieses sittliche Gebot in keiner Wissenschaft schneller entlarvt wird als gerade in der Physik.

In erschreckendem Gegensatz dazu steht die gedankenlose und bequeme Nachsicht, mit welcher derartige Sünden in unserem täglichen Leben hingenommen werden. Ich meine hier nicht die sogenannten konventionellen Lügen. Die sind im Grunde harmlos und im täglichen Umgang bis zu einem gewissen Grade wohl nicht gut zu entbehren. Denn durch eine konventionelle Lüge wird niemand getäuscht, eben weil sie konventionell ist. Das Unsittliche fängt erst da an, wo die Absicht besteht, den Angeredeten zu hintergehen, ihm unrichtige Vorstellungen beizubringen. In diesem Punkt unnachsichtlich zu säubern und namentlich selber mit gutem Beispiel voranzugehen sind in erster Linie diejenigen berufen, die an verantwortlichen Stellen zu wirken haben.

Von der Wahrhaftigkeit unzertrennlich ist die Gerechtigkeit, die ja nichts weiter bedeutet, als die widerspruchsfreie praktische Durchführung der sittlichen Beurteilung von Gesinnungen und Handlungen. Wie die Naturgesetze ehern und folgerichtig wirken, im Großen nicht anders wie im Kleinen, so verlangt auch das Zusammenleben der Menschen gleiches Recht für alle, für Hoch und Niedrig, Vornehm und Gering. Wehe einem Gemeinwesen, wenn in ihm das Gefühl der Rechtssicherheit ins Wanken kommt, wenn bei Rechtsstreitigkeiten die Rücksicht auf Stellung und Herkunft eine Rolle spielt, wenn der Wehrlose sich nicht mehr von oben geschützt weiß vor dem Zugriff des mächtigeren Nachbars, wenn offenbare Rechtsbeugungen mit fadenscheinigen Nützlichkeitsgründen bemäntelt werden. Für die Rechtssicherheit besitzt gerade der einfache Mann ein feines Empfinden. Nichts hat den großen König Friedrich volkstümlicher gemacht als das Märchen mit dem Müller von Sanssouci. In solcher Gesinnung ist Preußen und Deutschland groß geworden. Möge sie unserm Volke niemals verlorengehen! Ein jeder, der sein Vaterland liebt, hat die heilige Pflicht, an ihrer Erhaltung und Vertiefung mitzuarbeiten.

Freilich: über eines müssen wir uns von vornherein klar sein. Die erstrebte Wirkung, ein endgültig befriedigender Zustand, wird und kann niemals voll erreicht werden. Denn auch die beste und reifste ethische Weltanschauung führt uns nicht bis hin zum Ziel idealer Vollendung, sie kann uns immer nur die Richtung zeigen, in welcher das Ziel zu suchen ist. Wer das nicht beachtet, gerät leicht in die Gefahr, entweder der Mutlosigkeit zu verfallen oder aber an dem Wert der Ethik überhaupt zu zweifeln und dadurch, gerade wenn er ganz ehrlich gegen sich sein will, sogar zu Angriffen gegen sie getrieben zu werden. Die Philosophien der Ethik geben manche Beispiele dafür. Es ist eben in der Ethik genau wie in der Wissenschaft. Das Wesentliche ist nicht der stabile Besitz, sondern das Wesentliche ist der unaufhörliche, auf das ideale Ziel hin gerichtete Kampf, die tägliche und stündliche Erneuerung des Lebens, verbunden mit dem immer wieder von vorn beginnenden Ringen nach Verbesserung und Vervollkommnung.

Ist aber nicht, so müssen wir uns doch schließlich fragen, ein solch fortwährendes, im Grunde aussichtsloses Sichabmühen im höchsten Grade unbefriedigend? Hat denn eine Weltanschauung überhaupt noch einen Wert, wenn sie denen, die sich ihr hingeben, nicht irgendwo im Leben wenigstens einen einzigen festen Punkt aufzeigt, der in den steten Nöten und in der Unrast ihres Daseins einen unmittelbaren und bleibenden Halt gewährt?

Wir wollen uns glücklich preisen, daß diese Frage sehr wohl eine bejahende Antwort zuläßt. In der Tat: es gibt einen festen Punkt, einen sicheren Besitz, den in jedem Augenblick ein jeder, auch der geringste, sein eigen nennen kann, einen unverlierbaren Schatz, der dem denkenden und fühlenden Menschenkind sein höchstes Glück, den inneren Frieden gewährleistet und dem daher Ewigkeitswert innewohnt. Das ist – eine reine Gesinnung und ein guter Wille. Diese beiden geben den festen Ankergrund in den Stürmen des Lebens, sie sind die erste Voraussetzung für wahrhaft befriedigendes Handeln und zugleich das wirksamste Schutzmittel gegen die Qualen nagender Reue. Wie sie am Anfang einer jeden echt wissenschaftlichen Betätigung stehen, so bilden sie den untrüglichen Maßstab für den sittlichen Wert eines jeden einzelnen Menschen.

Wer immer strebend sich bemüht,
Den können wir erlösen.

Vom Wesen der Willensfreiheit

Vortrag, gehalten in der Ortsgruppe Leipzig
der Deutschen Philosophischen Gesellschaft am 27. November 1936

Meine sehr verehrten Damen und Herren!

Nicht ohne ernste Bedenken habe ich es unternommen, der freundlichen und ehrenvollen Einladung Ihres Herrn Vorsitzenden Folge zu leisten und hier in der Ortsgruppe der Deutschen Philosophischen Gesellschaft über ein Thema zu sprechen, das ich im Laufe dieses Jahres schon zu verschiedenen Malen zu behandeln Gelegenheit hatte. Denn da sich seither an dem Stand des Problems der Willensfreiheit selbstverständlich nichts geändert hat, so werde ich nicht in der Lage sein, etwas sachlich Neues über dieses Thema vorzubringen. Und doch ist in gewisser Hinsicht inzwischen allerlei Neues hinzugekommen, das sind die verschiedentlichen kritischen Äußerungen teils zustimmender, teils aber auch ablehnender Art, die ich bezüglich des Inhalts und der Tragweite der von mir entwickelten Gedankengänge empfangen habe. Diese Äußerungen sind für mich selbstverständlich von großem Interesse und haben mir die Anregung zu einigen weiteren Überlegungen gegeben. Da kann ich eine Gelegenheit wie die heutige nur dankbar begrüßen, die mir die Möglichkeit gibt, diese Überlegungen vor einem größeren Kreise zu entwickeln, natürlich nicht, weil ich damit rechne, meine Herren Kritiker eines Besseren zu belehren, sondern weil ich hoffe, damit zur weiteren Klärung und genaueren Abgrenzung der einander entgegenstehenden Meinungen einiges beitragen zu können. Freilich muß ich ausdrücklich um Ihre Nachsicht bitten, wenn ich schon früher Gesagtes mit den nämlichen Worten wiederhole. Das liegt nun einmal in der Natur der Sache. Denn es handelt sich hier schließlich immer wieder um die nämliche Frage, die sich wohl jedem nachdenklich veranlagten Menschen gelegentlich aufdrängt, – die Frage, wie das in uns lebende Bewußtsein der Willensfreiheit, welches aufs engste gepaart ist mit dem Gefühl der Verantwortlichkeit für unser Tun und Lassen, in Einklang gebracht werden kann mit unserer Überzeugung von der kausalen Notwendigkeit alles Geschehens, die uns doch jeder Verantwortung zu entheben scheint.

Wie schwierig es ist, eine befriedigende Antwort auf diese Frage zu gewinnen, beweist der Umstand, daß einige namhafte Physiker gegenwärtig der Meinung sind, man müsse, um die Willensfreiheit zu retten, das Kausalgesetz zum Opfer bringen, und daher kein Bedenken tragen, die bekannte Unsicherheitsrelation der Quantenmechanik, als eine Durchbrechung des Kausalgesetzes, zur Erklärung der Willensfreiheit heranzuziehen. Wie sich allerdings die Annahme eines blinden Zufalls mit dem Gefühl der sittlichen Verantwortung zusammenreimen soll, lassen sie dahingestellt.

Demgegenüber habe ich schon vor mehreren Jahren zu zeigen versucht, wie man vom naturwissenschaftlichen Standpunkt aus, ohne die Voraussetzung einer universellen strengen Kausalität preiszugeben, sehr wohl zu einem Verständnis für die Tatsache der Willensfreiheit und des sittlichen Verantwortungsgefühls gelangen kann.

Dies des näheren auszuführen, soll der vornehmste Zweck meiner heutigen Darlegungen sein.

I

Um für unsere Gedankengänge einen festen Ausgangspunkt zu gewinnen, beginnen wir mit einer wissenschaftlichen Betrachtung.

Wenn es die Aufgabe der Wissenschaft ist, bei allem Geschehen in der Natur oder im menschlichen Leben nach gesetzlichen Zusammenhängen zu suchen, so ist, wie wohl jeder zugeben muß, eine unerläßliche Voraussetzung dabei, daß ein solcher gesetzlicher Zusammenhang wirklich besteht und daß er sich in deutliche Worte fassen läßt. In diesem Sinn sprechen wir auch von der Gültigkeit eines allgemeinen Kausalgesetzes und von der Determinierung sämtlicher Vorgänge in der natürlichen und in der geistigen Welt durch dieses Gesetz.

Was heißt nun aber: ein Vorgang, ein Ereignis, eine Handlung erfolgt mit gesetzlicher Notwendigkeit, ist kausal determiniert? und wie stellt man die gesetzliche Notwendigkeit eines Vorganges fest? Ich wüßte nicht, wie man für die Notwendigkeit eines Vorganges einen deutlicheren und überzeugenderen Nachweis erbringen kann als dadurch, daß die Möglichkeit besteht, das Eintreten des betreffenden Vorganges vorauszusehen. Die Frage nach dem Wesen und nach dem Ursprung der Kausalität kann dabei ganz offenbleiben. Es genügt uns hier allein die Feststellung, daß ein Vorgang, welcher mit Sicherheit vorausgesehen werden kann, irgendwie kausal determiniert ist, und umgekehrt, daß, wenn man von kausaler Gebundenheit eines Vorganges redet, dies immer zugleich auch in sich schließt, daß das Eintreten des Vorganges vorausgesehen werden kann, natürlich nicht von jedermann, wohl aber von einem Beobachter, der die nötigen Kenntnisse aller einzelnen Umstände besitzt, die zu Beginn des Vorganges vorliegen, und der außerdem mit einem hinreichend scharfen Verstande ausgerüstet ist. Selbstverständlich darf dieser Beobachter nicht irgendwie aktiv in den Verlauf des Vorganges eingreifen, sondern er muß seine Voraussage machen können allein auf Grund der ihm bekannten Tatsachen und Bedingungen, welche den Vorgang auslösen.

Auf die heikle Frage, ob es einen so scharfsinnigen und sich vollkommen passiv verhaltenden Beobachter in Wirklichkeit stets geben kann, und wenn ja, wie er sich in jedem Fall die erforderlichen Kenntnisse verschafft, will ich hier nicht eingehen. Sie würde in eine besondere Untersuchung des Sinnes und der Gültigkeit des Kausalgesetzes hineinführen, die für die Behandlung des heutigen Themas nicht wesentlich ist. Für unseren gegenwärtigen Zweck genügt es vollkommen, festzustellen, daß die gedankliche Einführung eines Beobachters von der geschilderten Beschaffenheit weder auf einen logischen noch auf einen empirischen Widerspruch führt.

II

Indem wir nun, entsprechend dem Gesagten, das Bestehen eines festen kausalen Zusammenhanges bei allen Vorgängen in der Natur und in der Geisteswelt zur Voraussetzung unserer Betrachtung machen, wollen wir uns im folgenden speziell auf menschliche Willenshandlungen beziehen. Denn es versteht sich, daß von einer universalen Kausalität nicht die Rede sein könnte, wenn sie an irgendeiner Stelle durchbrochen würde, wenn also nicht auch die Vorgänge im bewußten und unterbewußten Seelenleben, die Gefühle, Empfindungen, Gedanken, und schließlich auch der Wille dem Kausalgesetz in dem vorhin festgelegten Sinne unterworfen wären. Wir nehmen also an, daß auch der menschliche Wille kausal determiniert ist, d. h. daß in jedem Falle, wo jemand in die Lage kommt, entweder spontan oder auch nach längerer Überlegung einen bestimmten Willen zu äußern oder eine bestimmte Entscheidung zu treffen, ein hinreichend scharfsinniger, aber sich vollkommen passiv verhaltender Beobachter imstande ist, das Verhalten des Betreffenden vorauszusehen. Wir können uns das so vorstellen, daß vor dem Auge des erkennenden Beobachters der Wille des Beobachteten zustande kommt durch das Zusammenwirken einer Anzahl von Motiven oder Trieben, die in ihm, sei es bewußt oder unbewußt, mit verschiedener Stärke nach verschiedenen Richtungen sich geltend machen, und die sich zu einem bestimmten Ergebnis zusammensetzen, ähnlich wie in der Physik verschiedene Kräfte sich zu einer bestimmten resultierenden Kraft vereinigen. Freilich ist das wechselseitige Spiel der sich nach allen Richtungen durchkreuzenden Willensmotive unvergleichlich viel feiner und verwickelter als das von Naturkräften, und es ist ungeheuer viel verlangt von der Intelligenz des Beobachters, wenn er imstande sein soll, alle einzelnen Motive nach ihrer kausalen Bedingtheit zu erkennen und in ihrer Bedeutung richtig zu würdigen. Ja, wir müssen zugeben, daß sich unter den tatsächlich lebenden Menschen sicherlich kein solch feiner Beobachter finden lassen wird. Aber wir haben ja schon ausdrücklich festgestellt, daß wir an diese Schwierigkeit hier nicht rühren wollen, da es vollkommen genügt, uns daran zu halten, daß von logischer Seite die Voraussetzung eines mit beliebig hohem Scharfsinn begabten Beobachters keinerlei Bedenken unterliegen kann.

In der Tat bildet, wie wohl zu beachten ist, diese Voraussetzung die Grundlage und den Ausgangspunkt einer jeden wissenschaftlichen Untersuchung, sowohl in der Geschichtswissenschaft als auch in der Psychologie; denn ebenso wie der Historiker jedes geschichtliche Ereignis, jede Willenshandlung einer historischen Persönlichkeit als gesetzlich bedingt durch deren Eigenart und durch vorliegende Umstände zu deuten sucht und die zurückbleibenden Lücken niemals einem Durchbrechen der Kausalität, d. h. dem Zufall, sondern stets einer mangelnden Einsicht in die tatsächlichen Verhältnisse zuschreibt, so stellt sich auch der Psychologe bei allen seinen Versuchen und Beobachtungen nach Möglichkeit auf den Standpunkt des alles durchschauenden Beobachters, der aber absolut passiv bleiben muß. Denn jede, auch eine unbeabsichtigte Einflußnahme auf die Gedankenrichtung des Beobachteten würde den zu erforschenden Kausalzusammenhang stören und die aus den Beobachtungen gezogenen Schlüsse fälschen. Ja, allein schon der Umstand, daß die Versuchsperson davon Kenntnis hat, daß sie beobachtet wird, kann bekanntlich zu einer verhängnisvollen Fehlerquelle werden.

Aber nicht allein in der Wissenschaft, auch im praktischen Leben machen wir fortwährend von der Voraussetzung der Gültigkeit eines streng kausalen Determinismus Gebrauch. Denn im Verkehr mit unseren Mitmenschen richten wir unsere Handlungen immer danach ein, daß eine bestimmte Äußerung unsererseits eine bestimmte Wirkung auf ihre Willensrichtung ausüben soll. Je besser wir einen Menschen kennen, um so sicherer ist unser Urteil über sein Verhalten, und wenn er sich anders benimmt als wir erwarten, so schieben wir das nicht auf eine Lücke im Kausalzusammenhang, sondern auf die Wirkung besonderer uns vorher nicht bekannter oder nicht genügend beachteter Umstände. Auch solche Äußerungen, die wir als Willkür oder Laune bezeichnen, führen wir nicht auf einen Zufall, sondern immer auf eine bestimmte eigentümliche Veranlagung der betreffenden Persönlichkeit zurück. In keinem Falle kommen wir vorwärts ohne die Annahme einer durchgehenden Kausalität.

III

Bei unseren weiteren Überlegungen wird es für die Deutlichkeit von Vorteil sein, wenn wir ein spezielles Beispiel zur Betrachtung heranziehen. Denken wir uns also etwa, ein unschuldig Verfolgter sei von einem ihm nahestehenden mutigen Freunde heimlich an einen verborgenen Platz gebracht worden, wo er sich einstweilen sicher fühlen kann, und dieser Freund werde von den Verfolgern aufgesucht und nach dem Aufenthaltsort seines Schützlings befragt. Wie wird er sich verhalten? Wenn er eine ethisch hochstehende Persönlichkeit ist, wird seine Wahrheitsliebe mit seiner Freundestreue in Konflikt geraten. Da die Erteilung einer sachgemäßen Antwort auf die gestellte Frage den Freund sicherlich ins Verderben bringen würde, so könnte er, um bei der Wahrheit zu bleiben, vielleicht auf den Gedanken kommen, eine Antwort zu verweigern und im übrigen alles zu versuchen, um die Unschuld des Verfolgten ans Licht zu bringen. Aber der Erfolg wäre dann vielleicht nur der, daß man dann Zwangsmaßnahmen gegen ihn selber anwenden würde, um ihn zu einer Aussage zu bewegen. Viel einfacher und für die Rettung seines Schützlings aussichtsvoller wäre es, wenn er durch eine Lüge die Verfolger irreführte und statt des richtigen Verstecks eine weit davon entfernte Örtlichkeit nennen würde. Dann wäre wenigstens zunächst einmal Zeit gewonnen. Auch andere Verhaltungsmöglichkeiten bieten sich ihm dar. Er könnte z. B. antworten, daß er den Aufenthaltsort nicht kenne, oder er könnte die Antwort hinauszögern, oder er könnte auch überhaupt nicht antworten und sich taub stellen. Für jede dieser Verhaltungsmaßregeln ließe sich einiges anführen, aber jede hat auch ihre Nachteile. So treffen und kreuzen sich in den Gedanken des Befragten eine große Anzahl von Überlegungen, deren jede einen Beitrag zu den für seinen Entschluß maßgebenden Motiven liefert und die er gegeneinander abwägen wird. Aber nicht diese Überlegungen allein sind es, welche schließlich die Willensentscheidung herbeiführen. Hinzu kommt noch ein zahlreiches Heer von Motiven und Trieben, die dem Überlegenden nur dunkel oder überhaupt nicht bewußt werden. Das sind gewisse, seinem Charakter oder seinem Temperament entspringende, durch die Aufregung vielleicht noch gesteigerte Gemütsstimmungen, Impulse oder auch Hemmungen, über die er sich keine klare Rechenschaft ablegt, die aber doch in dem Kampf der Motive von sehr bedeutendem Einfluß sein können.

Wie zahlreich und verwickelt dieses Spiel der Kräfte sein mag, vor dem Auge des von uns vorausgesetzten alles dieses durchschauenden Beobachters kommt durch das Zusammenwirken sämtlicher Motive – ich benütze hier, wie auch im folgenden, das Wort „Motiv" der Bequemlichkeit halber in einem allgemeineren Sinn als üblich – ein ganz bestimmtes von ihm vorauszusehendes Ergebnis zustande, und die Willensentscheidung des Beobachteten wird sich genau nach diesem Ergebnis richten. Das ist die Forderung des allgemeinen Gesetzes der Kausalität. –

Wie aber nun, wenn der Beobachter dem in seinen Überlegungen Begriffenen, unmittelbar bevor dieser zu seinem Ergebnis gelangt, das Zustandekommen desselben in allen Einzelheiten mitteilt? Wird dieser auch dann seine Entscheidung stets im Sinn der empfangenen Aufklärung treffen? Das darf man gewiß nicht behaupten. Denn mit einer solchen Mitteilung tritt der Beobachter aus seiner Passivität heraus, er greift in den kausalen Verlauf des beobachteten Vorganges ein, und in der Tat wird dadurch der Beobachtete vor eine neue Situation gestellt. Vor allem erfährt er etwas Neues über die Motive, die ihn bei seinen Überlegungen geleitet haben, er wird z. B. darüber aufgeklärt, ob bei der Entscheidung, die er getroffen haben würde, wenn er die Mitteilung nicht empfangen hätte, bewußte oder unterbewußte Motive in Wirklichkeit die Hauptrolle gespielt haben, und auf Grund dieser neu gewonnenen Erkenntnis wird er seine frühere Entscheidung überprüfen und eventuell abändern können, wobei dann wieder ganz ähnliche Überlegungen wie früher einsetzen werden, nur daß jetzt teilweise andere, aus der neu gewonnenen Erkenntnis geborene Motive auftreten. Und es kann keinem Zweifel unterliegen, daß der Beobachter auch dieses Mal den kausalen Zusammenhang durchschauen wird, daß er also auf Grund seiner genauen Kenntnis der Persönlichkeit des Beobachteten und der Begleitumstände genau voraussehen kann, wie dieser auf die ihm gemachte Mitteilung reagieren wird. Aber er wird nur dann sicher in der vorausgesehenen Weise reagieren, wenn er nicht abermals vorher eine Mitteilung darüber vom Beobachter empfängt. Sonst tritt wiederum eine neue Situation für ihn ein, und es ist leicht zu sehen, daß dies Spiel ohne Ende weitergeht. Niemals wird man mit Sicherheit behaupten dürfen, daß die Willensentscheidung des Beobachteten von einer neuen, ihm unmittelbar vorher zugegangenen Aufklärung unbeeinflußt bleiben wird, und stets wird sein Verhalten von dem Beobachter vorauszusehen sein. Denn einerseits ist der Beobachtete, wenn er auch von dem Beobachter restlos durchschaut wird, diesem doch nie und nimmer Gehorsam schuldig, es liegt ganz in seinem Ermessen, ob er seine Willensrichtung gemäß der ihm gemachten Mitteilung einstellt oder nicht, und auf der anderen Seite erkennt der Beobachter in jedem Falle das Verhalten des Beobachteten in seiner kausalen Bedingtheit und vermag vorauszusehen, ob dieser, vielleicht aus Laune, vielleicht aus einem gewissen Widerspruchsgeist heraus, sich in Gegensatz zu der ihm gemachten Mitteilung stellen wird oder nicht.

Wesentlich dabei ist der Umstand, daß der Beobachtete durch jede neue Aufklärung vor eine neue Tatsache gestellt wird, die ihn zu einer Revision der bisher angestellten Überlegungen veranlaßt, wobei dann immer wieder neue Willensmotive auftreten können. Das führt uns weiter zu dem Schluß, daß es niemandem, auch durch noch so viele Aufklärungen, möglich ist, so klug zu werden, daß er nichts Neues mehr erfahren kann – eine Folgerung, gegen die wohl gerade die tiefsten Denker am wenigsten einzuwenden haben werden.

IV

Um unserem Hauptproblem näherzukommen, wollen wir jetzt den tatsächlichen Verhältnissen besser Rechnung tragen und den bisher angenommenen idealisierten, absolut hellsichtigen Beobachter ersetzen durch einen im wirklichen Leben stehenden Menschen, indem wir uns die Frage stellen, inwieweit ein solcher Mensch imstande ist, menschliche Willenshandlungen in ihrer kausalen Bedingtheit zu verstehen. Gegenüber den bisher von uns benutzten Voraussetzungen sind dann zwei wesentliche Unterschiede zu berücksichtigen. Erstlich ist zu beachten, daß, auch bei einem Beobachter von hervorragendem Verstande, von einem restlosen Durchschauen aller Willensmotive des Beobachteten und also auch von einer genauen Voraussage seiner Willensentscheidungen nicht mehr die Rede sein kann, sondern nur noch von einer mehr oder minder begründeten Erwartung. Je überlegener in geistiger Hinsicht sich der Beobachter dem Beobachteten gegenüber fühlen darf, um so sicherer wird er seine Voraussage gestalten können, und offensichtlich gibt es hier keine bestimmt angebbare Grenze. Prinzipiell genommen steht nichts im Wege, die Intelligenz des Beobachters im Vergleich zu der des Beobachteten so hoch anzunehmen, daß seine Voraussage einen beliebigen Grad von Genauigkeit erreicht.

Hierzu tritt aber noch ein zweiter Unterschied. Es ist für einen Beobachter im wirklichen Leben häufig gar nicht möglich, die Rolle der Passivität, deren Innehaltung, wie wir sahen, für die Erkenntnis des Kausalzusammenhanges der beobachteten Vorgänge eine absolut nötige Vorbedingung ist, völlig zu wahren. Denn in vielen Fällen bedarf es, um sich zunächst einmal die nötige Einsicht in die vorliegenden Verhältnisse zu verschaffen, gewisser Sondierungen oder Stichproben, welche häufig eine Störung der zu untersuchenden Verhältnisse zur Folge haben. Hier ist also von vornherein die größte Vorsicht geboten, und wir werden sehen, daß wir hier gerade in dem wichtigsten Falle nicht nur auf eine tatsächliche, sondern auf eine prinzipielle Grenze stoßen.

143

Dieser wichtigste Fall, zu dem wir jetzt übergehen wollen, ist die Beobachtung der eigenen Willenshandlungen. Inwieweit sind wir imstande, eine eigene Willenshandlung in ihrer kausalen Bedingtheit zu begreifen? Offenbar gibt es dafür keine andere Möglichkeit, als daß wir unser Ich in zwei Teile zu spalten suchen: das erkennende Ich und das wollende Ich, und dem ersten die Rolle des Beobachters, dem zweiten die des Beobachteten zuweisen. Dann ergibt sich auf den ersten Blick ein wesentlicher Unterschied, je nachdem die betreffende Willenshandlung der Vergangenheit oder der Zukunft angehört. Im ersten Fall, wenn die Handlung bereits vollzogen ist, trifft die Bedingung der Passivität des Beobachters ohne weiteres zu. Denn da in diesem Falle das wollende Ich der Zeit nach vorausgeht und das erkennende Ich erst hinterdrein kommt, ist ein kausaler Eingriff des Beobachters in den Ablauf des zu untersuchenden Vorganges ausgeschlossen. In der Tat liegen unsere früheren Willenshandlungen, wie alle vergangenen Ereignisse, fertig und abgeschlossen vor unserem inneren Auge, wir können sie als ein unveränderliches Objekt betrachten und es ist nur eine Frage der größeren oder geringeren Ausbildung unserer Kenntnisse und unseres Urteilsvermögens, inwieweit und auf welchem Wege wir hinterher zu einem Verständnis ihres kausalen Zusammenhangs, also ihrer Entstehung aus Willensmotiven, bewußten wie auch unterbewußten, vordringen können. Wenn auch zwischen unserem wirklichen Erkenntnisvermögen und dem des früher vorausgesetzten idealisierten Beobachters noch ein himmelweiter Unterschied besteht, so ist er doch nur praktischer und nicht prinzipieller Natur. Insofern darf man sagen, daß die vollständige Erkenntnis des kausalen Ablaufs eigener vergangener Willenshandlungen einschließlich ihrer dunkelsten Motive wenigstens grundsätzlich durchaus im Bereich der Möglichkeit gelegen ist.

Ganz anders wird nun aber die Sache, wenn unsere Willenshandlung in der Zukunft liegt; denn dann ist es mit der Passivität des Beobachters vorbei. Vielmehr verschmelzen dann Beobachter und Beobachteter, das erkennende Ich und das wollende Ich, miteinander in unserem Selbstbewußtsein, und es kann keine Rede davon sein, daß der Beobachter sich jeder kausalen Einwirkung auf den Beobachteten enthält. Es ist eine gefährliche Selbsttäuschung, zu meinen, daß es möglich sei, seinen eigenen zukünftigen Willenshandlungen gegenüber die Rolle des unbeteiligten, gewissermaßen von hoher Warte herabschauenden Beobachters zu spielen und sich auf sogenanntes reines Schauen zu beschränken. Gewiß können wir über die Ursachen unserer eigenen früheren oder späteren Handlungen rein verstandesmäßig nachdenken, und insofern ist eine fiktive Spaltung des eigenen Ich in einen erkennenden und einen wollenden und handelnden

Teil bis zu einem gewissen Grade durchführbar. Aber in dem Augenblick, wo wir *bewußt* eine *Entscheidung* treffen, sind die beiden Ich miteinander verschmolzen: daher ist gerade für diesen Augenblick ihre auch nur gedankliche Trennung eine logische Unmöglichkeit, eine contradictio in adjecto. Was daraus für unser Problem folgt, zeigt sich am deutlichsten, wenn wir in Gedanken eine Selbstbeobachtung vornehmen, indem wir, ausgehend von der Voraussetzung der strengen Gültigkeit des Kausalgesetzes, durch schrittweises Vordringen das Zustandekommen einer zukünftigen Willenshandlung zu ergründen suchen.

Die Frage ist: Können wir, wenigstens grundsätzlich, unsere eigenen gegenwärtigen Willensmotive so genau und vollständig durchschauen, daß wir imstande sind, die aus ihrer Wechselwirkung notwendig entspringenden Willensentscheidungen mit Sicherheit vorauszusehen? Versetzen wir uns also einmal in die Lage des in unserem früheren Beispiel betrachteten Mannes, der sich überlegt, wie er sich einer ihm vorgelegten peinlichen Frage gegenüber verhalten soll. Wir werden, wie er, alle verschiedenen sich darbietenden Möglichkeiten ins Auge fassen, sie einzeln in bezug auf ihre Vorteile und Nachteile prüfen und daraus die entsprechenden Willensmotive nach Richtung und Stärke abzuleiten suchen. Bei diesem Verfahren üben wir die Tätigkeit eines Beobachters, welcher von außen die sich im Geiste des Überlegenden abspielenden Vorgänge durchschaut und das Entstehen der einzelnen einander bekämpfenden Willensmotive kontrolliert. Aber dieser Beobachter verhält sich nun durchaus nicht passiv. Vielmehr teilt er das Ergebnis jedes einzelnen Befundes sofort dem Beobachteten mit, und es entsteht dadurch ein Zustand von ähnlicher Art wie der früher in dem entsprechenden Fall geschilderte. Jede neu gewonnene Erkenntnis löst, wie wir das ausführlich gesehen haben, ein neues Willensmotiv aus, und die Erkenntnis dieses Motivs schafft abermals eine neue Situation, in endloser Folge, und da der Beobachtete, das wollende Ich, dem Beobachter, dem erkennenden Ich, keinen Gehorsam schuldig ist, so wird man niemals mit Sicherheit behaupten können, daß die schließliche Willensentscheidung im Sinne der zuletzt gewonnenen Erkenntnis ausfallen wird, vielmehr werden stets auch unterbewußte Willensmotive dabei mitwirken. Die Selbsterkenntnis hat hier eine prinzipielle Grenze. Während also ein kausales Verständnis für die eigene Vergangenheit, wie wir sahen, wenigstens grundsätzlich wohl möglich ist, bleibt eine vollkommene Einsicht in die eigenen gegenwärtigen Willensmotive und mit ihr ein kausales Verständnis für die eigene Zukunft für immer unerreichbar.

Daher befinden sich alle diejenigen, welche in einer solchen Einsicht das Wesen der Willensfreiheit erblicken, nach meiner Meinung in einem grundsätzlichen Irrtum. Ja, selbst wenn man die Gewinnung dieser Einsicht als ein zwar praktisch unerreichbar fernes, aber doch prinzipiell zu erstrebendes Ziel auffassen wollte, würde man damit dem Wesen der Willensfreiheit doch nicht näherkommen. Denn die Willensfreiheit ist nicht unnahbar fern, sie ist in jedem von uns unmittelbar gegenwärtig und verbürgt durch das mit ihr aufs engste verknüpfte Bewußtsein der sittlichen Verantwortung, das uns bei allem unseren Tun und Lassen täglich und stündlich bedrängt. Und sie steht mit der Einsicht in unsere Willensmotive, wie mir scheinen will, gerade in umgekehrtem Verhältnis. Denn je genauere Einsicht wir in die kausale Bedingtheit unserer Willensmotive gewinnen, desto mehr schwindet das Gefühl der Verantwortung für die Folgen einer zu treffenden Willensentscheidung. Eine vollkommene Einsicht in die eigenen Willensmotive würde daher nach meiner Meinung die Freiheit des Willens geradezu aufheben. Wer alle seine Willensmotive nach Stärke und Richtung wirklich vollständig kennte, wäre der Mühe jeder weiteren Überlegung enthoben und würde die schließliche Entscheidung als notwendig empfinden. Aber so weit wird und kann es ja niemals kommen. Denn mag der sinnende Mensch die Motive einer von ihm vorzunehmenden Handlung noch so genau und vollständig gegeneinander abwägen, im entscheidenden Augenblick hindert ihn nichts, die Kette seiner Schlußfolgerungen doch noch zu durchbrechen und plötzlich gerade das Gegenteil von dem zu tun, was er vorher nach langen Überlegungen als richtig befunden hatte. Wer von uns hat das nicht schon an sich selbst erfahren? Dieses Bewußtseinserlebnis wirft alle gegenteiligen Theorien über den Haufen.

So beruht also die Willensfreiheit im Grunde auf einer Unvollkommenheit unseres Erkenntnisvermögens? Nichts wäre verkehrter als eine derartige Ausdrucksweise. Denn es wird doch gewiß niemand die begriffliche Unmöglichkeit, die Vorgänge im eigenen Unterbewußtsein endgültig zu durchschauen, einem Mangel des Erkenntnisvermögens zuschreiben wollen, ebensowenig wie man den Umstand, daß ein Schnelläufer trotz aller Steigerung seines Tempos sich niemals selber überholen kann, auf eine Unvollkommenheit seiner Leistung zurückführen wird.

Nein, die Freiheit des Willens beruht ebensowenig auf einer Unvollkommenheit des Erkenntnisvermögens, wie auf einer vollkommenen Einsicht in die eigenen Willensmotive. Sie beruht auch nicht, wie jetzt vielfach behauptet wird, auf einer Lücke im Kausalzusammenhang, sondern sie beruht auf dem Umstand, daß der Wille eines Menschen seinem Verstande vorgeht, oder, wie man auch sagen kann, daß sein Charakter mehr wiegt als sein Intellekt. Der Wille läßt sich vom Verstand wohl beeinflussen, aber niemals vollständig beherrschen. Wie tief auch die verstandesmäßige Einsicht in das Dunkel der eigenen Willensmotive eindringen mag, bei der Endentscheidung ist der Wille souverän und gibt den Ausschlag unabhängig vom Verstand. Für die tiefe Wahrheit dieses Satzes wüßte ich keine treffendere Illustration als jenen Ausspruch, mit dem einmal eine Dame, allerdings schon vor Jahren, eine ihr zuteil gewordene gründliche wissenschaftliche Aufklärung quittierte: „Ja, das habe ich jetzt alles sehr gut verstanden. Aber glauben tue ich's doch nicht."

Bei alledem bleibt doch unser Wille ebenso wie unser Charakter streng kausal bedingt. Wir müssen nur, damit das Kausalgesetz einen Sinn hat, die Möglichkeit eines Beobachters voraussetzen, der unseren gesamten körperlichen und seelischen Zustand, den bewußten und den unterbewußten, restlos zu durchschauen vermag. Wer aber so kurzsichtig oder so überheblich ist, daß er einen solchen Beobachter für undenkbar erklärt, der beweist damit nur, daß es ihm entweder an der Einbildungskraft oder an der Ehrfucht mangelt, welche nun einmal für die Eignung zu einer ersprießlichen Beschäftigung mit den tiefsten Fragen der Erkenntnis und der Ethik unerläßliche Voraussetzung ist.

V

Nach dem Ergebnis unserer Untersuchung ist der Gegensatz zwischen strenger Kausalität und Willensfreiheit nur ein scheinbarer, die Schwierigkeit liegt lediglich in der sinngemäßen Formulierung des Problems. Denn die Antwort auf die Frage, ob der Wille kausal gebunden ist oder nicht, lautet verschieden, je nach dem Standort, der für die Betrachtung gewählt wird. Von außen, objektiv betrachtet, ist der Wille kausal gebunden; von innen, subjektiv betrachtet, ist der Wille frei. Oder anders gefaßt: Fremder Wille ist kausal gebunden, jede Willenshandlung eines andern Menschen läßt sich, wenigstens grundsätzlich, bei hinreichend genauer Kenntnis der Vorbedingungen, als notwendige Folge aus dem Kausalgesetz verstehen und in allen Einzelheiten vorausbestimmen. Inwieweit das praktisch geschehen kann, ist lediglich eine Frage der Intelligenz des Beobachters. Der eigene Wille dagegen ist nur für vergangene Handlungen kausal verständlich, für zukünftige Handlungen ist er frei, eine eigene zukünftige Willenshandlung läßt sich unmöglich, auch bei noch so hoch ausgebildeter Intelligenz, rein verstandesmäßig aus dem gegenwärtigen Zustand und den Einflüssen der Umwelt ableiten.

Gegen diese Formulierung ist ein Einwand naheliegend, den ich hier einer genaueren Betrachtung unterziehen möchte. Man hat etwa folgendes geltend gemacht: Nachdem zu Anfang unserer Betrachtungen das Kausalgesetz als Voraussetzung jeder wissenschaftlichen Untersuchung eingeführt und für alle Willenshandlungen als streng gültig befunden worden sei, werde nachträglich doch wieder der Indeterminismus durch eine Hintertür hereingelassen und ihm ein gewisser Platz eingeräumt. Darin liege ein Widerspruch oder zum mindesten eine Unklarheit. Denn entweder sei der Wille determiniert oder er sei nicht determiniert, ein Drittes gäbe es nicht.

Um diesen Einwand, der nur auf einer unzulässigen Vermengung verschiedener Betrachtungsweisen beruht, zu entkräften, möchte ich zunächst an einen einfachen Fall aus der Physik anknüpfen. Es ist bekannt, daß eine jede quantitative Aussage über ein raumzeitliches Geschehnis nur dann einen bestimmten Sinn hat, wenn das Bezugssystem angegeben ist, für das sie gelten soll. Je nach der Wahl des Bezugssystems, die von vornherein ganz beliebig erfolgen kann, lautet die Aussage verschieden. Nimmt man z. B. ein mit unserer Erde fest verbundenes Bezugssystem, so muß man sagen, daß die Sonne sich am Himmel bewegt; verlegt man dagegen das Bezugssystem auf einen Fixstern, so befindet sich die Sonne in Ruhe. In dem Gegensatz dieser beiden Formulierungen liegt weder ein Widerspruch noch eine Unklarheit, es handelt sich nur um zwei verschiedene Betrachtungsweisen. Nach der physikalischen Relativitätstheorie, die gegenwärtig wohl zum gesicherten Besitzstand der Wissenschaft gerechnet werden kann, sind die beiden Bezugssysteme und die ihnen entsprechenden Betrachtungsweisen gleich korrekt und gleich berechtigt, es ist grundsätzlich unmöglich, ohne Anwendung von Willkür durch irgendwelche Messungen oder Rechnungen zwischen ihnen eine Entscheidung zu treffen.

Wenn wir nun zu unserem Thema zurückkehren, so finden wir auch hier zwei verschiedene Betrachtungsweisen, die von vornherein gleichberechtigt nebeneinanderstehen, und zwischen denen wir uns nach freier Wahl entscheiden müssen, ehe wir eine bestimmte Aussage über die Willensfreiheit machen können. Die objektive Betrachtungsweise, wie sie die Wissenschaft anwenden muß, entspricht dem Standpunkt des absolut passiv bleibenden Beobachters. Für ihn herrscht das Kausalgesetz in voller Allgemeinheit, der menschliche Wille ist, wie jegliches Geschehen, streng determiniert. Das gilt bis hinauf zu den feinsten Vorgängen in der Welt des Geistes. Allerdings bedarf es für das kausale Verständnis genialer schöpferischer Leistungen einer Intelligenz von unbegreiflich hoher, von göttlicher Art, aber in der Annahme einer solchen sehe ich keine grundsätzliche Schwierigkeit. Vor Gott verhalten sich auch unsere größten Geistesheroen wie primitive Wesen. Das nimmt diesen einzigarten Persönlichkeiten nichts von dem Schimmer des Geheimnisses, das sie für uns umgibt, und nichts von der erhabenen Höhe, in die wir zu ihnen hinaufblicken.

Aber der objektiv-wissenschaftliche Standpunkt, der Standpunkt der höchsten Intelligenz, ist nicht der einzig berechtigte oder gar der selbstverständliche. Er ist nicht einmal der ursprüngliche; denn er muß erst mehr oder weniger mühsam erarbeitet werden. Ganz ebenso berechtigt und sogar unmittelbar gegeben ist der subjektiv-persönliche Standpunkt, der allerdings für jeden von uns ein verschiedener ist und daher für wissenschaftliche Betrachtungen nicht ausreicht. Von ihm, d. h. von uns selbst aus gesehen, ist, wie wir ausdrücklich festgestellt haben, der eigene Wille undeterminierbar, also frei. Dieser Satz steht mit der objektiven Determiniertheit des Willens ebensowenig in Widerspruch, wie die oben besprochene subjektive Bewegung der Sonne mit ihrer objektiven Ruhe. Bei der Selbstbeobachtung handelt es sich ja nicht darum, daß wir frei *sind*, sondern darum, daß wir uns frei *fühlen*. Mag man diese Art von Freiheit immerhin als eine Illusion bezeichnen. Dann ist aber überhaupt jedes Gefühl eine Illusion. Denn auch die Gefühle lassen sich niemals objektiv-wissenschaftlich erfassen, sie können nur persönlich erlebt werden, und wenn sie erlebt werden, sind sie einfach unmittelbar gegeben und tun ihre Wirkung, einerlei wie von andern über sie geurteilt wird. –

Nach allem diesem erscheint der Streit um die Willensfreiheit im Grunde als ein Streit um die Betrachtungsweise. Ein eigentliches Problem, das einer bestimmten endgültig abschließenden Lösung fähig wäre, liegt nach meiner Meinung gar nicht vor, und daran wird sich auch wohl nichts ändern, so lange es wollende und denkende Menschen auf Erden gibt.

VI

Unsere Überlegungen haben uns zu der Feststellung geführt, daß die kausale Betrachtung gerade an demjenigen Punkt versagt, der uns für unsere Lebensführung der allerwichtigste ist. Keine Wissenschaft, keine Selbsterkenntnis vermag uns restlos darüber aufzuklären, wie wir selber in einer bestimmten Lebenslage handeln werden. Hierzu bedürfen wir eines anderen Führers, eines Führers, der nicht nur auf unseren Verstand, sondern auch direkt auf unseren Willen wirkt, indem er uns in gegebenen Fällen bestimmte Richtlinien für unser Verhalten aufweist. Daher tritt hier zu der Wissenschaft als notwendige Ergänzung der von ihr gelassenen Lücke die Ethik. Sie fügt zu dem kausalen „Muß" das sittliche „Soll", sie setzt neben die reine Erkenntnis das Werturteil, welches der kausalen wissenschaftlichen Betrachtung an sich fremd ist.

Den Inhalt der Ethik befriedigend zu fassen ist wohl das wichtigste und schwierigste Problem, das dem menschlichen Geist gestellt ist. Seit Anbeginn der menschlichen Kultur haben die tiefsten Denker daran gearbeitet. Ich darf mir nicht anmaßen, einen weiteren Beitrag dazu liefern zu wollen, ich bin kein Ethiker und fühle mich auch nicht berufen, einer zu werden. Doch liegt mir daran, in diesem Zusammenhang noch einige Ausführungen zu machen über das, was sich vom wissenschaftlichen Standpunkt aus über die Bedeutung und den Inhalt der Ethik sagen läßt. Denn wenn die Ethik auch nicht in der Wissenschaft wurzelt, so läßt sie sich doch auch nicht vollständig von ihr loslösen und darf sich auf keinen Fall mit ihr in Widerspruch setzen. So gibt es vieles, was die Ethik mit der Wissenschaft gemeinsam hat, und auch wieder vieles, was sie voneinander trennt.

Während es nur eine einzige, allen Kulturvölkern gemeinsame Wissenschaft gibt, woran auch die Tatsache nichts ändert, daß eine jede Wissenschaft auf nationalem Boden erwächst, sind im Laufe der Jahrhunderte und Jahrtausende zahlreiche verschiedene Systeme der Ethik aufgestellt worden, die oft miteinander in scharfem Wettbewerb getreten sind. Ja, selbst innerhalb eines nach Ort und Zeit genau abgegrenzten Kulturkreises kämpfen verschiedene ethische Theorien miteinander. Ich brauche nur an den Gegensatz zwischen bürgerlicher und politischer Moral zu erinnern. Es ist eben viel leichter, zwischen „wahr" und „falsch" zu unterscheiden, als zwischen „wertvoll" und „wertlos".

Welches ist denn nun aber das entscheidende Kennzeichen für den Wert einer Ethik? – Auf diese Frage kann es nach meiner Meinung nur eine einzige Antwort geben. Diejenige Ethik ist die wertvollste, welche sich im praktischen Leben auf die Dauer am besten bewährt; ebenso wie in der Wissenschaft immer diejenige Theorie den Vorzug verdient, welche der Erfahrung am besten angepaßt ist. Von dieser Wahrheit durchdrungen haben die großen Ethiker aller Zeiten es als ihre wichtigste Aufgabe empfunden, ihrer Lehre zur praktischen Betätigung in der Welt zu verhelfen, wobei sie vor allem selber mit dem eigenen Beispiel vorangingen, und gerade die Allergrößten unter ihnen, von Sokrates bis hinauf zu Jesus, haben nicht gezaudert, diesem höchsten Ziel ihr eigenes Leben zum Opfer zu bringen. Ja, man darf sagen, daß dieses aufrechte Eintreten für ihre Lehre ein wesentliches Merkmal ihrer Größe ausmacht.

Blicken wir auf die Gegenwart, so gewahren wir ein anderes Bild. Wie klein und armselig wirken gegenüber jenen großen Persönlichkeiten manche der modernen Ethiker, welche mit allen Künsten ihrer Logik und Dialektik stolze Gebäude errichten und sie gegen jeden Angriff scharfsinnig zu verteidigen wissen, die aber, wie es scheint, gar nicht daran denken, ihre ethischen Forderungen auf ihre eigene Person anzuwenden, ja sogar die Aufforderung, solches zu tun, als eine ungehörige Zumutung mit überheblicher Geste ablehnen. Diese klugen Gelehrten scheinen nicht zu ahnen, daß sie mit einer solchen Stellungnahme sich gerade den einzigen Weg verbauen, der ihnen die Möglichkeit bieten könnte, ihrer Ethik allgemeinere Anerkennung zu verschaffen. Was würde man von einem Physiker oder Chemiker sagen, der eine großangelegte, mathematisch tadellose Theorie ausarbeitet und nach allen Richtungen ausfeilt, der aber jeden Versuch, sie auf die Vorgänge in der Natur anzuwenden, als unberechtigt und überflüssig zurückweist? Man würde ein solches Elaborat gar nicht ernst nehmen und darüber zur Tagesordnung hinweggehen. Aber in der Ethik scheint man gegenwärtig keine so hohen Ansprüche zu stellen. Wenigstens trifft man hier auf Autoren von bedeutendem Ruf, denen es nicht einfällt, die Folgerungen aus ihrer Lehre, die doch allgemeine Gültigkeit in Anspruch nimmt für ihre eigenen Handlungen zu ziehen.

Das gilt ganz besonders für diejenigen Ethiker, welche den Wert des Lebens verneinen. Gewiß kann man angesichts des vielen Leides und der vielen Ungerechtigkeiten, welche das Leben bringt, ernstlich die Frage aufwerfen, ob nicht die Summe des Üblen und Traurigen in der Welt die des Guten und Erfreulichen überwiegt. Und es muß gerade als eine der schwierigsten Aufgaben der Ethik erscheinen, inmitten der beklagenswerten Zerrissenheit der Verhältnisse in unserer gegenwärtigen Kulturwelt, der unerquicklichen haßerfüllten Kämpfe der Interessen und Meinungen, der vielfach trostlosen Zustände, die wir ringsum antreffen, durch ihre Richtlinien denjenigen festen Halt zu schaffen, der uns in unserer Lebensführung die dauernde Übereinstimmung mit dem eigenen Ich, dem inneren Frieden, gewährleistet. Diese Schwierigkeit wird auf die einfachste Weise als solche aus der Welt geschafft, wenn man den Wert des Lebens verneint und damit den Kampf um seine Erhaltung und Bereicherung für sinnlos erklärt. Dann darf man aber nicht vergessen, daß es, um eine auf diese Voraussetzung gegründete Ethik zu rechtfertigen, kein anderes Mittel gibt als den Nachweis, daß sich aus ihr eine brauchbare Richtschnur für das Verhalten im wirklichen Leben herleiten läßt. Das haben wohl auch die alten indischen Weisen empfunden, als sie, von der Wertlosigkeit aller irdischen Güter durchdrungen, durch strenge Zurückgezogenheit von der Außenwelt und durch tiefste Selbstversenkung sich von den Bedürfnissen ihres Lebens nach Möglichkeit unabhängig zu machen bemüht waren.

In groteskem Gegensatz dazu findet man in der neueren Zeit gerade unter denjenigen Ethikern, welche die Lebensverneinung zum Programm ihrer Weltanschauung machen, ganz besonders aktive und gewiegte Lebenskünstler. Die naheliegende Frage, von welchen ethischen Gesichtspunkten sich diese vielseitigen Leute bei ihren Handlungen denn nun eigentlich in

Wirklichkeit leiten lassen, bleibt unerörtert. Wie erklärt sich dieser auffallende Widerspruch? Sollten diese Forscher im Grunde ihre eigene Lehre gar nicht ernst nehmen und sie nur als ein geistvolles, interessant anmutendes Gedankenspiel bewerten? Das wäre ungefähr der schlimmste Vorwurf, den man einem Philosophen machen kann. – Ich glaube, daß man eine näherliegende Erklärung finden kann, die wenigstens die Ehrlichkeit der Betroffenen unangetastet läßt. Sie besteht darin, daß bei ihnen die aus ihrer Ethik der Lebensverneinung stammenden Willensmotive kompensiert und überwunden werden durch kräftigere entgegengesetzt gerichtete Motive, die dem im Unterbewußtsein schlummernden natürlichen Triebe zur Selbsterhaltung und Selbstbehauptung entspringen – ein weiterer Beleg für die allgemeine Wahrheit, daß der aus dunkler Tiefe aufsteigende Wille des Menschen stärker ist als sein bewußt abwägender Verstand. Dieser Satz bildet ja, wie wir sahen, die Grundlage für die Freiheit des eigenen Willens. Nicht die auf verstandesmäßige Überlegungen sich stützende wissenschaftliche Erkenntnis, sondern der auf ethische Ziele hin gerichtete freie Wille ist es, der unseren Handlungen im Leben tatsächlich die Richtung weist.

So trägt ein jeder sein Schicksal frei in seiner Hand. Wir können unmöglich die gesetzliche Abwickelung unserer eigenen Lebenskämpfe als aufmerksame aber neutrale Zuschauer betrachten, sondern wir stehen selber als aktive Mitstreiter im Kampf und sind daher stets gezwungen, nach freiem Ermessen Partei zu nehmen. Kein Fatalismus kann uns unserer Verantwortung dabei entheben.

Wenn wir als Fatalisten die Hände in den Schoß legen wollten und abwarten, was passiert, in der Meinung, daß es sich nicht verlohne, über unsere zukünftigen Handlungen nachzudenken, da diese doch durch das Kausalgesetz genau vorherbestimmt seien, so würden wir uns einer verhängnisvollen Selbsttäuschung hingeben. Denn tatsächlich würden wir mit diesem Entschluß eine freie Willensentscheidung treffen. Gegen solche moralische Verirrungen bildet den natürlichsten und zugleich stärksten Schutz die Stimme des eigenen Gewissens. Aber auch derjenige, welchem eine einseitige Naturanlage oder eine allzu liebevolle Beschäftigung mit unreifen sozialen Theorien die Unbefangenheit getrübt und die natürlichen Hemmungen beseitigt hat, sollte sich wenigstens verstandesmäßig klarmachen, daß das Kausalgesetz, welches, wie wir gesehen haben, in der Anwendung auf unseren eigenen gegenwärtigen Seelenzustand ohne jeden Sinn ist, unmöglich herangezogen werden kann, um uns von der vollen sittlichen Verantwortung für Handlungen, die wir zu begehen im Begriff sind, zu entlasten. Auf der anderen Seite verleiht uns der Umstand, daß wir eigene zukünftige Handlungen niemals rein kausal begreifen können, das wohl-

begründete Recht, unserer Phantasie freien Spielraum zu gewähren, und
hält selbst dem kühnsten Optimismus für die Zukunft das Tor offen.

Erst wenn eine Handlung vollzogen ist und somit der Vergangenheit
angehört, sind wir zu dem Versuch berechtigt, sie von rein kausalen Gesichtspunkten aus zu verstehen. Die Einsicht, daß wir auch in unserem
sittlichen Handeln bestimmten, uns selber freilich im Augenblick unmöglich erkennbaren Kausalgesetzen unterworfen sind, ist nicht nur für die
wissenschaftliche Erkenntnis von Bedeutung, sondern kann uns auch im
praktischen Leben wertvolle Dienste leisten, wenn wir uns bemühen, Handlungen, die wir begangen haben, hinterher, so gut es eben geht, vom kausalen Gesichtspunkt aus zu begreifen, besonders in solchen Fällen, wo uns die
Handlung nachträglich leid tut, wegen übler Folgen, die sie unerwarteter-
und unbeabsichtigterweise nach sich gezogen hat. Wir können dann häufig
aus der Erkenntnis des kausalen Zusammenhangs die Einsicht schöpfen,
die uns nötig ist, um in später vielleicht einmal eintretenden ähnlich ge-
arteten Fällen die gemachten Fehler zu vermeiden und keine neuen zu
begehen.

Freilich wird durch nachträgliches Analysieren der Ursachen fehlerhaf-
ter Handlungen weder der entstandene Schaden ersetzt noch die Unzu-
friedenheit behoben, ja es ist in gewisser Hinsicht sogar gefährlich, sich
allzulange und allzutief zu versenken in Betrachtungen von bedauerlichen
Ereignissen, die nun einmal geschehen und nicht mehr zu ändern sind.
Aber andererseits kann es uns doch häufig eine merkliche Erleichterung
gewähren und zu einer Milderung des Verdrusses beitragen, wenn wir uns
nachträglich klarmachen können, daß unter den damaligen Umständen,
bei unserer damaligen Gemütsverfassung und den vorliegenden äußeren
Einflüssen für uns gar keine anderen Motive entscheidend sein konnten
als gerade diejenigen, die unsere Handlung herbeigeführt haben. Wird dadurch auch an den tatsächlich eingetretenen bedauerlichen Folgen nichts
geändert, so stehen wir doch dem Ablauf der Dinge ruhiger gegenüber
und ersparen uns namentlich das Bittere und unaufhörlich Nagende der
Selbstvorwürfe, mit welchen sich manche Menschen in solchen Fällen ihr
ganzes Leben hindurch quälen.

Es kommt aber hier noch ein Weiteres hinzu. Wenn wir beim Zurück-
blicken auf ein von uns als unliebsam empfundenes Ereignis uns ehrlich
bemühen, über alle Folgen desselben im einzelnen ins klare zu kommen,
so können wir wohl einmal zu der Entdeckung geführt werden, daß ein
Ereignis, das wir früher als ein Unglück beklagten, durch seine Folgen in
Wirklichkeit zu unserem Vorteil ausgeschlagen ist, etwa dadurch, daß es
nur ein für einen höheren Gewinn gebrachtes Opfer darstellt, oder daß wir

dadurch vor einem noch größeren Unglück bewahrt geblieben sind; dann wird vielleicht unser Bedauern in Befriedigung und Freude über das Ereignis verkehrt werden. In dieser Hinsicht hat der volkstümliche Spruch: „Wer weiß, wozu es gut ist", seine tiefe Bedeutung. Und wir können niemals wissen, ob nicht solche erfreuliche Folgen vielleicht erst zukünftig noch uns offenbar werden. Ja, grundsätzlich steht gar nichts im Wege, anzunehmen, daß sie über kurz oder lang in jedem Fall eintreten, wenn wir auch nicht hellsichtig genug sind, um jedesmal Kenntnis von ihnen zu erhalten. Wem es gelingt, sich bis zu dieser Lebensanschauung zu erheben, die durch keine Wissenschaft und keine Logik zu widerlegen ist, und die uns, wie wir sahen, nur durch den Willen, nicht durch den Verstand vermittelt werden kann, der darf sich wahrhaft glücklich preisen. Denn wie er stets empfänglich bleibt für alles Gute und Schöne, was ihm jeder Tag und jede Stunde bringen kann, so bleibt er zugleich von vornherein gefeit gegen die inneren und äußeren Gefahren, welche das seelische Gleichgewicht unablässig bedrohen.

Wir haben, meine Damen und Herren, das Verhältnis der Willensfreiheit zum Kausalgesetz bisher nur mit Bezug auf den einzelnen Menschen betrachtet, und das war notwendig. Denn die Willensfreiheit, ebenso wie das Verantwortungsbewußtsein, hat in letzter Linie nur für die Einzelpersönlichkeit Bedeutung. Aber es unterliegt keinem Zweifel, daß es außer dem Einzelwillen auch einen Gemeinschaftswillen, einen Volkswillen gibt, der noch etwas anderes darstellt als die einfache Summe der einzelnen Willen, und es kann ebenso nicht zweifelhaft sein, daß für diese Art von Willen, der sich auf viel weitere Raum- und Zeitverhältnisse hin geltend macht, ganz ähnliche Gesetzmäßigkeiten aufzustellen sind. So lassen Sie mich zum Schluß nur noch in einem kurzen Satz zusammenfassen, was wir in dieser Hinsicht auf Grund unserer früheren Überlegungen ohne weiteres aussprechen können. Die Geschichte eines Volkes ist dem eigenen Volke nur für die Vergangenheit kausal verständlich, seine Zukunft läßt sich nie und nimmer auf rein wissenschaftlichem Wege ergründen. Daher ist jeder Versuch, die Frage, ob Untergang oder Aufstieg allein durch historische Forschung zu lösen, von vornherein verfehlt, wie jetzt erfreulicherweise immer mehr anerkannt wird. Aber das können wir mit Sicherheit sagen: Demjenigen Geschlecht und demjenigen Volk wird die Zukunft gehören, welches den Willen dazu aufbringt und betätigt.

Religion und Naturwissenschaft

Vortrag, gehalten im Baltikum im Mai 1937

Meine sehr verehrten Damen und Herren!

Wenn in früheren Zeiten ein Naturforscher die Aufgabe hatte, vor einem weiteren, nicht gerade aus Fachleuten bestehenden Kreise über ein Thema seines Arbeitsgebietes zu sprechen, so stand er, um bei den Zuhörern einiges Interesse zu erwecken, vor der Notwendigkeit, mit seinen Ausführungen zunächst möglichst an spezielle handgreifliche, dem täglichen Leben entnommene Erfahrungen und Anschauungen anzuknüpfen, wie sie etwa aus der Technik oder der Meteorologie oder auch der Biologie gewonnen werden, und von da ausgehend die Methoden verständlich zu machen, mittels deren die Wissenschaft von konkreten Einzelfragen zur Erkenntnis allgemeiner Gesetze vorzudringen sucht. Das ist jetzt anders geworden. Die exakte Methodik, deren sich die Naturwissenschaft bedient, hat sich in jahrhundertlanger Arbeit so ausnehmend fruchtbar erwiesen, daß die naturwissenschaftliche Forschung heute sich auch an weniger anschauliche Probleme wie die obengenannten heranwagt, daß sie auch solche der Psychologie, der Erkenntnislehre, ja sogar der allgemeinen Weltanschauung mit Erfolg in Angriff nimmt und von ihrem Standpunkt aus einer eindringenden Behandlung unterwirft. Man darf wohl sagen, daß es gegenwärtig keine noch so abstrakte Frage der menschlichen Kultur gibt, die nicht in irgendeiner Beziehung stände zu einem naturwissenschaftlich faßbaren Problem.

So mag das Wagnis nicht allzu kühn erscheinen, zu dem mich Ihre ehrenvolle Einladung ermutigt, hier im Baltikum mit seinem zähen Kulturwillen als Naturforscher über einen Gegenstand zu sprechen, dessen Bedeutung für unsere gesamte Kultur mit dem Fortschreiten ihrer Entwicklung sich in stetig steigendem Maße auswirkt und ohne Zweifel entscheidend werden wird für die Frage nach dem Schicksal, das ihr dereinst bevorsteht.

I

„Nun sag, wie hast du's mit der Religion?" – Wenn je ein schlicht gesprochenes Wort in Goethes Faust auch den verwöhnten Hörer persönlich erfaßt und in seinem eigenen Innern eine heimliche Spannung erregt, so ist es diese bange Gewissensfrage des um ihr junges Glück besorgten unschuldigen Mädchens an den ihr als höhere Autorität geltenden Geliebten. Denn es ist dieselbe Frage, die seit jeher ungezählte nach Seelenfrieden und zugleich nach Erkenntnis dürstende Menschenkinder innerlich bewegt und bedrängt.

Faust aber, durch die naive Frage etwas in Verlegenheit gebracht, weiß zunächst nur leise abwehrend zu erwidern: „Will niemand sein Gefühl und seine Kirche rauben."

Keinen besseren Spruch könnte ich dem vorausschicken, was ich Ihnen, meine hochverehrten Damen und Herren, heute sagen möchte. Es liegt mir auch der leiseste Versuch fern, denjenigen unter Ihnen, die mit ihrem Gewissen im reinen sind und die bereits den festen Halt besitzen, der uns für unsere Lebensführung vor allem nötig ist, den Boden unter den Füßen zu lockern. Das wäre ein unverantwortliches Beginnen, sowohl denen gegenüber, die sich in ihrem religiösen Glauben so sicher fühlen, daß sie der naturwissenschaftlichen Erkenntnis keinerlei Einfluß darauf gestatten, als auch gegenüber denen, die auf besondere religiöse Betätigung verzichten und sich an einer gefühlsmäßigen Ethik genügen lassen. Das dürfte aber wohl nur die Minderzahl sein. Denn allzu eindrucksvoll lehrt uns die Geschichte aller Zeiten und Völker, daß gerade aus dem naiven, durch nichts beirrbaren Glauben, wie ihn die Religion ihren im tätigen Leben stehenden Bekennern eingibt, die stärksten Antriebe zu den bedeutenden schöpferischen Leistungen, auf dem Gebiet der Politik nicht minder als auf dem der Kunst und der Wissenschaft, hervorgegangen sind.

Dieser naive Glaube - darüber dürfen wir uns nicht täuschen - besteht heute nicht mehr, auch nicht in den breiten Schichten des Volkes, und er läßt sich auch nicht mehr durch rückwärts gerichtete Betrachtungen und Maßregeln wieder lebendig machen. Denn glauben heißt fürwahrhalten, und die unablässig auf unanfechtbar sicheren Pfaden fortschreitende Naturerkenntnis hat dahin geführt, daß es für einen naturwissenschaftlich einigermaßen Gebildeten schlechterdings unmöglich ist, die vielen Berichte von außerordentlichen, den Naturgesetzen widersprechenden Begebenheiten, von Naturwundern, die gemeinhin als wesentliche Stützen und Bekräftigungen religiöser Lehren gelten, und die man früher ohne kritische Bedenken einfach als Tatsachen hinnahm, heute noch als auf Wirklichkeit beruhend anzuerkennen.

Wer es also mit seinem Glauben wirklich ernst nimmt und es nicht ertragen kann, wenn dieser mit seinem Wissen in Widerspruch gerät, der steht vor der Gewissensfrage, ob er sich überhaupt noch ehrlich zu einer Religionsgemeinschaft zählen darf, welche in ihrem Bekenntnis den Glauben an Naturwunder einschließt.

Eine Zeitlang konnte mancher noch eine gewisse Beruhigung darin finden, daß er einen Mittelweg einzuschlagen versuchte und sich auf die Anerkennung einiger weniger als besonders wichtig geltender Wunder beschränkte. Aber auf die Dauer ist eine solche Stellung doch nicht zu halten. Schritt für Schritt muß der Glaube an Naturwunder vor der stetig und sicher voranschreitenden Wissenschaft zurückweichen, und wir dürfen nicht daran zweifeln, daß es mit ihm über kurz oder lang zu Ende gehen muß. Schon unsere heute heranwachsende Jugend, die ohnehin bekanntlich den aus der Vergangenheit überlieferten Anschauungen vielfach ausgesprochen kritisch gegenübersteht, läßt sich durch Lehren, die ihr naturwidrig erscheinen, nicht mehr innerlich binden. Und gerade die geistig hervorragend Begabten unter der Jugend, die für spätere Zeiten zu Führerstellungen berufen sind, und bei denen nicht selten eine tief brennende Sehnsucht nach religiöser Befriedigung anzutreffen ist, werden durch solche Unstimmigkeiten am empfindlichsten betroffen und haben, sofern sie aufrichtig nach einem Ausgleich ihrer religiösen und ihrer naturwissenschaftlichen Anschauungen suchen, darunter am schwersten zu leiden.

Unter diesen Umständen ist es nicht zu verwundern, wenn die Gottlosenbewegung, welche die Religion als ein willkürliches, von machtlüsternen Priestern ersonnenes Trugbild erklärt und für den frommen Glauben an eine höhere Macht über uns nur Worte des Hohnes übrig hat, sich mit Eifer die fortschreitende naturwissenschaftliche Erkenntnis zunutze macht und im angeblichen Bunde mit ihr in immer schnellerem Tempo ihre zersetzende Wirkung über die Völker der Erde in allen ihren Schichten vorantreibt. Daß mit ihrem Siege nicht nur die wertvollsten Schätze unserer Kultur, sondern, was schlimmer ist, auch die Aussichten auf eine bessere Zukunft der Vernichtung anheimfallen würden, brauche ich hier nicht näher zu erörtern.

So gewinnt Gretchens Frage an den Auserwählten ihrer Liebe und ihres Vertrauens auch für jeden, dem daran liegt zu wissen, ob der Fortschritt der Naturwissenschaften wirklich den Niedergang echter Religion zur Folge hat, eine tiefernste Bedeutung.

Wenn wir uns nun Fausts ausführliche, mit aller Vorsicht und allem Zartgefühl vorgetragene Antwort vor Augen halten, so dürfen wir sie uns hier aus einem doppelten Grunde nicht unmittelbar zu eigen machen: einmal ist zu bedenken, daß diese Antwort nach Form und Inhalt auf die Fassungskraft des ungelehrten Mädchens zugeschnitten ist und daß sie demgemäß nicht sowohl auf den Verstand als auf das Gemüt und die Einbildungskraft wirken soll; dann aber, was entscheidender ins Gewicht fällt, muß beachtet werden, daß hier der von Sinnenlust getriebene und mit Mephistopheles im Bunde stehende Faust das Wort hat. Ich bin sicher, daß der erlöste Faust, wie wir ihn vom Ende des zweiten Teiles her kennen, auf Gretchens Frage eine etwas andere Antwort erteilen würde. Aber ich will mich nicht vermessen, mit besonderen Mutmaßungen in Geheimnisse einzudringen, die sich der Dichter für immer vorbehalten hat. Ich möchte vielmehr versuchen, vom Standpunkt eines im Geiste der exakten Naturforschung auf gewachsenen Gelehrten die Frage zu beleuchten, ob und inwiefern eine wahrhaft religiöse Gesinnung mit den uns von der Naturwissenschaft übermittelten Erkenntnissen verträglich ist, oder kürzer gesagt: ob ein naturwissenschaftlich Gebildeter zugleich auch echt religiös sein kann.

Zu diesem Zwecke wollen wir zunächst zwei spezielle Fragen ganz getrennt behandeln. Die erste Frage lautet: Welche Forderungen stellt die Religion an den Glauben ihrer Bekenner und welches sind die Merkmale echter Religiosität? Die zweite Frage ist: Welcher Art sind die Gesetze, die uns die Naturwissenschaft lehrt, und welche Wahrheiten gelten ihr als unantastbar?

Durch die Beantwortung dieser beiden Fragen wird uns die Möglichkeit gegeben werden, zu entscheiden, ob und inwieweit die Forderungen der Religion mit den Forderungen der Naturwissenschaft vereinbar sind, und ob daher Religion und Naturwissenschaft nebeneinander bestehen können, ohne sich zu widerstreiten.

II

Religion ist die Bindung des Menschen an Gott. Sie beruht auf der ehrfurchtsvollen Scheu vor einer überirdischen Macht, der das Menschenleben unterworfen ist und die unser Wohl und Wehe in ihrer Gewalt hat. Mit dieser Macht sich in Übereinstimmung zu setzen und sie sich wohlgesinnt zu erhalten ist das beständige Streben und das höchste Ziel des religiösen Menschen. Denn nur so kann er sich vor den ihm im Leben bedrohenden Gefahren, den vorhergesehenen und den unvorhergesehenen, geborgen fühlen, und wird des reinsten Glückes teilhaftig, des inneren Seelenfriedens, der nur verbürgt werden kann durch das feste Bündnis mit Gott und durch das unbedingte gläubige Vertrauen auf seine Allmacht und seine Hilfsbereitschaft. Insofern wurzelt die Religion im Bewußtsein des einzelnen Menschen.

Aber ihre Bedeutung geht über den Einzelnen hinaus. Nicht etwa hat jeder Mensch seine eigene Religion, vielmehr beansprucht die Religion Gültigkeit und Bedeutung für eine größere Gemeinschaft, für ein Volk, für eine Rasse, ja in letzter Linie für die gesamte Menschheit. Denn Gott regiert gleicherweise in allen Ländern der Erde, ihm ist die ganze Welt mit ihren Schätzen wie auch mit ihren Schrecknissen untertan, und es gibt im Reich der Natur wie im Reich des Geistes kein Gebiet, das er nicht allgegenwärtig durchdringt.

Daher führt die Pflege der Religion ihre Bekenner zu einem umfassenden Bunde zusammen und stellt sie vor die Aufgabe, sich über ihren Glauben gegenseitig zu verständigen und ihm einen gemeinsamen Ausdruck zu geben. Das kann aber nur dadurch geschehen, daß der Inhalt der Religion in eine bestimmte äußere Form gefaßt wird, die sich durch ihre Anschaulichkeit für die gegenseitige Verständigung eignet. Bei der großen Verschiedenheit der Völker und ihrer Lebensbedingungen ist es nur natürlich, daß diese anschauliche Form in den einzelnen Erdteilen stark variiert und daß daher im Verlauf der Zeiten sehr viele Arten von Religionen entstanden sind. Allen Arten gemeinsam ist wohl die nächstliegende Annahme, sich Gott als Persönlichkeit oder wenigstens als menschenähnlich vorzustellen. Darüber hinaus ist für die verschiedensten Auffassungen der Eigenschaften Gottes Platz. Eine jede Religion hat ihre bestimmte Mythologie und ihren bestimmten Ritus, der bei den höher ausgebildeten Religionen in die feinsten Einzelheiten hinein entwickelt ist. Daraus ergeben sich für die Ausgestaltung des religiösen Kultus bestimmte anschauliche Symbole, die geeignet sind, unmittelbar auf die Einbildungskraft weiter Kreise im Volke zu wirken, ihnen dadurch das Interesse für religiöse Fragen zu wecken und ein gewisses Verständnis für das Wesen Gottes nahezubringen.

So tritt die Gottesverehrung durch die systematische Zusammenfassung der mythologischen Überlieferungen und durch die Innehaltung feierlicher ritueller Gebräuche symbolisch in die äußere Erscheinung, und im Verlauf der Jahrhunderte steigert sich die Bedeutung solcher religiösen Symbole immer weiter durch unablässige Übung und durch regelmäßige Erziehung von Geschlecht zu Geschlecht. Die Heiligkeit der unfaßbaren Gottheit überträgt sich auf die Heiligkeit der faßbaren Symbole. Daraus erwachsen auch für die Kunst starke Antriebe, und in der Tat hat die Kunst dadurch, daß sie sich in den Dienst der Religion stellte, die kräftigste Förderung erfahren.

Doch ist hier zwischen Kunst und Religion wohl zu unterscheiden. Das Kunstwerk hat seine Bedeutung wesentlich in sich selbst. Wenn es auch seine Entstehung in der Regel äußeren Umständen verdankt und dementsprechend häufig zu abseits führenden Ideenverbindungen Anlaß gibt, so findet es doch im Grunde in sich allein Genüge und bedarf zur rechten Würdigung keiner besonderen Interpretation. Am deutlichsten erkennt man das an der abstraktesten aller Künste, der Musik.

Das religiöse Symbol dagegen weist stets über sich hinaus, sein Wert erschöpft sich niemals in sich selbst, mag es auch durch das Ansehen, daß ihm Alter und eine fromme Tradition verleihen kann, eine noch so ehrwürdige Stellung einnehmen. Dies zu betonen ist deshalb so wichtig, weil die Wertschätzung, deren sich gewisse religiöse Symbole erfreuen, im Lauf der Jahrhunderte gewissen unvermeidlichen, durch die Entwicklung der Kultur bedingten Schwankungen unterliegt, und weil es im Interesse der Pflege echter Religiosität liegt, festzustellen, daß das, was hinter und über den Symbolen steht, von solchen Schwankungen nicht betroffen wird.

Um unter vielen speziellen Beispielen hier nur ein einziges anzuführen: ein geflügelter Engel galt von jeher als das schönste Sinnbild eines Dieners und Boten Gottes. Neuerdings findet man unter den anatomisch Gebildeten einige, deren wissenschaftlich geschulte Einbildungskraft ihnen beim besten Willen nicht gestattet, eine solche physiologische Unmöglichkeit schön zu finden. Dieser Umstand braucht aber ihrer religiösen Gesinnung nicht im mindesten Eintrag zu tun. Sie sollen sich nur sorgfältig hüten, den anderen, denen der Anblick geflügelter Engel Trost und Erbauung gewährt, die heilige Stimmung zu schmälern oder zu verderben.

Aber noch eine andere weit ernstere Gefahr droht einer Überschätzung der Bedeutung religiöser Symbole von seiten der Gottlosenbewegung. Es ist eines der beliebtesten Mittel dieser auf die Untergrabung jeder echten Religiosität abzielenden Bewegung, ihre Angriffe gegen alteingebürgerte religiöse Sitten und Gebräuche zu richten und sie als veraltete Einrichtungen lächerlich oder verächtlich zu machen. Mit solchen Angriffen gegen Symbole glauben sie die Religion selber zu treffen, und sie haben um so leichteres Spiel, je eigentümlicher und auffallender sich derartige Anschauungen und Sitten ausnehmen. Schon manche religiöse Seele ist dieser Taktik zum Opfer gefallen.

Solcher Gefahr gegenüber gibt es keine bessere Schutzwehr als sich klarzumachen, daß ein religiöses Symbol, mag es noch so ehrwürdig sein, niemals einen absoluten Wert darstellt, sondern immer nur einen mehr oder weniger unvollkommenen Hinweis auf ein Höheres, das den Sinnen nicht direkt zugänglich ist.

Unter diesen Umständen ist es wohl verständlich, daß im Lauf der Religionsgeschichte immer wieder der Gedanke auftaucht, den Gebrauch von religiösen Symbolen von vornherein einzuschränken oder sogar ganz aufzuheben und die Religion mehr als eine Angelegenheit der abstrakten

Vernunft zu behandeln. Doch zeigt schon eine kurze Überlegung, daß ein solcher Gedanke ganz abwegig ist. Ohne Symbol wäre keine Verständigung, überhaupt keine Mitteilung zwischen den Menschen möglich. Das gilt nicht allein für den religiösen, sondern auch für jeglichen menschlichen Verkehr, auch im profanen täglichen Leben. Schon die Sprache ist ja nichts anderes als ein Symbol für etwas Höheres, für den Gedanken. Gewiß beansprucht ein einzelnes Wort an sich auch ein charakteristisches Interesse, aber genauer gesehen ist ein Wort doch nur eine Buchstabenfolge, seine Bedeutung liegt wesentlich in dem Begriff, den es ausdrückt. Und für diesen Begriff ist es im Grunde nebensächlich, ob er durch dieses oder durch jenes Wort, in dieser oder jener Mundart dargestellt wird. Wenn das Wort in eine andere Sprache übersetzt wird, bleibt der Begriff bestehen.

Oder ein anderes Beispiel. Das Symbol für das Ansehen und die Ehre eines ruhmreichen Regiments ist seine Fahne. Je älter sie ist, desto höher gilt ihr Wert. Und ihr Träger rechnet es sich in der Schlacht zur höchsten Pflicht, sie um keinen Preis im Stich zu lassen, sie im Notfall mit seinem Leibe zu decken, ja, wenn es gilt, für sie sein Leben hinzugeben. Und doch ist eine Fahne nur ein Symbol, ein Stück buntes Tuch. Der Feind kann es rauben, kann es besudeln oder zerreißen. Aber damit hat er das Höhere, was durch die Fahne symbolisiert wird, keineswegs vernichtet. Das Regiment wahrt seine Ehre. Es schafft sich eine neue Fahne und wird vielleicht für die angetane Schmach gebührende Vergeltung üben.

Ebenso nun wie in einem Heere oder überhaupt in jeder vor große Aufgaben gestellten Gemeinschaft sind auch in der Religion Symbole und ein den Symbolen angepaßter kirchlicher Ritus völlig unentbehrlich, sie bedeuten das Höchste und Verehrungswürdigste, was himmelwärts gerichtete Einbildungskraft geschaffen hat, nur darf niemals vergessen werden, daß auch das heiligste Symbol menschlichen Ursprungs ist.

Hätte man diese Wahrheit zu allen Zeiten beherzigt, so wäre der Menschheit unendlich viel Jammer und Herzeleid erspart geblieben. Denn die furchtbaren Religionskriege, die grausamen Ketzerverfolgungen mit allen ihren traurigen Begleiterscheinungen sind doch in letztem Grunde nur darauf zurückzuführen, daß gewisse Gegensätze aufeinanderprallten, denen beiden eine gewisse Berechtigung innewohnt, und die lediglich dadurch entstanden sind, daß eine gemeinsame unsichtbare Idee, wie der Glaube an einen allmächtigen Gott, verwechselt wurde mit ihren nicht übereinstimmenden sichtbaren Ausdrucksmitteln, wie das kirchliche Bekenntnis. Es gibt wohl nichts Betrüblicheres als wenn man sieht, wie von zwei sich bitter befehdenden Gegnern ein jeder in voller Überzeugung und in ehrlicher Begeisterung von der Gerechtigkeit seiner Sache seine besten Kräfte bis zur Selbstaufopferung dem Kampf zu widmen sich verpflichtet fühlt. Was hätte alles geschaffen werden können, wenn auf dem Gebiet religiöser Betätigung solche wertvollen Kräfte sich vereinigt hätten, anstatt sich gegenseitig nach Möglichkeit aufzureiben.

Der tiefreligiöse Mensch, der seinen Glauben an Gott durch die Verehrung der ihm vertrauten heiligen Symbole betätigt, klebt gleichwohl nicht an den Symbolen fest, sondern hat Verständnis dafür, daß es auch andere ebenso religiöse Menschen geben kann, denen andere Symbole vertraut und heilig sind, ebenso wie irgendein bestimmter Begriff der nämliche bleibt, ob er durch dieses oder jenes Wort, in dieser oder jener Sprache ausgedrückt wird.

Aber mit der Anerkennung dieses Tatbestandes sind die Merkmale echt religiöser Gesinnung noch keineswegs erschöpfend klargestellt. Denn nun erhebt sich noch eine weitere, die eigentlich grundsätzliche Frage. Hat die höhere Macht, die hinter den religiösen Symbolen steht, und die ihnen ihre wesentliche Bedeutung verleiht, ihren Sitz lediglich im Geiste des Menschen und kommt mit ihm zugleich zum Erlöschen oder stellt sie noch etwas mehr vor? Mit anderen Worten: Lebt Gott nur in der Seele der Gläubigen oder regiert er die Welt unabhängig davon, ob man an ihn glaubt oder nicht glaubt? Dies ist der Punkt, an welchem sich die Geister grundsätzlich und endgültig scheiden. Er läßt sich nie und nimmer auf wissenschaftlichem Wege, das heißt durch logische, auf Tatsachen begründete Schlußfolgerungen aufklären. Vielmehr ist die Beantwortung dieser Frage einzig und allein die Sache des Glaubens, des religiösen Glaubens.

Der religiöse Mensch beantwortet die Frage dahin, daß Gott existiert, ehe es überhaupt Menschen auf der Erde gab, daß er von Ewigkeit her die ganze Welt, Gläubige und Ungläubige, in seiner allmächtigen Hand hält und daß er auf seiner aller menschlichen Fassungskraft unzugänglichen Höhe unveränderlich thronen bleibt, auch wenn die Erde mit allem, was auf ihr ist, längst in Trümmer gegangen sein wird. Alle diejenigen, die sich zu diesem Glauben bekennen und sich, von ihm durchdrungen, in Ehrfurcht und hingebendem Vertrauen unter dem Schutz des Allmächtigen vor allen Gefahren des Lebens gesichert fühlen, aber auch nur diese, dürfen sich zu den wahrhaft religiös Gesinnten rechnen.

Das ist der wesentliche Inhalt der Sätze, deren Anerkennung die Religion von ihren Anhängern fordert. Sehen wir nun zu, ob und wie sich diese Forderungen mit denen der Wissenschaft, speziell der Naturwissenschaft, vertragen.

III

Indem wir darangehen zu prüfen, welche Gesetze uns die Wissenschaft lehrt, und welche Wahrheiten ihr als unantastbar gelten, wird es unsere Aufgabe vereinfachen und für unseren Zweck vollauf genügen, wenn wir uns an die exakteste aller Naturwissenschaften halten, die Physik. Denn von ihr wäre jedenfalls am ehesten ein Widerspruch gegen die Forderungen der Religion zu erwarten. Wir haben also zu fragen, welcher Art die Erkenntnisse der physikalischen Wissenschaft bis in die neueste Zeit hinein sind und welche Grenzen eventuell dem religiösen Glauben durch sie vorgeschrieben werden.

Ich brauche kaum vorauszuschicken, daß, historisch im großen und ganzen gesehen, die Ergebnisse der physikalischen Forschung und die sich daraus ergebenden Anschauungen nicht etwa einem ziellosen Wechsel unterworfen sind, sondern sich in stetigem bald langsameren, bald schnellerem Tempo bis zum heutigen Tage immer mehr vervollkommnet und verfeinert haben, so daß wir die bisher von ihr gewonnenen Erkenntnisse mit großer Sicherheit als bleibend annehmen können.

Welches ist nun der wesentliche Inhalt dieser Erkenntnisse? Zunächst ist zu sagen, daß alle physikalischen Erkenntnisse auf Messungen beruhen, und daß alle Messungen sich in Raum und Zeit abspielen, wobei die Größenordnungen in unvorstellbar weitem Maße variieren. Von den Entfernungen der kosmischen Regionen, aus denen noch eine Kunde zu uns dringt, bekommt man einen angenäherten Begriff, wenn man bedenkt, daß das Licht, welches die Strecke vom Monde bis zur Erde in etwa einer Sekunde zurücklegt, viele Millionen von Jahren braucht, um von ihnen zu uns hin zu gelangen. Auf der anderen Seite ist die Physik genötigt, mit Raum- und Zeitgrößen zu rechnen, deren winzige Kleinheit etwa durch das Verhältnis der Größe eines Stecknadelkopfes zu der der ganzen Erdkugel veranschaulicht werden kann.

Die allerverschiedenartigsten Messungen haben nun übereinstimmend zu dem Schluß geführt, daß sämtliche physikalische Geschehnisse ohne Ausnahme zurückgeführt werden können auf mechanische oder elektrische Vorgänge, hervorgerufen durch die Bewegungen gewisser Elementarteilchen, wie Elektronen, Positronen, Protonen, Neutronen, wobei sowohl die Masse als auch die Ladung eines jeden dieser Elementarteilchen durch eine ganz bestimmte winzig kleine Zahl ausgedrückt wird, die sich um so genauer angeben läßt, je mehr die Messungsmethoden verfeinert werden. Diese kleinen Zahlen, die sogenannten universellen Konstanten, sind gewissermaßen die unveränderlich gegebenen Bausteine, aus denen sich das Lehrgebäude der theoretischen Physik zusammensetzt.

Welches ist denn nun, so müssen wir weiter fragen, die eigentliche Bedeutung dieser Konstanten? Sind sie in letzter Linie Erfindungen des menschlichen Forschergeistes oder besitzen sie einen realen, von der menschlichen Intelligenz unabhängigen Sinn?

Das erste behaupten die Anhänger des Positivismus, wenigstens in seiner extremen Färbung. Nach ihnen hat die Physik keine andere Grundlage als die Messungen, auf denen sie sich ja aufbaut, und ein physikalischer Satz hat nur insofern Sinn, als er durch Messungen belegt werden kann. Da nun eine jede Messung einen Beobachter voraussetzt, so ist, positivistisch betrachtet, der eigentliche Inhalt eines physikalischen Satzes von dem Beobachter gar nicht zu trennen und verliert seinen Sinn, sobald man versucht, den Beobachter ganz wegzudenken und hinter ihm und seiner Messung noch etwas anderes, Reales, davon Unabhängiges zu sehen.

Gegen diese Auffassung läßt sich vom rein logischen Standpunkt aus nichts einwenden. Und doch muß man sie in dieser Form bei näherer Prüfung als unzureichend und unfruchtbar bezeichnen. Denn sie läßt einen Umstand außer acht, der für die Vertiefung und den Fortschritt der wissenschaftlichen Erkenntnis von entscheidender Bedeutung ist. So voraussetzungsfrei sich nämlich auch sonst der Positivismus ausnimmt, an eine grundsätzliche Voraussetzung ist er gebunden, wenn er nicht in einen unvernünftigen Solipsismus ausarten soll: an die Voraussetzung, daß eine jede physikalische Messung reproduzierbar ist, d. h. daß ihr Ergebnis nicht abhängt von der Individualität des Messenden, auch nicht vom Ort und von der Zeit der Messung sowie von sonstigen Begleitumständen. Dies besagt aber, daß das für das Messungsergebnis Entscheidende außerhalb des Beobachters liegt und führt daher zwangsläufig zu Fragen nach einer hinter dem Beobachter vorhandenen realen Ursächlichkeit.

Gewiß ist zuzugeben, daß die positivistische Betrachtungsweise ihren eigentümlichen Wert besitzt; denn sie hilft dazu, die Bedeutung physikalischer Sätze begrifflich zu klären, das empirisch Bewiesene vom empirisch Unbewiesenen zu trennen, gefühlsmäßige, lediglich von lang gewohnter Anschauung genährte Vorurteile zu entfernen und dadurch der vorwärts drängenden Forschung den Weg zu ebnen. Aber um auf dem Wege führend zu wirken, dazu fehlt dem Positivismus die treibende Kraft. Er kann wohl Hemmungen beseitigen, aber er kann nicht fruchtbar gestalten. Denn seine Tätigkeit ist wesentlich kritisch, sein Blick rückwärts gerichtet. Zum Vorwärtskommen gehören aber neue, schöpferische, aus Messungsresultaten allein nicht abzuleitende, sondern über sie hinausgehende Ideenverbindungen und Fragestellungen, und solchen steht der Positivismus grundsätzlich ablehnend gegenüber.

Daher haben auch die Positivisten aller Schattierungen der Einführung atomistischer Hypothesen und damit auch der Anerkennung der obengenannten universellen Konstanten bis zuletzt den schärfsten Widerstand entgegengesetzt. Das ist wohl verständlich; denn die Existenz dieser Konstanten ist ein greifbarer Beweis für das Vorhandensein einer Realität in der Natur, die unabhängig ist von jeder menschlichen Messung.

Freilich könnte ein konsequenter Positivist auch heute noch die universellen Konstanten als eine Erfindung bezeichnen, die sich deshalb als ungemein nützlich erwiesen hat, weil sie eine genaue und vollständige Beschreibung der verschiedenartigsten Messungsergebnisse ermöglicht. Aber es wird kaum einen richtigen Physiker geben, der eine solche Behauptung ernst nehmen würde. Die universellen Konstanten sind nicht aus Zweckmäßigkeitsgründen erfunden worden, sondern sie haben sich mit unwiderstehlichem Zwang aufgedrängt durch die übereinstimmenden Resultate sämtlicher einschlägiger Messungen, und, was das Wesentliche ist, wir wissen im voraus genau, daß alle künftigen Messungen auf die nämlichen Konstanten führen werden.

Zusammenfassend können wir sagen, daß die physikalische Wissenschaft die Annahme einer realen, von uns unabhängigen Welt fordert, die wir allerdings niemals direkt erkennen, sondern immer nur durch die Brille unserer Sinnesempfindungen und der durch sie vermittelten Messungen wahrnehmen können.

Wenn wir diesen Satz weiter verfolgen, so nimmt unsere Betrachtungsweise der Welt eine veränderte Form an. Das Subjekt der Betrachtung, das beobachtende Ich, rückt aus dem Mittelpunkt des Denkens heraus und wird auf einen ganz bescheidenen Platz verwiesen. In der Tat: wie erbärmlich klein, wie ohnmächtig müssen wir Menschen uns vorkommen, wenn wir bedenken, daß die Erde, auf der wir leben, in dem schier unermeßlichen Weltall nur ein minimales Stäubchen, geradezu ein Nichts bedeutet, und wie seltsam muß es uns andererseits erscheinen, daß wir, winzige Geschöpfe auf einem beliebigen winzigen Planeten, imstande sind, mit unseren Gedanken zwar nicht das Wesen, aber doch das Vorhandensein und die Größe der elementaren Bausteine der ganzen großen Welt genau zu erkennen.

Aber das Wunderbare geht noch weiter. Es ist ein unbezweifelbares Ergebnis der physikalischen Forschung, daß diese elementaren Bausteine des Weltgebäudes nicht in einzelnen Gruppen ohne Zusammenhang nebeneinander liegen, sondern daß sie sämtlich nach einem einzigen Plan aneinandergefügt sind, oder mit anderen Worten, daß in allen Vorgängen der Natur eine universale, uns bis zu einem gewissen Grad erkennbare Gesetzlichkeit herrscht.

Ich will hier zunächst nur ein einziges Beispiel erwähnen: das Prinzip der Erhaltung der Energie. Es gibt in der Natur verschiedene Arten von Energien: die Energie der Bewegung, der Gravitation, der Wärme, der Elektrizität, des Magnetismus. Alle Energien zusammengenommen bilden den Energievorrat der Welt. Dieser Energievorrat nun besitzt eine unveränderliche Größe, er kann durch keinen Vorgang in der Natur vermehrt oder verringert werden, alle in Wirklichkeit eintretenden Veränderungen bestehen nur in wechselseitigen Umwandlungen von Energie. Wenn z. B. Energie der Bewegung durch Reibung verlorengeht, so entsteht dafür der äquivalente Betrag von Wärmeenergie.

Das Energieprinzip erstreckt seine Herrschaft über sämtliche Gebiete der Physik, und zwar nach der klassischen Theorie ebenso wie nach der Quantentheorie. Man hat zwar öfters versucht, seine genaue Gültigkeit für die in einem einzelnen Atom stattfindenden Vorgänge anzuzweifeln und ihm für solche Vorgänge nur einen statistischen Charakter zuzugestehen. Aber eine genaue Kontrolle hat in jedem bisher daraufhin geprüften Falle gezeigt, daß ein solcher Versuch erfolglos ist und daß keine Veranlassung besteht, dem Prinzip den Rang eines vollkommen exakten Naturgesetzes abzusprechen.

Nun hören wir häufig von positivistisch eingestellter Seite wieder die kritische Entgegnung: die genaue Gültigkeit eines solchen Satzes sei durchaus nicht verwunderlich. Das Rätsel erkläre sich vielmehr ganz einfach durch den Umstand, daß es schließlich der Mensch selber ist, welcher der Natur ihre Gesetze vorschreibe. Und bei dieser Behauptung beruft man sich sogar auf die Autorität von Immanuel Kant.

Nun, daß die Naturgesetze nicht von den Menschen erfunden worden sind, sondern daß ihre Anerkennung ihnen von außen aufgezwungen wird, haben wir wohl schon ausführlich genug besprochen. Von vornherein könnten wir uns die Naturgesetze, ebenso wie die Werte der universellen Konstanten auch ganz anders denken, als sie in Wirklichkeit sind. Was aber die Berufung auf Kant betrifft, so liegt hier ein grobes Mißverständnis vor. Denn Kant hat nicht gelehrt, daß der Mensch der Natur ihre Gesetze schlechthin vorschreibt, sondern er hat gelehrt, daß der Mensch bei der Formulierung der Naturgesetze auch etwas aus Eigenem hinzufügt. Wie wäre es sonst auch denkbar, daß Kant nach seinem eigenen Ausspruch durch keinen äußeren Eindruck sich zu tieferer Ehrfurcht gestimmt fühlte als durch den Anblick des gestirnten Himmels? Man pflegt doch einer Vorschrift, die man selber verfaßt hat, nicht gerade die allertiefste Ehrfurcht entgegenzubringen. Dem Positivisten freilich ist eine solche Ehrfurcht fremd. Für ihn sind die Sterne nichts weiter als optische Empfindungskomplexe, alles andere ist nach seiner Meinung nützliche, aber im Grunde willkürliche und entbehrliche Zutat.

Doch wir wollen jetzt den Positivismus beiseite lassen und unseren Gedankengang weiter verfolgen. Das Energieprinzip ist ja nicht das einzige Naturgesetz, sondern nur eines unter mehreren. Es gilt zwar in jedem einzelnen Fall, aber es genügt noch lange nicht, um den Ablauf eines Naturvorganges in allen Einzelheiten vorauszuberechnen, da es noch unendlich viele Möglichkeiten offenläßt.

Es gibt indessen ein anderes, viel umfassenderes Gesetz, welches die Eigentümlichkeit hat, daß es auf jedwede den Verlauf eines Naturvorganges betreffende sinnvolle Frage eine eindeutige Antwort gibt, und dies Gesetz besitzt, soweit wir sehen können, ebenso wie das Energieprinzip genaue Gültigkeit, auch in der allerneuesten Physik. Was wir aber nun als das allergrößte Wunder ansehen müssen, ist die Tatsache, daß die sachgemäßeste Formulierung dieses Gesetzes bei jedem Unbefangenen den Eindruck erweckt, als ob die Natur von einem vernünftigen, zweckbewußten Willen regiert würde.

Ein spezielles Beispiel möge das erläutern. Bekanntlich wird ein Lichtstrahl, der in schräger Richtung auf die Oberfläche eines durchsichtigen Körpers, etwa auf eine Wasserfläche, trifft, beim Eintritt in den Körper von seiner Richtung abgelenkt. Die Ursache für diese Ablenkung ist der Umstand, daß das Licht sich im Wasser langsamer fortpflanzt als in der Luft. Eine solche Ablenkung oder Brechung findet also auch in der atmosphärischen Luft statt, weil in den tieferen, dichteren Luftschichten das Licht sich langsamer fortpflanzt als in den höheren. Wenn nun ein Lichtstrahl von einem leuchtenden Stern in das Auge eines Beobachters gelangt, so wird seine Bahn, wenn der Stern nicht gerade senkrecht im Zenith steht, infolge der verschiedenen Brechungen in den verschiedenen Luftschichten eine mehr oder weniger komplizierte Krümmung aufweisen. Diese Krümmung wird nun durch das folgende einfache Gesetz vollkommen bestimmt: unter sämtlichen Bahnen, die vom Stern in das Auge des Beobachters führen, benutzt das Licht immer gerade diejenige, zu deren Zurücklegung es, bei Berücksichtigung der verschiedenen Fortpflanzungsgeschwindigkeiten in den verschiedenen Luftschichten, die kürzeste Zeit braucht. Die Photonen, welche den, Lichtstrahl bilden, verhalten sich also wie vernünftige Wesen. Sie wählen sich unter allen möglichen Kurven, die sich ihnen darbieten, stets diejenige aus, die sie am schnellsten zum Ziele führt.

Dieser Satz ist einer großartigen Verallgemeinerung fähig. Nach allem, was wir über die Gesetze der Vorgänge in irgendeinem physikalischen Gebilde wissen, können wir den Ablauf eines jeden Vorganges in allen Einzelheiten durch den Satz charakterisieren, daß unter allen denkbaren Vorgängen, welche das Gebilde in einer bestimmten Zeit aus einem bestimmten Zustand in einen andern bestimmten Zustand überführen, der wirkliche Vorgang derjenige ist, für welchen das über diese Zeit erstreckte Integral einer gewissen Größe, der sogenannten Lagrangeschen Funktion, den kleinsten Wert besitzt. Kennt man also den Ausdruck der Lagrangeschen Funktion, so läßt sich der Verlauf des wirklichen Vorganges vollständig angeben.

Es ist gewiß nicht verwunderlich, daß die Entdeckung dieses Gesetzes, des sogenannten Prinzips der kleinsten Wirkung, nach welchem später auch das elementare Wirkungsquantum seinen Namen bekommen hat, seinen Urheber Leibniz, ebenso wie bald darauf dessen Nachfolger Maupertuis, in helle Begeisterung versetzt hat, da diese Forscher darin das greifbare Zeichen für das Walten einer höheren, die Natur allmächtig beherrschenden Vernunft gefunden zu haben glaubten.

In der Tat, durch das Wirkungsprinzip wird in den Begriff der Ursächlichkeit ein ganz neuer Gedanke eingeführt: zu der Causa efficiens, der Ursache, welche aus der Gegenwart in die Zukunft wirkt und die späteren Zustände als bedingt durch die früheren erscheinen läßt, gesellt sich die Causa finalis, welche umgekehrt die Zukunft, nämlich ein bestimmt angestrebtes Ziel, zur Voraussetzung macht und daraus den Verlauf der Vorgänge ableitet, welche zu diesem Ziele hinführen.

Solange man sich auf das Gebiet der Physik beschränkt, sind diese beiden Arten der Betrachtungsweise nur verschiedene mathematische Formen für ein und denselben Sachverhalt, und es wäre müßig zu fragen, welche von beiden der Wahrheit näherkommt. Ob man die eine oder die andere benutzen will, hängt allein von praktischen Erwägungen ab. Ein Hauptvorzug des Prinzips der kleinsten Wirkung ist, daß es zu seiner Formulierung keines bestimmten Bezugssystems bedarf. Daher eignet sich das Prinzip auch vorzüglich für die Ausführung von Koordinatentransformationen.

Doch für uns handelt es sich jetzt um allgemeinere Fragen. Wir wollen hier nur feststellen, daß die theoretisch-physikalische Forschung in ihrer historischen Entwicklung auffallenderweise zu einer Formulierung der physikalischen Ursächlichkeit geführt hat, welche einen ausgesprochen teleologischen Charakter besitzt, daß aber dadurch nicht etwa etwas inhaltlich Neues oder gar Gegensätzliches in die Art der Naturgesetzlichkeit hineingetragen wird. Es handelt sich vielmehr lediglich um eine der

Form nach verschiedene, sachlich jedoch vollkommen gleichberechtigte Betrachtungsweise. Entsprechendes wie in der Physik dürfte auch in der Biologie zutreffen, wo der Unterschied der beiden Betrachtungsweisen allerdings wesentlich schärfere Formen angenommen hat.

In jedem Falle dürfen wir zusammenfassend sagen, daß nach allem was die exakte Naturwissenschaft lehrt, im gesamten Bereich der Natur, in der wir Menschen auf unserem winzigen Planeten nur eine verschwindend kleine Rolle spielen, eine bestimmte Gesetzlichkeit herrscht, welche unabhängig ist von der Existenz einer denkenden Menschheit, welche aber doch, soweit sie überhaupt von unseren Sinnen erfaßt werden kann, eine Formulierung zuläßt, die einen zweckmäßigen Handeln entspricht. Sie stellt also eine vernünftige Weltordnung dar, der Natur und Menschheit unterworfen sind, deren eigentliches Wesen aber für uns unerkennbar ist und bleibt, da wir nur durch unsere spezifischen Sinnesempfindungen, die wir niemals vollkommen ausschalten können, von ihr Kunde erhalten. Doch berechtigen uns die tatsächlich reichen Erfolge der naturwissenschaftlichen Forschung zu dem Schlusse, daß wir uns durch unablässige Fortsetzung der Arbeit dem unerreichbaren Ziele doch wenigstens fortwährend annähern, und stärken uns in der Hoffnung auf eine stetig fortschreitende Vertiefung unserer Einblicke in das Walten der über die Natur regierenden allmächtigen Vernunft.

IV

Nachdem wir nun die Forderungen kennengelernt haben, welche einerseits die Religion, andererseits die Naturwissenschaft an unsere Einstellung zu den höchsten Fragen weltanschaulicher Betrachtung knüpft, wollen wir jetzt prüfen, ob und wieweit diese beiden Arten von Forderungen miteinander in Einklang zu bringen sind. Zunächst ist selbstverständlich, daß diese Prüfung sich nur auf solche Gebiete beziehen kann, in denen Religion und Naturwissenschaft zusammenstoßen. Denn es gibt weite Bereiche, in denen sie gar nichts miteinander zu tun haben. So sind alle Fragen der Ethik der Naturwissenschaft fremd, ebenso wie andererseits die Größe der universellen Naturkonstanten für die Religion ohne jede Bedeutung ist.

Dagegen begegnen sich Religion und Naturwissenschaft in der Frage nach der Existenz und nach dem Wesen einer höchsten über die Welt regierenden Macht, und hier werden die Antworten, die sie beide darauf geben, wenigstens bis zu einem gewissen Grade miteinander vergleichbar. Sie sind, wie wir gesehen haben, keineswegs im Widerspruch miteinander, sondern sie lauten übereinstimmend dahin, daß erstens eine von den

Menschen unabhängige vernünftige Weltordnung existiert, und daß zweitens das Wesen dieser Weltordnung niemals direkt erkennbar ist, sondern nur indirekt erfaßt, beziehungsweise geahnt werden kann. Die Religion benutzt hierfür ihre eigentümlichen Symbole, die exakte Naturwissenschaft ihre auf Sinnesempfindungen begründeten Messungen. Nichts hindert uns also, und unser nach einer einheitlichen Weltanschauung verlangender Erkenntnistrieb fordert es, die beiden überall wirksamen und doch geheimnisvollen Mächte, die Weltordnung der Naturwissenschaft und den Gott der Religion, miteinander zu identifizieren. Danach ist die Gottheit, die der religiöse Mensch mit seinen anschaulichen Symbolen sich nahezubringen sucht, wesensgleich mit der naturgesetzlichen Macht, von der dem forschenden Menschen die Sinnesempfindungen bis zu einem gewissen Grade Kunde geben.

Bei dieser Übereinstimmung ist aber doch auch ein grundsätzlicher Unterschied zu beachten. Für den religiösen Menschen ist Gott unmittelbar und primär gegeben. Aus ihm, aus seinem allmächtigen Willen, quillt alles Leben und alles Geschehen in der körperlichen wie in der geistigen Welt. Wenn er auch nicht mit dem Verstand erkennbar ist, so wird er doch durch die religiösen Symbole in der Anschauung unmittelbar erfaßt und legt seine heilige Botschaft in die Seelen derer, die sich ihm gläubig anvertrauen. Im Gegensatz dazu ist für den Naturforscher das einzig primär Gegebene der Inhalt seiner Sinneswahrnehmungen und der daraus abgeleiteten Messungen. Von da aus sucht er sich auf dem Wege der induktiven Forschung Gott und seiner Weltordnung als dem höchsten, ewig unerreichbaren Ziele nach Möglichkeit anzunähern. Wenn also beide, Religion und Naturwissenschaft, zu ihrer Betätigung des Glaubens an Gott bedürfen, so steht Gott für die eine am Anfang, für die andere am Ende alles Denkens. Der einen bedeutet er das Fundament, der andern die Krone des Aufbaues jeglicher weltanschaulicher Betrachtung.

Diese Verschiedenheit entspricht der verschiedenen Rolle, welche Religion und Naturwissenschaft im menschlichen Leben spielen. Die Naturwissenschaft braucht der Mensch zum Erkennen, die Religion aber braucht er zum Handeln. Für das Erkennen bilden den einzigen festen Ausgangspunkt die Wahrnehmungen unserer Sinne; die Voraussetzung einer gesetzlichen Weltordnung dient hier nur als die Vorbedingung zur Formulierung fruchtbarer Fragestellungen. Für das Handeln ist aber dieser Weg nicht gangbar, weil wir mit unsern Willensentscheidungen nicht warten können, bis die Erkenntnis vollständig oder bis wir allwissend geworden sind. Denn wir stehen mitten im Leben und müssen in dessen mannigfachen Anforderungen und Nöten oft sofortige Entschlüsse fassen oder Gesinnungen betätigen, zu deren richtiger Ausgestaltung uns keine langwierige Überlegung verhilft, sondern nur die bestimmte und klare Weisung, die wir aus der unmittelbaren Verbindung mit Gott gewinnen. Sie allein vermag uns die innere Festigkeit und den dauernden Seelenfrieden zu gewährleisten, den wir als das höchste Lebensgut einschätzen müssen; und wenn wir Gott außer seiner Allmacht und Allwissenheit auch noch die Attribute der Güte und der Liebe zuschreiben, so gewährt die Zuflucht zu ihm dem trostsuchenden Menschen ein erhöhtes Maß sicheren Glücksgefühls. Gegen diese Vorstellung läßt sich vom Standpunkt der Naturwissenschaft nicht das Mindeste einwenden, weil ja die Fragen der Ethik, wie wir schon betont haben, gar nicht in ihren Zuständigkeitsbereich gehören.

Wohin und wie weit wir also blicken mögen, zwischen Religion und Naturwissenschaft finden wir nirgends einen Widerspruch, wohl aber gerade in den entscheidenden Punkten volle Übereinstimmung. Religion und Naturwissenschaft – sie schließen sich nicht aus, wie manche heutzutage glauben oder fürchten, sondern sie ergänzen und bedingen einander. Wohl den unmittelbarsten Beweis für die Verträglichkeit von Religion und Naturwissenschaft auch bei gründlichkritischer Betrachtung bildet die historische Tatsache, daß gerade die größten Naturforscher aller Zeiten, Männer wie Kepler, Newton, Leibniz von tiefer Religiosität durchdrungen waren. Zu Anfang unserer Kulturepoche waren die Pfleger der Naturwissenschaft und die Hüter der Religion sogar durch Personalunion verbunden. Die älteste angewandte Naturwissenschaft, die Medizin, lag in den Händen der Priester, und die wissenschaftliche Forschungsarbeit wurde noch im Mittelalter hauptsächlich in den Mönchszellen betrieben. Später, bei der fortschreitenden Verfeinerung und Verästelung der Kultur, schieden sich die Wege allmählich immer schärfer voneinander, entsprechend der Verschiedenheit der Aufgaben, denen Religion und Naturwissenschaft dienen.

Denn so wenig sich Wissen und Können durch weltanschauliche Gesinnung ersetzen lassen, ebensowenig kann die rechte Einstellung zu den sittlichen Fragen aus rein verstandesmäßiger Erkenntnis gewonnen werden. Aber die beiden Wege divergieren nicht, sondern sie gehen einander parallel, und sie treffen sich in der fernen Unendlichkeit an dem nämlichen Ziel.

Um dies recht einzusehen, gibt es kein besseres Mittel, als das fortgesetzte Bemühen, das Wesen und die Aufgaben einerseits der naturwissenschaftlichen Erkenntnis, andererseits des religiösen Glaubens immer tiefer zu erfassen. Dann wird sich in immer wachsender Klarheit herausstellen, daß, wenn auch die Methoden verschieden sind – denn die Wissenschaft arbeitet vorwiegend mit dem Verstand, die Religion vorwiegend mit der

Gesinnung –, der Sinn der Arbeit und die Richtung des Fortschrittes doch vollkommen miteinander übereinstimmen.

Es ist der stetig fortgesetzte, nie erlahmende Kampf gegen Skeptizismus und gegen Dogmatismus, gegen Unglaube und gegen Aberglaube, den Religion und Naturwissenschaft gemeinsam führen, und das richtungweisende Losungswort in diesem Kampf lautet von jeher und in alle Zukunft: Hin zu Gott!

Sinn und Grenzen der exakten Wissenschaft

Vortrag, gehalten zuerst im November 1941 im Goethe-Saal
des Harnack-Hauses der Kaiser-Wilhelm-Gesellschaft
zur Förderung der Wissenschaften zu Berlin

Exakte Wissenschaft – was liegt alles in diesen beiden Worten! Sie erwecken die Vorstellung eines stolzen, aus fest gefügten Quadern errichteten Gebäudes, welches die Schätze aller Weisheit in sich birgt und damit der nach Erkenntnis dürstenden Menschheit das Ziel ihrer Sehnsucht, die endgültige Entschleierung der Wahrheit, zu verwirklichen verheißt. Und da Wissen immer auch Macht bedeutet, so ist mit der Erkenntnis der in der Natur wirksamen Kräfte stets auch die Aussicht eröffnet, zur Herrschaft über sie zu gelangen und sie sich nach jeder gewünschten Richtung dienstbar zu machen.

Aber das ist noch nicht alles und nicht einmal das Wichtigste. Der Mensch will nicht nur Erkenntnis und Macht, er will auch eine Richtschnur für sein Handeln, einen Maßstab für das Wertvolle und Wertlose, er will eine Weltanschauung, die ihm das höchste Gut auf Erden, den inneren Seelenfrieden, verbürgt. Und wenn ihn die Religion nicht befriedigt, so sucht er einen Ersatz für sie bei der exakten Wissenschaft. Ich erinnere hier nur an die Bestrebungen des noch vor einem Menschenalter in hohem Ansehen stehenden, von hervorragenden Gelehrten, Philosophen und Naturforschern gegründeten Monistenbundes.

Heute spricht man freilich kaum mehr von jenem gewiß groß angelegten und mit hohen Verheißungen ins Leben getretenen Unternehmen. Es muß also doch wohl etwas in der Rechnung nicht stimmen. Und in der Tat: wenn wir etwas näher zusehen und den Aufbau der exakten Wissenschaft einer genaueren Prüfung unterziehen, dann werden wir sehr bald gewahr, daß das Gebäude eine gefährlich schwache Stelle besitzt, und diese Stelle ist das Fundament. Dem Bau fehlt eine von vornherein nach allen Richtungen hin gesicherte, von äußeren Stürmen nicht zu erschütternde Grundlage, oder mit anderen Worten: es gibt für die exakte Wissenschaft kein Prinzip von so allgemeiner Gültigkeit und zugleich von so bedeutsamem Inhalt, daß es ihr als ausreichende Unterlage dienen kann. Wohl rechnet sie allenthalben mit Maß und Zahl und trägt daher mit vollem Recht ihren stolzen Namen; denn die Gesetze der Logik und der Mathematik müssen wir ohne Zweifel als zuverlässig betrachten. Aber auch die schärfste Logik und die genaueste mathematische Rechnung können kein einziges fruchtbares Ergebnis zeitigen, wenn es an einer sicher zutreffenden Voraussetzung fehlt. Aus nichts läßt sich nichts folgern.

Kein Wort hat in der gebildeten Welt mehr Mißverständnis und Verwirrung hervorgerufen als das von der voraussetzungslosen Wissenschaft. Es war seinerzeit von Theodor Mommsen geprägt worden, um hervorzuheben, daß die wissenschaftliche Forschung sich freihalten müsse von vorgefaßten Meinungen; aber es konnte und sollte nicht bedeuten, daß die wissenschaftliche Forschung überhaupt keiner Voraussetzung bedürfe. An irgendeiner Stelle muß sie anknüpfen, und die große Frage, welches diese Stelle ist, hat von jeher die tiefsten Denker aller Zeiten und Völker beschäftigt, von Thales bis Hegel, sie hat alle Kräfte menschlicher Phantasie und Logik in Bewegung gesetzt, aber es hat sich immer wieder gezeigt, daß eine Antwort in endgültig abschließendem Sinn nicht zu finden ist. Wohl den eindruckvollsten Beweis für dieses negative Resultat bildet die Tatsache, daß es bis heute nicht gelungen ist, eine Weltanschauung ausfindig zu machen, deren Inhalt, wenigstens in großen Zügen, von allen urteilsfähigen Geistern gleichmäßig anerkannt wird. Daraus können wir vernünftigerweise nur den einen Schluß ziehen, daß es überhaupt unmöglich ist, die exakte Wissenschaft von vornherein auf eine allgemeine Grundlage endgültig abschließenden Inhalts zu stellen.

So stoßen wir gleich am Anfang unserer Frage nach dem Sinn der exakten Wissenschaft auf ein Hindernis, welches von jedem, der sich ernstlich um die Gewinnung von Erkenntnis bemüht, als eine Enttäuschung empfunden werden muß, und das in der Tat schon viele kritisch veranlagte Denker in das Lager der Skeptiker getrieben hat. Und was nicht weniger zu bedauern ist: es gibt vielleicht ebenso viele oder sogar noch mehr entgegengesetzt veranlagte Menschenkinder, die aus Besorgnis, der von ihnen als unerträglich empfundenen Skepsis zu verfallen, ihre Zuflucht nehmen zu einem jener Propheten, wie z. B. der Anthroposophen, die zu allen Zeiten, die heutige nicht ausgenommen, mit einer allerneuesten Heilsbotschaft auftreten und die oft mit erstaunlicher Schnelligkeit eine Anzahl begeisterter Jünger um sich scharen, bis sie, wenn ihre Zeit abgelaufen ist, wieder von der Bildfläche verschwinden und in das allgemeine Meer der Vergessenheit zurücksinken.

Gibt es einen Ausweg aus diesem verhängnisvollen Dilemma? Und wo ist er zu finden? Dies ist die erste Frage, mit der wir uns wohl beschäftigen müssen. Ich werde versuchen, zu zeigen, daß sie sehr wohl eine positive Beantwortung zuläßt und daß wir dadurch zu einem Einblick in den Sinn, aber auch in die Grenzen der exakten Wissenschaft gelangen werden, dessen Bedeutung zu würdigen ich dann dem Urteil des Einzelnen anheimstellen muß.

I

Wenn wir für den Aufbau der exakten Wissenschaft nach einem Ausgangspunkt suchen, der jeder Kritik gegenüber standhält, so müssen wir vor allem unsere Ansprüche erheblich herabstimmen. Wir dürfen nicht erwarten, daß es uns gelingen wird, mit einem Schlage, durch einen glücklichen Gedanken, auf ein allgemeingültiges Prinzip zu stoßen, aus dem wir mit exakten Methoden ein vollkommenes System der Wissenschaft entwickeln können, sondern wir müssen uns erst einmal damit begnügen, wenn wir nur überhaupt irgendwo eine Wahrheit ausfindig machen, an die sich keinerlei Skepsis heranwagen kann. Mit anderen Worten: wir müssen unser Augenmerk richten nicht auf das, was wir gerne wissen möchten, sondern zunächst einmal auf das, was wir sicherlich wissen.

Was ist nun unter allem, was wir wissen und was wir uns gegenseitig mitteilen können, das allersicherste, das, was nicht dem geringsten Zweifel unterliegt? Darauf gibt es nur eine einzige Antwort: es ist das, was wir selber an unserem eigenen Leibe erfahren. Und da die exakte Wissenschaft es mit der Erforschung der Außenwelt zu tun hat, so dürfen wir gleich weiter sagen: es sind die Eindrücke, die wir im Leben unmittelbar durch unsere Sinnesorgane: Auge, Ohr usw. von der Außenwelt empfangen. Wenn wir etwas sehen, hören, fühlen, so ist das einfach eine gegebene Tatsache, an der kein Skeptiker rütteln kann.

Man spricht zwar auch von Sinnestäuschungen, aber niemals in der Bedeutung, als ob die betreffenden Sinnesempfindungen unrichtig oder auch nur zweifelhaft wären. Wenn wir z. B. einmal durch eine trügerische Luftspiegelung irregeführt werden, so liegt die Schuld daran nicht bei unserem Gesichtseindruck, der ja tatsächlich vorhanden ist, sondern bei unserer Denktätigkeit, die aus der vorliegenden Empfindung einen falschen Schluß ableitet. Der Sinneseindruck ist immer schlechthin gegeben und daher unanfechtbar. Welche Folgerungen wir daran knüpfen, ist eine weitere Frage, die uns zunächst noch nicht zu beschäftigen braucht. Daher ist der Inhalt der Sinneseindrücke die geeignete und die einzige unangreifbare Grundlage für den Aufbau der exakten Wissenschaft.

Wenn wir die Gesamtheit der Sinneseindrücke als die Welt der Sinne bezeichnen, so können wir kurz sagen, daß die exakte Wissenschaft ihren Ursprung nimmt von der erlebten Sinnenwelt. Die Sinnenwelt ist es, welche der Wissenschaft sozusagen das Rohmaterial für ihre Arbeit zur Verfügung stellt.

Das scheint nun allerdings ein recht mageres Ergebnis zu sein. Denn der Inhalt der Sinnenwelt ist doch jedenfalls nur ein subjektiver, jeder Mensch hat seine eigenen Sinne, und die Sinne der einzelnen Menschen sind im allgemeinen sehr verschieden voneinander, während es sich bei der exakten Wissenschaft doch um die Gewinnung objektiver allgemeingültiger Erkenntnisse handelt. Es sieht daher fast so aus, als ob der gefundene Ausweg sich doch nur als ein Irrweg herausstellen könnte. Aber wir dürfen nicht vorzeitig urteilen. Denn es wird sich zeigen, daß wir in der jetzt sich öffnenden Richtung ganz erheblich vorwärtskommen werden. Im ganzen gesehen, kommt diese Sachlage darauf hinaus, daß wir Menschen die Erkenntnisse, die uns durch die exakte Wissenschaft vermittelt werden, nicht auf direktem Wege in ihrem vollen Umfang uns zu eigen machen können, sondern daß wir sie einzeln, Schritt für Schritt, in mühevoller Arbeit von Jahren und Jahrhunderten allmählich uns erwerben müssen.

Wenn wir nun den Inhalt unserer Sinnenwelt überblicken, so zerfällt er offensichtlich in so viele getrennte Gebiete, als wir verschiedene Sinnesorgane besitzen, je eines für das Sehen, Hören, Tasten, Riechen oder Schmecken und für die Wärme. Diese Gebiete sind an sich völlig verschieden und haben zunächst nichts miteinander zu tun. Es gibt von vornherein keine Brücke zwischen dem Empfinden für Farben und dem Empfinden für Töne. Eine Verwandtschaft, wie sie von manchen Kunstliebhabern etwa zwischen einer bestimmten Farbe und einer bestimmten Tonart angenommen wird, ist nicht unmittelbar gegeben, sondern ist eine durch persönliche Erlebnisse angeregte Schöpfung der reflektierenden Einbildungskraft.

Da die exakte Wissenschaft es mit meßbaren Größen zu tun hat, so kommen für sie in erster Linie diejenigen Sinneseindrücke in Betracht, welche quantitative Angaben gestatten, also die Gesichtswelt, die Gehörswelt und die Tastwelt. Diesen Gebieten entnimmt die Wissenschaft das Material für ihre Forschung und bearbeitet es mit den Werkzeugen des logischen, mathematisch und philosophisch geschulten Denkens.

II

Welches ist nun der Sinn dieser wissenschaftlichen Arbeit? Er liegt kurz gesagt in der Aufgabe, in die bunte Fülle der uns durch die verschiedenen Gebiete der Sinnenwelt übermittelten Erlebnisse Ordnung und Gesetzlichkeit hineinzubringen – eine Aufgabe, die sich bei näherer Betrachtung als völlig übereinstimmend erweist mit derjenigen Aufgabe, die wir in unserem

Leben von frühester Jugend auf gewohnheitsmäßig tagtäglich üben, um uns in unserer Umgebung zurechtzufinden, und an der die Menschen von jeher gearbeitet haben, seitdem sie überhaupt zu denken anfingen, schon um sich im Kampf ums Dasein zu behaupten. Nicht nach der Qualität, sondern nur nach dem Grade der Feinheit und Vollständigkeit unterscheidet sich das wissenschaftliche von dem gewohnheitsmäßigen Denken, etwa ebenso, wie sich die Leistungen eines Mikroskops von den Leistungen des bloßen Auges unterscheiden. Daß das gar nicht anders sein kann, erhellt schon einfach daraus, daß es nur eine einzige Art von Logik gibt, daß also aus gegebenen Voraussetzungen die wissenschaftliche Logik nichts anderes ableiten kann als die des ungeschulten praktischen Verstandes.

Wir werden daher auch für die Resultate, welche die Wissenschaft bei dieser ihrer Arbeit erzielt hat, ein anschauliches Verständnis dadurch gewinnen, daß wir an die Erfahrungen anknüpfen, welche uns aus dem Verlauf des täglichen Lebens bekannt und vertraut sind. Wenn wir an unsere eigene persönliche Entwicklung zurückdenken, und wenn wir überlegen, wohin wir allmählich im Laufe der Jahre in unserer Weltauffassung gelangt sind, so können wir sagen, daß wir auf Grund der gesammelten Erfahrungen uns von der umgebenden Welt eine einheitliche Vorstellung, ein zusammenfassendes, praktisch brauchbares Bild zu machen suchen, daß wir uns die Umwelt denken als erfüllt von Gegenständen, die auf unsere verschiedenen Sinnesorgane einwirken und dadurch die verschiedenartigen Sinneseindrücke erzeugen.

Dieses praktische Weltbild, das jeder von uns in sich trägt, besitzt aber, da es nicht unmittelbar gegeben, sondern auf Grund unserer Erlebnisse erst allmählich erarbeitet ist, keinen endgültigen Charakter, sondern es wandelt und korrigiert sich mit jeder neuen Erfahrung, die wir machen, von der Kindheit bis zum Erwachsenenalter, in anfangs schnellerem, später langsameren Tempo. Ganz das nämliche läßt sich behaupten von dem wissenschaftlichen Weltbild. Auch das wissenschaftliche Weltbild oder die sogenannte phänomenologische Welt ist nichts Endgültiges, sondern ist in steter Wandlung und Verbesserung begriffen, es unterscheidet sich von dem praktischen Weltbild des täglichen Lebens nicht der Qualität nach, sondern nur durch eine feinere Struktur, es verhält sich zu diesem etwa wie das Weltbild des erwachsenen Menschen zum Weltbild des kindlichen Menschen. Wir werden daher, um zu einem richtigen Verständnis des wissenschaftlichen Weltbildes zu gelangen, am besten verfahren, wenn wir uns zuerst mit dem primitivsten, dem kindlich naiven Weltbild beschäftigen.

Versetzen wir uns also einmal, so gut es geht, in die Seele und in die Gedankenwelt eines Kindes. Sobald das Kind zu denken anfängt, geht es an die Formung seines Weltbildes. Zu diesem Zweck richtet es seine Aufmerksamkeit auf die Eindrücke, die es durch seine Sinnesorgane empfängt, es sucht sie zu ordnen und macht dabei allerlei Entdeckungen, so z. B. die, daß die an sich so verschiedenartigen Eindrücke des Sehens, Tastens, Hörens doch in gewisser regelmäßiger Weise zusammenhängen. Gibt man dem Kind ein Spielzeug, etwa eine Klapperbüchse, in die Hand, so ist mit der Tastempfindung immer auch eine entsprechende Gesichtsempfindung verbunden, und bewegt es die Büchse hin und her, so entsteht regelmäßig eine bestimmte Gehörsempfindung.

Wenn in diesem Falle die verschiedenen, voneinander unabhängigen Sinneswelten gewissermaßen ineinandergreifen, so entdeckt das Kind in anderen Fällen, was ihm nicht minder merkwürdig vorkommt, daß gewisse Eindrücke, die aus der nämlichen Sinneswelt kommen und die vollständig miteinander übereinstimmen, dennoch total verschiedenen Charakter haben können. So kann es z. B. geschehen, daß im Sehbereich des Kindes sich eine runde Lampenglocke befindet, deren Schein ganz dem des Vollmondes gleicht. Die Lichtempfindung kann genau die nämliche sein. Aber das Kind findet doch einen großen Unterschied, denn die Lampenglocke kann es betasten, den Mond aber nicht, um die Lampenglocke kann es herumgehen, um den Mond kann es aber nicht herumgehen.

Was denkt nun das Kind bei diesen Entdeckungen? Zunächst wundert es sich. Dieses Gefühl des Sich-Wunderns ist der Ursprung und die nie versiegende Quelle seines Erkenntnistriebes. Es drängt das Kind unwiderstehlich dazu, das Geheimnis zu lüften, und wenn es dabei auf irgendeinen ursächlichen Zusammenhang stößt, so wird es nicht müde, das nämliche Experiment zehnmal, hundertmal zu wiederholen, um immer wieder von neuem den Reiz der Entdeckung auszukosten. Auf diese Weise gelangt das Kind in unablässiger täglicher Arbeit allmählich zur Ausgestaltung seines Weltbildes bis zu dem Grade, wie es dessen für das praktische Leben bedarf.

Je reifer das Kind wird, je vollkommener sein Weltbild wird, um so weniger häufig hat es Anlaß sich zu wundern, und wenn das Kind erwachsen ist und sein Weltbild eine feste Form angenommen hat, findet es diese Form selbstverständlich und hört auf, sich zu wundern. Hat das darin seinen Grund, daß der Erwachsene den Zusammenhang und die Notwendigkeit der Struktur seines Weltbildes vollständig erkannt hat? Nichts wäre unrichtiger als eine derartige Annahme. Nein, nicht deshalb hat der Erwachsene verlernt, sich zu wundern, weil er das Wunderrätsel gelöst hat, sondern deshalb, weil er sich an die Gesetze seines Weltbildes gewöhnt hat. Warum aber gerade diese und keine anderen Gesetze bestehen, bleibt für ihn ebenso wunderbar und unerklärlich wie für das Kind. Wer diesen

Sachverhalt nicht einsieht, der verkennt seine tiefe Bedeutung, und wer es so weit gebracht hat, daß er sich über nichts mehr wundert, der zeigt damit nur, daß er es verlernt hat, gründlich nachzudenken.

Bei Lichte betrachtet müssen wir mit Fug und Recht als erstes Wunder die Tatsache verzeichnen, daß wir überhaupt in der Natur Gesetzmäßigkeiten vorfinden, die für die Menschen aller Länder, Völker und Rassen genau die gleichen sind. Das ist eine Tatsache, die durchaus nicht selbstverständlich ist. Und die folgenden einzelnen Wunder sind, daß diese Gesetze zum großen Teil einen Inhalt haben, wie wir ihn uns vorher niemals hätten träumen lassen können.

So steigert sich mit der Entdeckung jedes neuen Gesetzes das Wunderbare im Aufbau des Weltbildes. Das gilt bis auf die wissenschaftliche Forschung des heutigen Tages, die unausgesetzt Neues bringt. Man denke nur an die Geheimnisse der kosmischen Ultrastrahlung, oder an die rätselhaften Wirkstoffe, oder auch an die merkwürdigen Enthüllungen des Elektronen-Mikroskops. Für den wissenschaftlichen Forscher ist es immer ein beglückendes Ereignis und ein frischer Antrieb zur Arbeit, wenn er auf ein neues Wunder stößt, ganz nach der Art des Kindes, und er bemüht sich um dessen Aufklärung durch vielfache Wiederholung der nämlichen Experimente mittels seiner feinen Messungsinstrumente nicht anders als das Kind mit seiner primitiven Klapperbüchse.

Doch wir wollen nicht vorgreifen, sondern wollen zunächst einmal zusehen, wie sich das so erarbeitete kindliche Weltbild von der ursprünglich gegebenen Sinnenwelt unterscheidet. Da müssen wir vor allem feststellen, daß die anfänglich allein vorhandenen Sinnesempfindungen merklich in den Hintergrund getreten sind. Die primäre Rolle im Weltbild spielen nicht die Sinnesempfindungen, sondern die Gegenstände, welche ihrerseits erst die Empfindungen hervorrufen. Das Spielzeug ist das Primäre, die Tast-, Seh-, Gehörsempfindungen sind sekundäre Folgeerscheinungen. Man würde aber der Sachlage nicht vollständig gerecht werden, wenn man einfach sagen wollte, daß das Weltbild nichts anderes vorstelle als die Zusammenfassung verschiedenartiger Sinneseindrücke unter den einheitlichen Begriff des Gegenstandes. Denn es kann auch umgekehrt vorkommen, daß eine einzelne einheitliche Sinnesempfindung mehreren verschiedenen Gegenständen entspricht. Ein Beispiel dafür ist das oben angeführte der leuchtenden Scheibe, deren sinnlicher Eindruck ein vollkommen bestimmter ist und welcher dennoch manchmal der Lampenglocke, manchmal dem Monde entstammt. Hier haben wir also eine einzige Sinnesempfindung, aber zwei verschiedene ihr entsprechende Gegenstände. Der Gegensatz liegt also tiefer, er läßt sich nur dadurch erschöpfend charakterisieren, daß

man den Begriff der objektiv gültigen Gesetzlichkeit einführt. Die Sinnesempfindungen, welche von den Gegenständen verursacht werden, gehören
dem einzelnen an und wechseln von einem zum anderen. Aber das Weltbild, die Welt der Gegenstände, ist für alle Menschen das nämliche, und
man kann sagen, daß der Übergang von der Sinnenwelt zum Weltbild darauf hinauskommt, an die Stelle einer bunten subjektiven Mannigfaltigkeit
eine feste objektive Ordnung, an die Stelle des Zufalls das Gesetz, an die
Stelle des wechselnden Scheins das bleibende Sein zu setzen.

Man bezeichnet daher die Welt der Gegenstände im Gegensatz zur Sinnenwelt auch als die reale Welt. Doch muß man mit dem Wort „real"
vorsichtig sein. Man darf es hier nur in einem vorläufigen Sinn verstehen.
Denn mit diesem Wort verbindet sich die Vorstellung von etwas absolut Be-
ständigem, Unveränderlichem, Konstantem, und es wäre zuviel behauptet,
wenn man die Gegenstände des kindlichen Weltbildes als unveränderlich
hinstellen würde. Das Spielzeug ist nicht unveränderlich, es kann zerbrechen oder auch verbrennen, die Lampenglocke kann in Scherben gehen,
und dann ist es mit ihrer Realität in dem genannten Sinne vorbei.

Das klingt selbstverständlich und trivial. Aber es ist wohl zu beachten,
daß beim wissenschaftlichen Weltbild, wo die Verhältnisse, wie wir sahen,
ganz ähnlich liegen, dieser Tatbestand keineswegs als selbstverständlich
empfunden wurde. Wie nämlich für das Kind in seinen ersten Lebensjah-
ren das Spielzeug, so waren für die Wissenschaft durch Jahrzehnte und
Jahrhunderte hindurch die Atome das eigentlich Reale in den Vorgängen
der Natur. Sie waren es, die beim Zerbrechen oder Verbrennen eines Gegenstandes unverändert die nämlichen blieben und daher das Bleibende
in allem Wechsel der Erscheinungen darstellten. Bis sich zur allgemeinen
Überraschung eines Tages herausstellte, daß auch die Atome sich verän-
dern können. Wir wollen daher, wenn wir im folgenden von der realen
Welt reden, dieses Wort zunächst immer in einem bedingten, naiven Sinn
verstehen, welcher der Eigenart des jeweiligen Weltbildes angepaßt ist, und
wir wollen uns dabei stets gegenwärtig halten, daß mit einer Veränderung
des Weltbildes zugleich auch eine Veränderung dessen, was man das Reale
nennt, verbunden sein kann.

Jedes Weltbild ist charakterisiert durch die realen Elemente, aus denen
es sich zusammensetzt. Aus der realen Welt des praktischen Lebens hat sich
die reale Welt der exakten Wissenschaft, das wissenschaftliche Weltbild
entwickelt. Aber auch dieses ist nicht endgültig, sondern es verändert sich
immerwährend durch fortgesetzte Forschungsarbeit, von Stufe zu Stufe.

Eine solche Stufe bildet dasjenige wissenschaftliche Weltbild, welches
wir heute das klassische zu nennen pflegen. Seine realen Elemente und

daher charakteristischen Merkmale waren die chemischen Atome. Gegenwärtig ist die wissenschaftliche Forschung, befruchtet durch die Relativitätstheorie und die Quantentheorie, im Begriff, eine höhere Stufe der Entwicklung zu erklimmen und sich ein neues Weltbild zu schaffen. Die realen Elemente dieses Weltbildes sind nicht mehr die chemischen Atome, sondern es sind die Wellen der Elektronen und Protonen, deren gegenseitige Wirkungen durch die Lichtgeschwindigkeit und durch das elementare Wirkungsquantum bedingt werden. Vom heutigen Standpunkt aus müssen wir also den Realismus des klassischen Weltbildes als einen naiven bezeichnen. Aber niemand kann wissen, ob man nicht einmal in Zukunft von unserem gegenwärtigen modernen Weltbild das nämliche sagen wird.

III

Was bedeutet nun aber dieser ständige Wechsel in dem, was wir als real bezeichnen? Ist er nicht für jeden, der nach endgültiger wissenschaftlicher Erkenntnis sucht, im höchsten Grade unbefriedigend? – Darauf ist vor allem zu erwidern, daß es zunächst nicht darauf ankommt, ob der Tatbestand befriedigt, sondern darauf, was an ihm das eigentlich Wesentliche ist. Wenn wir aber dieser Frage nachgehen, dann machen wir eine Entdeckung, die wir unter allen Wundern, von denen wir vorhin gesprochen haben, als das größte und höchste betrachten müssen. Vorerst ist festzustellen, daß die beständig fortgesetzte Ablösung eines Weltbildes durch das andere nicht etwa einem Ausfluß menschlicher Laune oder Mode entspringt, sondern daß sie einem unausweichlichen Zwang folgt. Sie wird jedesmal dann zur bitteren Notwendigkeit, wenn die Forschung auf eine neue Tatsache in der Natur stößt, welcher das jeweilige Weltbild nicht gerecht zu werden vermag. – Eine solche Tatsache ist, um ein bestimmtes Beispiel anzuführen, die Konstanz der Lichtgeschwindigkeit im leeren Raum. Eine andere Tatsache ist das Eingreifen des elementaren Wirkungsquantums in den gesetzlichen Ablauf aller atomaren Vorgänge. Diesen beiden Tatsachen und noch vielen anderen konnte das klassische Weltbild nicht gerecht werden. Infolgedessen wurde sein Rahmen gesprengt, und es trat ein neues Weltbild an dessen Stelle.

Das ist an sich schon recht verwunderlich. Aber was in noch höherem Grade zur Verwunderung herausfordert, weil es sich durchaus nicht von selbst versteht, das ist der Umstand, daß das neue Weltbild das alte nicht etwa aufhebt, sondern daß es vielmehr dieses in seiner ganzen Vollständigkeit bestehen läßt, mit dem einzigen Unterschied, daß es ihm noch eine besondere Bedingung hinzufügt – eine Bedingung, die einerseits auf eine gewisse Einschränkung hinausläuft, andererseits aber eben dadurch zu einer erheblichen Vereinfachung des Weltbildes führt. In der Tat bleibt die klassische Mechanik vollkommen zutreffend für alle Vorgänge, bei denen die Lichtgeschwindigkeit als unendlich groß und das Wirkungsquantum als unendlich klein betrachtet werden darf. Eben dadurch wird es möglich, die Mechanik ganz allgemein der Elektrodynamik anzugliedern, ferner alle Masse durch Energie zu ersetzen und außerdem die 92 verschiedenen Atomarten des klassischen Weltbildes auf 2 Arten, nämlich Elektronen und Protonen, zurückzuführen. Die Vereinigung eines Elektrons mit einem Proton bildet ein Neutron. Jeder materielle Körper besteht danach aus Elektronen und Protonen. Die Verbindung des Protons mit einem Elektron ist ein Neutron oder ein Wasserstoffatom, je nachdem das Elektron an dem Proton festsitzt oder sich darum herum bewegt. Alle physikalischen und chemischen Eigenschaften eines Körpers lassen sich aus der Art seiner Zusammensetzung ableiten.

Das frühere Weltbild bleibt also erhalten, nur erscheint es jetzt als ein spezieller Ausschnitt aus einem noch größeren, noch umfassenderen und zugleich noch einheitlicheren Bilde. Ähnlich ist es in allen Fällen, soweit unsere Erfahrungen reichen. Während auf der einen Seite die Fülle der beobachteten Naturerscheinungen auf allen Gebieten sich immer reicher und bunter entfaltet, nimmt andererseits das aus ihnen abgeleitete wissenschaftliche Weltbild eine immer deutlichere und festere Form an. Der ständige Wechsel des Weltbildes bedeutet daher nicht ein regelloses Hin- und Herschwanken im Zickzack, sondern er bedeutet ein Fortschreiten, ein Verbessern, ein Vervollkommnen. Mit der Feststellung dieser Tatsache ist, wie ich meine, die grundsätzlich wichtigste Errungenschaft bezeichnet, welche die naturwissenschaftliche Forschung überhaupt aufzuweisen hat.

Welches ist nun die Richtung dieses Fortschrittes und welchem Ziel strebt er zu? Die Richtung ist offenbar eine beständige Verfeinerung des Weltbildes durch Zurückführung der in ihm enthaltenen realen Elemente auf ein höheres Reales von weniger naiver Beschaffenheit. Das Ziel aber ist die Schaffung eines Weltbildes, dessen Realitäten keinerlei Verbesserung mehr bedürftig sind und die daher das endgültig Reale darstellen. Eine nachweisliche Erreichung dieses Zieles wird und kann niemals gelingen. Um aber zunächst einen Namen dafür zu haben, bezeichnen wir das endgültig Reale als die reale Welt im absoluten, metaphysischen Sinn. Damit soll ausgedrückt sein, daß diese Welt, also die objektive Natur, hinter allem Erforschlichen steht. Ihr gegenüber bleibt das aus der Erfahrung gewonnene wissenschaftliche Weltbild, die phänomenologische Welt, immer nur eine Annäherung, ein mehr oder weniger gut geratenes Modell. Wie hinter

jedem Sinneseindruck ein Gegenstand, so steht hinter jedem erfahrungsmäßig Realen ein metaphysisch Reales. Manche Philosophen stoßen sich
an dem Wörtchen „hinter". Sie sagen: „Da in der exakten Wissenschaft
alle Begriffe und alle Messungen auf Sinneseindrücke zurückgehen, so bezieht sich auch der Inhalt aller wissenschaftlichen Ergebnisse in letzter
Linie nur auf die Sinnenwelt, und es ist unzulässig, zum mindesten aber
überflüssig, hinter dieser Welt noch eine metaphysische Welt anzunehmen,
die sich jeder direkten wissenschaftlichen Prüfung entzieht." Darauf ist zu
erwidern, daß in den obigen Sätzen das Vorwort „hinter" nicht in äußerli-
chem, räumlichem Sinn verstanden werden darf. Man könnte statt „hinter"
ebensogut sagen „in". Das metaphysisch Reale steht nicht räumlich hinter dem erfahrungsmäßig Gegebenen, sondern es steckt ebensogut auch
in ihm mitten drin. „Natur ist weder Kern noch Schale, alles ist sie mit
einem Male." Das Wesentliche ist, daß die Welt der Sinnesempfindungen
nicht die einzige Welt ist, die begrifflich existiert, sondern daß es noch eine
andere Welt gibt, die uns allerdings nicht unmittelbar zugänglich ist, auf
die wir aber nicht nur durch das praktische Leben, sondern auch durch die
Arbeit der Wissenschaft immer wieder mit zwingender Deutlichkeit hingewiesen werden. Denn das große Wunder der unablässig fortschreitenden
Vervollkommnung des wissenschaftlichen Weltbildes treibt den Forscher
notgedrungen dazu, nach dessen endgültiger Gestaltung zu suchen. Und
da man das, was man sucht, auch als vorhanden annehmen muß, so be-
festigt sich bei ihm die Überzeugung von der tatsächlichen Existenz einer
realen Welt im absoluten Sinn. Dieser feste, durch keine Hemmnisse zu erschütternde Glaube an das absolut Reale in der Natur ist es, der für ihn die
gegebene und selbstverständliche Voraussetzung seiner Arbeit bildet und
der ihn immer wieder in der Hoffnung bestärkt, daß es ihm gelingen möge,
sich an das Wesen der objektiven Natur noch etwas näher heranzutasten
und dadurch ihren Geheimnissen immer mehr auf die Spur zu kommen.

Da die reale Welt im absoluten Sinn unabhängig ist von der einzelnen
Persönlichkeit, ja unabhängig von aller menschlichen Intelligenz, so kommt
jeder Entdeckung, die ein einzelner macht, eine ganz allgemeine Bedeutung zu. Das gibt dem Forscher, der in stiller Abgeschiedenheit mit seinem
Problem ringt, die Gewißheit, daß jedes Resultat, das er dabei findet, unmittelbar auch bei allen Sachverständigen der ganzen Welt Anerkennung
erzwingt, und dieses Gefühl der Bedeutung seiner Arbeit bildet sein Glück,
es gibt ihm vollwertigen Ersatz für mancherlei in seinem Alltagsleben ge-
brachte Opfer.

Der Höhe solchen Zieles gegenüber müssen alle Bedenken wegen der
Schwierigkeiten, die sich bei der Ausarbeitung des wissenschaftlichen Welt-

bildes einstellen, grundsätzlich in den Hintergrund treten. Das zu betonen ist heutzutage besonders wichtig, weil gegenwärtig derartige Schwierigkeiten manchmal als ernste Hindernisse eines gedeihlichen Fortschrittes der wissenschaftlichen Arbeit betrachtet werden, und zwar sonderbarerweise weniger die experimentellen als die theoretischen Schwierigkeiten. Daß mit den steigenden Ansprüchen an die Genauigkeit der Messungen auch die Kompliziertheit der Instrumente immer größer wird, findet ohne weiteres Verständnis und Billigung. Aber daß bei der fortgesetzten Verfeinerung der gesetzlichen Zusammenhänge zu ihrer Formulierung Definitionen und Begriffe benutzt werden, die sich immer weiter von altgewohnten Formen und anschaulichen Vorstellungen entfernen, macht man stellenweise der theoretischen Forschung zum Vorwurf, ja man will darin Anzeichen dafür erblicken, daß sie sich auf einem Irrweg befindet.

Nichts kann kurzsichtiger sein als eine derartige Vermutung. Denn wenn wir bedenken, daß mit der Verbesserung des Weltbildes zugleich auch eine Annäherung an die metaphysisch reale Welt verbunden ist, so käme die Erwartung, daß die Definitionen und die Begriffe des objektiv realen Weltbildes nicht merklich weit aus dem durch das klassische Weltbild geschaffenen Rahmen herauszutreten brauchen, im Grunde darauf hinaus, zu verlangen, daß die metaphysisch reale Welt mit den Anschauungen, die dem bisherigen naiven Weltbild entnommen sind, vollkommen faßbar und verständlich sei. Das ist eine unerfüllbare Forderung. Man kann unmöglich die feinere Struktur eines Gegenstandes erkennen, wenn man es grundsätzlich ablehnt, ihn anders als mit bloßem Auge zu betrachten. Doch in dieser Hinsicht besteht kein Anlaß zu Besorgnissen. Die Entwicklung des wissenschaftlichen Weltbildes erfolgt ja zwangsläufig. Die mit den verfeinerten Meßinstrumenten gemachten Erfahrungen verlangen es unerbittlich, daß alteingewurzelte anschauliche Vorstellungen aufgegeben und durch neuartige, mehr abstrakte Begriffsbildungen ersetzt werden, für welche die entsprechenden Anschauungen erst noch gesucht und ausgebildet werden müssen. Damit zeigen sie der theoretischen Forschung ihren Weg in der Richtung vom Naiven zum metaphysisch Realen.

Aber so bedeutend auch die erzielten Erfolge sein mögen und so nahe vielleicht das erstrebte Ziel winkt, es bleibt stets eine vom Standpunkt der exakten Wissenschaft aus unüberbrückbare Kluft zwischen der phänomenologischen und der metaphysisch realen Welt bestehen, und diese Kluft erzeugt eine beständig wirksame, niemals auszugleichende Spannung, welche in dem echten Forscher als unversiegbare Quelle seines Wissensdranges sich auswirkt. Zugleich aber gewahren wir hier die Grenze, welche die exakte Wissenschaft nicht zu überschreiten vermag. Mögen ihre Erfolge noch so weit- und tiefgehend sein, es wird ihr niemals gelingen, den letzten Schritt ins Metaphysische zu tun. In diesem Zwiespalt, der sich dahin äußert, daß wir uns unweigerlich zur Voraussetzung einer realen Welt in absolutem Sinn genötigt sehen, daß wir aber doch andererseits niemals imstande sind, ihr Wesen vollständig zu begreifen, liegt das irrationale Element, das der exakten Wissenschaft notgedrungen anhaftet, und über dessen Bedeutung man sich durch ihren stolzen Namen nicht täuschen lassen darf. Doch muß der Umstand, daß die Wissenschaft sich ihre Grenzen aus eigener Erkenntnis setzt, wohl geeignet erscheinen, das Vertrauen in die Zuverlässigkeit derjenigen Ergebnisse zu stärken, zu denen sie auf Grund ihrer unbestreitbaren Voraussetzungen mit ihren strengen experimentellen und theoretischen Methoden gelangt. –

Wenn wir jetzt von dem gewonnenen Standpunkt aus den Blick zurücklenken an den Anfang unserer Betrachtungen und auf den ganzen eingeschlagenen Gedankengang, so werden uns die erzielten Ergebnisse in noch deutlicherem Lichte erscheinen. Wir begannen unsere Überlegungen mit einer merklichen Enttäuschung. Wir suchten für den Aufbau der exakten Wissenschaft nach einer allgemeinen Grundlage, deren Sicherheit keinerlei Zweifeln unterliegt, und hatten damit keinen Erfolg. Jetzt, auf Grund der gewonnenen Einsichten, erkennen wir, daß das gar nicht anders sein kann. Denn jener Versuch lief im Grunde darauf hinaus, zum Ausgangspunkt der wissenschaftlichen Forschung etwas endgültig Reales zu nehmen, während wir jetzt gesehen haben, daß das endgültig Reale metaphysischen Charakter trägt und sich daher einer vollständigen Erkenntnis durchaus entzieht. Das ist der innere Grund, weshalb alle bisherigen Versuche scheitern mußten, die exakte Wissenschaft auf ein von vornherein gesichertes allgemeines Fundament aufzubauen. Statt dessen mußten wir uns mit einem Ausgangspunkt begnügen, der zwar unantastbare Festigkeit, dafür aber nur äußerst beschränkte Bedeutung besitzt, da er sich nur auf Einzelerlebnisse bezieht. An diesem bescheidenen Punkt setzt die wissenschaftliche Forschung mit ihren exakten Methoden ein und arbeitet sich stufenweise vom Speziellen zu immer Allgemeinerem empor. Sie bedarf dazu des steten Hinblicks auf das objektiv Reale, nach dem sie sucht, und insofern kann die exakte Wissenschaft das Reale im metaphysischen Sinn niemals entbehren. Aber die metaphysisch reale Welt ist nicht der Ausgangspunkt, sondern sie ist das in unerreichbarer Ferne winkende und richtungweisende Ziel aller wissenschaftlichen Arbeit.

Die Gewißheit, daß wir mit jeder neuen Entdeckung, mit jeder daraus abgeleiteten neuen Erkenntnis dem Ziele näherkommen, muß als Ersatz gelten für die zahlreichen und gewiß nicht leicht zu nehmenden Nachteile, die mit der fortwährenden Verminderung der Anschaulichkeit und Bequemlichkeit in der Benutzung des Weltbildes verbunden sind. In der Tat gewährt das jetzige wissenschaftliche Weltbild, verglichen mit dem ursprünglichen naiven Weltbild, einen seltsamen, geradezu fremdartig anmutenden Anblick. Die unmittelbar erlebten Sinneseindrücke, von denen doch die wissenschaftliche Arbeit ihren Anfang nahm, sind vollständig aus dem Weltbild verschwunden, vom Sehen, Hören, Tasten ist darin nicht die Rede. Statt dessen gewahren wir, wenn wir einen Blick in die Arbeitsstätten der Forschung werfen, eine Anhäufung von äußerst komplizierten und unübersichtlichen, schwer zu handhabenden Meßgeräten, erdacht und konstruiert zur Bearbeitung von Problemen, die nur mit Hilfe von abstrakten Begriffen, von mathematischen und geometrischen Symbolen, formuliert werden können, und die dem Laien oft überhaupt nicht verständlich sind. Man könnte an dem Sinn der exakten Wissenschaft irre werden und es ist sogar in diesem Zusammenhang gegen sie der Vorwurf erhoben worden, daß sie mit ihrer ursprünglichen Anschaulichkeit auch ihren festen Halt verloren habe. Wer trotz aller angeführten Gründe bei dieser Meinung verharrt, dem ist nicht zu helfen, es wird ihm aber niemals gelingen, ebensowenig wie einem Experimentator, der grundsätzlich nur mit primitiven Apparaten arbeiten will, die exakte Wissenschaft wesentlich zu fördern. Denn um dies fertigzubringen, dazu genügt nicht eine geniale Intuition und ein frisches Zupacken, sondern dazu gehört auch sehr verwickelte, mühselige und entsagungsvolle Kleinarbeit, in der oft zahlreiche Forscher zusammenwirken müssen, um für ihre Wissenschaft den Aufstieg auf die nächst höhere Entwicklungsstufe schrittweise vorzubereiten. Wohl bedarf der Pionier der Wissenschaft, wenn seine Gedanken ihre tastenden Fühler ausstrecken, einer lebendigen Anschauung; denn neue Ideen entspringen nicht den rechnenden Verstand, sondern der künstlerisch schaffenden Phantasie, aber für den Wert einer neuen Idee maßgebend ist allemal nicht der Grad der Anschaulichkeit, die überdies zu ihrem wesentlichen Teil Sache der Übung und der Gewohnheit ist, sondern der Umfang und die Genauigkeit der einzelnen gesetzlichen Zusammenhänge, zu deren Entdeckung sie führt.

Freilich wird mit jedem Fortschritt auch die Schwierigkeit der Aufgabe immer größer, die Anforderung an die Leistungen des Forscher immer stärker, und es stellt sich immer dringender die Notwendigkeit einer zweckmäßigen Arbeitsteilung ein. Vor allem hat sich seit etwa einem Jahrhundert die Teilung in Experiment und Theorie vollzogen. Der Experimentator steht in vorderster Linie. Er ist es, der die entscheidenden Versuche und Messungen ausführt. Ein Versuch bedeutet die Stellung einer an die Natur gerichteten Frage, und eine Messung bedeutet die Entgegennahme der von der Natur darauf erteilten Antwort. Aber ehe man einen Versuch ausführt, muß man ihn ersinnen d. h. man muß die Frage an die Natur formulieren, und ehe man eine Messung verwertet, muß man sie deuten, d. h. man muß die von der Natur erteilte Antwort verstehen. Mit diesen beiden Aufgaben beschäftigt sich der Theoretiker und ist dabei in immer steigender Maße genötigt, sich abstrakter mathematischer Hilfsmittel zu bedienen. Damit ist natürlich nicht gesagt, daß nicht auch der Experimentator theoretische Überlegungen anstellt. Das erste klassische Beispiel für eine Großtat, die solcher Arbeitsteilung entsprungen ist, bildet die Schöpfung der Spektralanalyse durch Robert Bunsen, den Experimentator, und Gustav Kirchhoff, den Theoretiker. Sie hat sich seitdem stetig weiterentwickelt und mit der Zeit immer reichere Früchte getragen. Jedesmal, wenn durch einen experimentellen Befund ein Widerspruch mit der bestehenden Theorie festgestellt ist, kündigt sich ein neuer Fortschritt an; denn dann wird eine Veränderung und Verbesserung der Theorie notwendig. Die Frage aber, an welchem Punkte und in welcher Weise diese Veränderung vorzunehmen ist, bietet oft große Schwierigkeiten. Denn je bewährter eine bestehende Theorie ist, um so empfindlicher und widersetzlicher zeigt sie sich gegenüber allen Abänderungsversuchen. Sie gleicht darin einem kunstvollen weitverzweigten Organismus, dessen einzelne Glieder sich gegenseitig bedingen und derartig eng zusammenhängen, daß ein Eingriff, den man an einer Stelle vollzieht, sich zugleich auch an ganz anderen, scheinbar weit entfernten Stellen geltend macht. Das gibt dann Anlaß zu neuen Fragen, die experimentell geprüft werden können, und führt dadurch manchmal zu Konsequenzen, an deren Tragweite anfangs niemand gedacht hatte. So ist die Relativitätstheorie entstanden, so die Quantentheorie, und so gewährt auch gegenwärtig der Aufbau des neuesten Zweiges der Physik, die Erforschung des Atomkernes, durch die gegenseitige Ergänzung von Experiment und Theorie ein Musterbeispiel für solch fruchtbares Zusammenwirken.

IV

Weshalb aber nun diese ganze gewaltige Arbeit, welche die besten Kräfte ungezählter Forscher ihr ganzes Leben hindurch in Anspruch nimmt? Ist das erzielte Resultat, das doch, wie wir gesehen haben, in seinen einzelnen Feinheiten immer weiter von den Gegebenheiten des Lebens fortführt, wirklich dieses kostbaren Einsatzes wert? Die Frage wäre in der Tat berechtigt, wenn der Sinn der exakten Wissenschaft sich auf die Aufgabe beschränkte, dem

Erkenntnistrieb der forschenden Menschheit eine gewisse Befriedigung zu gewähren. Aber ihre Bedeutung geht erheblich weiter. Die exakte Wissenschaft wurzelt im menschlichen Leben. Aber sie ist mit dem Leben in doppelter Weise verbunden. Denn sie schöpft nicht allein aus dem Leben, sondern sie wirkt auch zurück auf das Leben, auf das materielle wie auf das geistige Leben, und zwar um so kräftiger und fruchtbarer, je ungehinderter sie sich entfalten kann. Das äußert sich in einer sehr eigentümlichen Weise. Zuerst entfernt sich, wie wir sahen, die Wissenschaft bei der Arbeit an dem von ihr geschaffenen Weltbild auf der Suche nach dem metaphysisch Realen in fortschreitendem Maße von den Gegebenheiten und Interessen des Lebens, insofern sie immer unanschaulichere, immer einsamere Wege einschlägt. Aber gerade auf diesen Wegen, und nur durch sie, werden neue, sonst auf keine Weise vorauszusehende allgemeine gesetzliche Zusammenhänge sichtbar, die nun wieder in das Leben zurückübersetzt und dadurch für menschliche Bedürfnisse nutzbar gemacht werden können.

Das ist in unzähligen Einzelfällen zu beobachten. Auch hier hat sich eine weitgehende Arbeitsteilung aufs beste bewährt. Der erste Schritt, die aus dem Leben herausführende Ausgestaltung des Weltbildes, ist Sache der reinen Wissenschaft, der zweite Schritt, die Verwertung des wissenschaftlichen Weltbildes für die Praxis, ist Aufgabe der Technik. Die eine Arbeit ist genau so wichtig wie die andere, und da jede von ihnen den ganzen Menschen in Anspruch nimmt, so ist der einzelne Forscher, wenn er sein Werk wirklich fördern will, genötigt, alle seine Kräfte auf einen einzigen Punkt zu konzentrieren und die Gedanken an andere Zusammenhänge und Interessen einstweilen beiseite zu lassen. Darum schelte man nicht allzusehr die Weltfremdheit des Gelehrten und seine Zurückhaltung gegenüber wichtigen Fragen des öffentlichen Lebens. Ohne solche einseitige Einstellung hätte weder Heinrich Hertz die drahtlosen Wellen, noch Robert Koch den Tuberkelbazillus entdeckt. Diese Leistungen der rein wissenschaftlichen Forschung für das praktische Leben haben ihr Gegenstück in der von der Seite der Technik her der Wissenschaft zufließenden mannigfachen Anregung und verständnisvollen Förderung, die sich gerade gegenwärtig in stetig steigendem Maße geltend macht und deren Bedeutung nicht leicht hoch genug einzuschätzen ist.

Ich kann es mir nicht versagen, hier beispielsweise auf einen erst in neuerer Zeit aufgetauchten eindrucksvollen Beleg für die manchmal ganz unvermutet engen Beziehungen zwischen Wissenschaft und Technik noch etwas näher einzugehen. Die eigentümlichen Atomumwandlungen haben jahrelang nur die Forscher der reinen Wissenschaft beschäftigt. Wohl war die Größe der dabei in Erscheinung tretenden Energien auffallend, aber da die Atome so winzig klein sind, dachte man nicht ernstlich daran, daß sie einmal auch für die Praxis eine Bedeutung gewinnen könnten. Heute hat diese Frage durch neue auf dem Gebiet der künstlichen Radioaktivität gemachten Befunde eine überraschende Wendung genommen. Durch die Untersuchungen von Otto Hahn und seinen Mitarbeitern ist festgestellt worden, daß ein Uranatom, welches von einem Neutron beschossen wird, sich in mehrere Stücke spaltet. Dabei werden zwei bis drei Neutronen frei, von denen ein jedes für sich allein weiterfliegt und nun seinerseits wieder ein anderes Uranatom treffen und aufspalten kann. Auf diese Weise multiplizieren sich die Wirkungen, und es kann geschehen, daß durch das fortgesetzt gesteigerte Aufprallen der Neutronen auf Uranatome die Anzahl der freiwerdenden Neutronen und dementsprechend der Betrag der durch sie entwickelten Energie in kurzer Zeit lawinenartig anschwillt, nach dem Muster der berüchtigten Ketten- oder Schneeballbriefe, bei der Unzahl der vorhandenen Atome bis zu ganz enormen, kaum vorstellbaren Ausmaßen. Unerläßliche Bedingung für das Zustandekommen dieses Effektes ist natürlich, daß die frei fliegenden Neutronen nicht schon vor ihrem Aufprallen auf Urankerne irgendwo von anderen Atomen abgefangen werden und dort steckenbleiben oder ins Freie austreten.

Eine spezielle Berechnung hat ergeben, daß auf diese Weise in einem Kubikmeter Uranoxydpulver innerhalb einer Zeit von weniger als einhundertstel Sekunde ein Energiebetrag entwickelt wird, der ausreicht, um ein Gewicht von einer Milliarde Tonnen 27 km hochzuheben. Das ist ein Betrag, der die Leistungen aller großen Kraftwerke der ganzen Welt auf viele Jahre hinaus ersetzen kann.

Bis vor kurzem mochte eine technische Ausnutzung der in den Atomkernen schlummernden Energie utopisch erscheinen. Seit etwa 1942 jedoch hat die großartige Zusammenarbeit englisch-amerikanischer Wissenschaftler mit der amerikanischen, durch enorme Staatsmittel unterstützten Industrie sie verwirklicht. Zur Zeit brennen jenseits des Atlantischen Ozeans schon mehrere „Uran-Meiler", und die Wärme, welche einer davon fortlaufend erzeugt, genügt, den Victoria-Strom im Staate Washington, der größer ist als der Rhein bei Köln, um 1 °C zu erwärmen. Noch bleiben, soweit die Berichte reichen, diese Energiemengen ungenutzt; man hat Mühe, sie auf unschädliche Art loszuwerden. Aber dieselben Meiler liefern auch die Grundstoffe für die Atombomben, in denen sich große Mengen von Atomkernenergie in einem kleinen Bruchteil einer Sekunde entladen und zu Explosionen führen, welche alle chemischen Sprengstoffexplosionen in ihrer Fürchterlichkeit weit hinter sich lassen. Die Gefahr der Selbstausrottung, welche der gesamten Menschheit droht, falls ein zukünftiger Krieg zur Anwendung solcher Bomben in größerer Zahl führen sollte, kann man nicht ernst genug nehmen; keine Phantasie vermag sich die Folgen auszumalen. Eine überaus eindringliche Friedensmahnung liegt in den 80 000 Toten von Hiroshima, den 40 000 Toten von Nagasaki für alle Völker, vornehmlich für ihre verantwortlichen Staatsmänner.

Angesichts solcher Tatsachen wird vielleicht mancher von denen, die sich das Wundern mit der Zeit gänzlich abgewöhnt haben, Veranlassung nehmen, es von neuem zu lernen. Und in der Tat: der unermeßlich reichen, stets sich erneuernden Natur gegenüber wird der Mensch, so weit er auch in der wissenschaftlichen Erkenntnis fortgeschritten sein mag, immer das sich wundernde Kind bleiben und muß sich stets auf neue Überraschungen gefaßt machen.

So sehen wir uns durch das ganze Leben hindurch einer höheren Macht unterworfen, deren Wesen wir vom Standpunkt der exakten Wissenschaft aus niemals werden ergründen können, die sich aber auch von niemandem, der einigermaßen nachdenkt, ignorieren läßt. Hier gibt es für einen besinnlichen Menschen, der nicht nur wissenschaftliche, sondern auch metaphysische Interessen besitzt, nur zwei Arten der Einstellung, zwischen denen er wählen kann: entweder Angst und feindseliger Widerstand, oder Ehrfurcht und vertrauensvolle Hingabe. Wenn wir unseren Blick auf die Summe des unsäglichen Leides und der beständigen Zerstörung von Gut und Blut werfen, von denen die Menschen seit unvordenklichen Zeiten stets heimgesucht werden, so könnten wir versucht sein, den Philosophen des Pessimismus beizupflichten, welche den Wert des Lebens verneinen und die Meinung verfechten, daß von einem dauernden Fortschritt, von einer Höherentwicklung der Menschheit nicht die Rede sein kann, daß im Gegenteil eine jede Kultur, wenn sie einmal einen gewissen Höhepunkt erreicht hat, ihren Stachel gegen sich selber kehrt und sich ohne Sinn und Ziel wieder vernichtet.

Läßt sich eine solche weitgehende Behauptung durch Berufung auf die exakte Wissenschaft rechtfertigen? Diese Frage muß schon deshalb verneint werden, weil die Wissenschaft für ihre Beantwortung nicht zuständig ist. Vom wissenschaflichen Standpunkt aus könnte man ebensogut und vielleicht sogar mit noch mehr Recht die entgegengesetzte Behauptung vertreten. Man müßte nur den Standpunkt der Betrachtung etwas erweitern und nicht mit Jahrhunderten, sondern mit vielen Jahrtausenden rechnen. Oder will jemand im Ernst bestreiten, daß der Homo sapiens während der letzten hunderttausend Jahre einen Fortschritt, eine Vervollkommnung erfahren hat? Warum sollte diese Höherentwicklung nicht noch weitergehen, wenn nicht in gerader Richtung, so doch in Wellenlinien?

Freilich: dem einzelnen ist mit solchen Überlegungen auf weite Sicht nicht gedient, sie können ihm keine Hilfe in der Not, keine Heilung seiner Schmerzen bringen. Diesem bleibt nichts übrig als ein tapferes Ausharren im Lebenskampf und eine stille Ergebung in den Willen der höheren Macht, die über ihm waltet. Denn ein rechtlicher Anspruch auf Glück, Erfolg und Wohlergehen im Leben ist niemandem von uns in die Wiege gelegt worden. Darum müssen wir eine jede freundliche Fügung des Schicksals, eine jede froh verlebte Stunde als ein unverdientes, ja als ein verpflichtendes Geschenk entgegennehmen. Das einzige, was wir mit Sicherheit als unser Eigentum beanspruchen dürfen, das höchste Gut, was uns keine Macht der Welt rauben kann, und was uns wie kein anderes auf die Dauer zu beglücken vermag, das ist eine reine Gesinnung, die ihren Ausdruck findet in gewissenhafter Pflichterfüllung. Und wem es vergönnt ist, an dem Aufbau der exakten Wissenschaft mitzuarbeiten, der wird mit unserem großen deutschen Dichter sein Genügen und sein innerliches Glück finden in dem Bewußtsein, das Erforschliche erforscht zu haben und das Unerforschliche ruhig zu verehren.

Scheinprobleme der Wissenschaft

*Vortrag, gehalten zuerst am 17. Juli 1946 im Physikalischen Institut
der Universität Göttingen*

Meine sehr geehrten Damen und Herren!

Die Welt steckt voller Probleme. Wo wir auch hinsehen, überall tut sich irgendein Problem auf, im häuslichen Leben wie im Beruf, in der Wirtschaft wie in der Technik, in der Kunst wie in der Wissenschaft. Und manche Probleme haben etwas Hartnäckiges an sich: sie lassen uns nicht los, und die quälenden Gedanken an sie können sich unter Umständen in einem solchen Grade steigern, daß sie uns den ganzen Tag verfolgen und sogar nachts den Schlaf rauben. Wenn uns dann zufällig einmal die Lösung eines Problems gelingt, so empfinden wir das als eine Art Befreiung und freuen uns über die Bereicherung unseres Wissens. Ganz anders ist es aber, und in hohem Maße ärgerlich, wenn wir nach langem Abmühen die Entdeckung machen, daß das Problem gar keiner Lösung fähig ist, weil es entweder keine einwandfreie Methode zu seiner Bearbeitung gibt, oder weil es bei Lichte besehen überhaupt keinen Sinn hat, daß es sich also um ein Scheinproblem handelt, und daß wir alle darauf verwendete Denkarbeit für ein Nichts geopfert haben. Derartige Scheinprobleme gibt es mancherlei, und nach meiner Meinung weit mehr als man gemeiniglich annimmt, auch in der Wissenschaft. Solchen unliebsamen Erfahrungen zu entgehen, gibt es kein besseres Mittel, als sich in jedem Falle von vornherein klarzumachen, ob ein Problem wirklich echt, d. h. sinnvoll ist, und ob demnach eine Lösung tatsächlich erwartet werden darf. Im Hinblick auf diesen Sachverhalt liegt mir heute daran, Ihnen, meine Damen und Herren, eine Reihe von Problemen vorzuführen und sie mit Ihnen daraufhin zu prüfen, ob es vielleicht nur Scheinprobleme sind. Vielleicht, daß ich damit einem oder dem anderen von Ihnen einen Dienst erweisen kann. Die Auswahl der Probleme erfolgt nicht nach einem systematischen Gesichtspunkt, noch weniger beansprucht sie nach irgendeiner Richtung Vollständigkeit. Meist sind die Probleme dem Gebiet der Wissenschaft entnommen, weil hier die Verhältnisse sich am deutlichsten übersehen lassen. Das wird mich aber nicht hindern, in Fällen, wo ich bei Ihnen Interesse voraussetzen zu dürfen glaube, auch auf andere Gebiete überzugreifen.

I

Um die Frage, ob ein bestimmtes ins Auge gefaßtes Problem wirklich sinnvoll ist, zur Entscheidung zu bringen, müssen wir vor allem die Voraussetzungen genau prüfen, die in der Formulierung des Problems enthalten sind. Aus ihnen ergibt sich in manchen Fällen ohne weiteres, daß es sich nur um ein Scheinproblem handelt. Am einfachsten liegt die Sache, wenn in den Voraussetzungen ein Fehler steckt, wobei es natürlich keinen Unterschied macht, ob die fehlerhafte Voraussetzung ausdrücklich eingeführt oder ob sie nur stillschweigend benutzt wird. Ein einfaches Beispiel ist das berühmte Problem des Perpetuum mobile, d. h. die Aufgabe, eine periodisch wirkende Vorrichtung zu konstruieren, die beständig Arbeit liefert ohne jegliche anderweitige Veränderung in der Natur. Da die Existenz einer solchen Vorrichtung dem Prinzip der Erhaltung der Energie widersprechen würde, so ist sie in der Natur unmöglich und das genannte Problem daher ein Scheinproblem. Freilich wird man sagen dürfen: Das Energieprinzip ist doch schließlich ein Erfahrungssatz. Sollte also eines Tages die Anerkennung seiner Allgemeingültigkeit eine Einschränkung erleiden, was in der Atomphysik sogar tatsächlich manchmal vermutet worden ist, so würde das Problem des Perpetuum mobile plötzlich echt werden. Insofern ist seine Sinnlosigkeit keine absolute.

Daß der gemachte Vorbehalt auch von praktischer Bedeutung werden kann, zeigt besonders deutlich das Beispiel eines anderen ebenso bekannten Problems aus der Chemie: das uralte Problem, ein unedles Metall, sagen wir Quecksilber, in Gold zu verwandeln. Ursprünglich, ehe es eine wissenschaftliche Chemie gab, hatte dieses Problem einen bedeutenden Sinn, und viele gelehrte und ungelehrte Köpfe haben sich eingehend mit ihm beschäftigt. Als dann aber die Lehre von den chemischen Elementen ausgebildet und allgemein anerkannt wurde, sank es zu einem Scheinproblem herab. Neuerdings, seit der Entdeckung der künstlichen Radioaktivität, hat sich die Sachlage wiederum nach der anderen Seite verschoben. In der Tat erscheint es heute nicht mehr grundsätzlich unmöglich, ein Verfahren zu erfinden, durch welches aus dem Kern des Quecksilberatoms ein Proton und aus seiner Hülle ein Elektron entfernt wird. Dadurch würde dann das Quecksilberatom in ein Goldatom umgewandelt. Bei dem gegenwärtigen Stand der Wissenschaft gehört daher das Problem der Alchimisten nicht mehr zu den Scheinproblemen.

Aus diesen Beispielen darf man nun aber nicht etwa den Schluß ziehen, daß die Sinnlosigkeit eines Scheinproblems niemals absolut, sondern immer an die jeweilige Geltung einer Theorie gebunden ist. Es gibt auch viele

Scheinprobleme, die es sicherlich für alle Zeiten bleiben werden. Dahin gehört z. B. das Problem, das viele bedeutende Physiker jahrelang beschäftigt hat, die mechanischen Eigenschaften des Licht-Äthers zu ergründen. Das Sinnlose dieses Problems folgt aus der ihm zugrunde liegenden Voraussetzung, daß die Lichtschwingungen mechanischer Natur sind; denn diese Voraussetzung ist irrtümlich und wird es immer bleiben.

Oder ein anderes Beispiel, das der Physiologie entnommen ist. Bekanntlich entwirft die konvexe Augenlinse von einem hinlänglich beleuchteten Gegenstand auf der Netzhaut ein umgekehrtes Bild. Wenn man also einen Turm erblickt, so ist auf dem Netzhautbild die Spitze des Turmes nach unten gerichtet. Nun hat sich seinerzeit, als diese Feststellung gemacht wurde, eine Anzahl Forscher um das Problem bemüht, diejenige Einrichtung im Sehorgan herauszufinden, durch welche das Netzhautbild wieder aufrecht gemacht wird. Dieses Problem ist ein Scheinproblem, jetzt und immer, da es auf der irrigen, durch nichts zu begründenden Voraussetzung beruht, daß das Bild des Gegenstandes im Sehorgan ein aufrechtes sein müsse.

Weit schwieriger als beim Vorhandensein unrichtiger Voraussetzungen, wie in den bisher betrachteten Beispielen, liegt die Sache, wenn in den Voraussetzungen zwar kein Fehler, aber eine Unklarheit steckt, so daß das Problem deshalb ein Scheinproblem bleibt, weil es ungenügend formuliert ist. Das sind nun aber gerade die Fälle, mit denen wir uns vorwiegend zu beschäftigen haben werden.

Ich beginne mit dem Beispiel eines Scheinproblems, wegen dessen Trivialität ich Sie, meine geehrten Damen und Herren, schon vorher um Entschuldigung bitten muß. Der Saal, in dem wir uns befinden, hat zwei Seitenwände, eine rechte und eine linke. Für Sie ist dies die rechte Seite, für mich, der ich Ihnen gegenübersitze, ist das die rechte Seite. Das Problem lautet: Welche Seite ist denn nun in Wirklichkeit die rechte? Die Frage klingt allerdings lächerlich, aber ich wage zu behaupten, daß sie typisch ist für die Natur einer ganzen Reihe von Problemen, um die in vollem Ernst und mit vielem Scharfsinn gestritten wurde und zum Teil noch gestritten wird, nur daß die Verhältnisse nicht immer so offenkundig liegen. Zunächst ersieht man, mit welcher Vorsicht das Wort „wirklich" zu gebrauchen ist. Es hat in vielen Fällen nur dann einen Sinn, wenn man vorher den Standpunkt deutlich gemacht hat, welcher der Betrachtung zugrunde gelegt wird. Sonst ist das Wort häufig nichtssagend und irreführend.

Ein anderes Beispiel: Wir sehen einen Stern am Himmel glänzen. Was ist das Wirkliche an ihm? Ist es die glühende Materie, aus der er besteht, oder ist es die Lichtempfindung, die wir von ihm im Auge haben? Die Frage ist sinnlos, solange wir nicht angeben, ob wir uns dabei auf den realistischen oder auf den positivistischen Standpunkt stellen. Oder ein Beispiel aus der modernen Physik. Wenn wir das Verhalten eines fliegenden Elektrons in einem Elektronenmikroskop verfolgen, so erscheint das Elektron als ein auf einer bestimmten Bahn bewegtes Korpuskel. Wenn wir aber das Elektron durch einen Kristall gehen lassen, so zeigt es in dem auf einem Auffangschirm sichtbar gemachten Bild alle Eigenschaften einer gebeugten Lichtwelle. Die Frage, ob nun in Wirklichkeit das Elektron ein Korpuskel ist, das zu einer bestimmten Zeit einen bestimmten Ort im Raum einnimmt, oder ob es in Wirklichkeit eine Welle ist, welche den ganzen unendlichen Raum ausfüllt, bleibt daher so lange ein Scheinproblem, als nicht angegeben wird, mit welcher der beiden Untersuchungsmethoden man das Verhalten des Elektrons prüft. Auch die berühmte Streitfrage zwischen der Newtonschen Emanationstheorie und der Huygenschen Wellentheorie des Lichts gehört zu den Scheinproblemen der Wissenschaft. Denn die Entscheidung zwischen den beiden einander entgegengesetzten Theorien ist ganz willkürlich. Sie lautet verschieden, je nachdem man sich auf den Standpunkt der Quantentheorie oder auf den der klassischen Theorie stellt.

II

In allen bisher angeführten Fällen liegen die Verhältnisse ziemlich einfach und sind leicht übersehbar. Jetzt wollen wir zur Behandlung eines Problems übergehen, das wegen seiner Bedeutung für das menschliche Leben stets eine hervorragende Rolle gespielt hat. Es ist das berühmte sogenannte Leib-Seele-Problem. Hier müssen wir vor allem zuerst nach dem Sinn des Problems fragen. Denn es gibt Philosophen, welche behaupten, daß die seelischen Vorgänge gar nicht von körperlichen Vorgängen begleitet zu werden brauchen, sondern ganz unabhängig von solchen verlaufen können. Sofern diese Behauptung zutrifft, gelten für die seelischen Vorgänge ganz andere Gesetze als für die körperlichen. Dann zerfällt das Leib-Seele-Problem in zwei getrennte Probleme: Das Leib-Problem und das Seele-Problem, verliert also seinen Sinn und artet in ein Scheinproblem aus. Damit können wir diesen Fall als erledigt betrachten und brauchen uns nur mit den Wechselwirkungen zwischen seelischen und körperlichen Vorgängen zu beschäftigen. Diese sind erfahrungsgemäß sehr enge. Wenn jemand, mit dem wir uns gerade unterhalten, eine Frage an uns richtet, so wird sie eingeleitet durch einen körperlichen Vorgang, nämlich durch die Schallwellen der gesprochenen Worte, die, von dem Fragenden ausgehend, unser Ohr treffen und sich auf den Bahnen der sensiblen Nerven in unser Gehirn fortpflanzen. Dort spielen sich dann seelische Vorgänge ab, nämlich das

Nachdenken über den Sinn der Worte, dann der Entschluß über den Inhalt der zu erteilenden Antwort. Diese wird dann wieder durch einen körperlichen Vorgang auf dem Wege über die motorischen Nerven vom Kehlkopf aus durch die Luft dem Fragenden übermittelt.

Welches ist nun die Art des Zusammenhanges zwischen den körperlichen und den seelischen Vorgängen? Werden die seelischen Vorgänge durch die körperlichen Vorgänge verursacht? Und wenn ja, nach welchen Gesetzen? Wie kann denn etwas Materielles auf etwas Immaterielles wirken, und umgekehrt? Das sind lauter schwer zu beantwortende Fragen. Wenn man eine kausale Wechselwirkung zwischen körperlichen und seelischen Vorgängen als vorhanden annimmt, so erscheint als unerläßliche Bedingung die Forderung der Gültigkeit des Prinzips der Erhaltung der Energie. Denn dieses Universalfundament der exakten Wissenschaft wird man wohl nicht gern opfern wollen. Dann müßte es aber ein numerisch bestimmtes, mechanisches Seelenäquivalent geben, ebenso wie es ein bestimmtes mechanisches Wärmeäquivalent gibt, und für dessen Messung würde jegliche Methode fehlen. Deshalb hat man es mit der Annahme versucht, daß die seelischen Kräfte keine merkliche Energie zu den körperlichen Vorgängen beisteuern, sondern nur auslösend auf sie einwirken, ebenso wie ja ein leiser Windhauch eine mächtige Lawine erzeugt, oder wie ein winziger Funke ein riesiges Pulverfaß in die Luft sprengt. Durch diese Annahme wird aber die Schwierigkeit nicht ganz beseitigt. Denn in allen uns bekannten Fällen ist die zur Auflösung aufgewendete Energie zwar sehr klein gegen die ausgelöste Energie, aber sie ist doch vorhanden, wenn auch vielleicht in atomarer Größenordnung. Auch der leiseste Windhauch und der winzigste Funke besitzt eine von Null verschiedene Energie, und darauf kommt es hier an.

Nun gibt es freilich auch Kräfte, die ohne jeglichen Energieaufwand eine merkliche Wirkung ausüben. Das sind die sogenannten steuernden oder lenkenden Kräfte, wie z. B. der von der Festigkeit der Eisenbahnschienen herrührende Widerstand, der die Räder eines auf ihnen rollenden Zuges ohne irgendeinen Energieverbrauch zwingt, eine bestimmte vorgeschriebene Kurve einzuhalten, und man könnte versuchen, den seelischen Kräften eine ähnliche Rolle der Steuerung der körperlichen Vorgänge im Gehirn zuzuschreiben. Allein auch hier erheben sich ernste und unüberwindliche Schwierigkeiten. Denn die moderne Gehirnphysiologie beruht gerade auf der Voraussetzung, daß man auch ohne die Annahme des Eingreifens einer besonderen Seelenkraft zu einem befriedigenden Verständnis des gesetzlichen Ablaufs der biologischen Vorgänge gelangen kann. Eine solche Annahme vermeidet auch die Lehre vom Parallelismus, welche im

Gegensatz zur Wechselwirkungslehre annimmt, daß die seelischen und die körperlichen Vorgänge zwangsläufig nebeneinander herlaufen, jede nach ihren eigenen Gesetzen, ohne sich gegenseitig zu stören. Wie freilich diese gegenseitige Bindung zweier so grundverschiedener Geschehnisse zu denken ist, ob sie vielleicht auf eine Art prästabilierter Harmonie hinausläuft, das bleibt unverständlich. Insofern ist auch die Parallelismuslehre wenig befriedigend.

Um nun der Sache auf den Grund zu gehen, wollen wir uns die prinzipielle Frage vorlegen: Was wissen wir denn überhaupt von seelischen Kräften? Wo und in welchem Sinne können wir von seelischen Vorgängen sprechen? Sehen wir also einmal zu, wo in der Welt wir seelische Vorgänge antreffen. Daß die Geschöpfe der höheren Tierwelt, ebenso wie die Menschen, Gefühle und Empfindungen haben, müssen wir ohne weiteres annehmen. Aber wenn wir nun zu den niederen Tieren hinabsteigen, wo ist die Grenze, bei der die Empfindung aufhört? Hat ein Wurm, der sich unter unserem Fußtritt krümmt, eine Schmerzempfindung? Und darf man den Pflanzen eine Art Empfindung zuschreiben? Es gibt Botaniker, welche geneigt sind, diese Frage zu bejahen. Aber prüfen oder gar beweisen läßt sich eine solche Ansicht niemals, und man wird am besten tun, wenn man in dieser Beziehung keine Behauptung wagt. Auf der ganzen Stufenleiter von den niederen Lebewesen bis hinauf zum Menschen gibt es keine Stelle, wo man in der Beschaffenheit der seelischen Vorgänge einen Sprung feststellen kann.

Und dennoch läßt sich eine ganz bestimmte Grenze angeben, die für alles Folgende von ausschlaggebender Bedeutung ist. Das ist die Grenze beim Übergang von den seelischen Vorgängen in anderen Menschen zu den seelischen Vorgängen im eigenen Ich. Denn die eigenen Gefühle und Empfindungen erleben wir unmittelbar. Sie sind uns schlechthin gegeben. Die Empfindungen eines jeden Anderen aber, so sicherlich sie vorhanden sind, erleben wir nicht unmittelbar, sondern wir schließen nur auf sie gemäß unseren eigenen Empfindungen. Es gibt zwar Ärzte, die versichern, daß sie imstande sind, die Gefühle und Stimmungen ihrer Patienten ganz ebenso zu empfinden wie diese selber. Aber eine solche Behauptung läßt sich niemals einwandfrei beweisen. Ihre Zweifelhaftigkeit wird am deutlichsten offenbar, wenn man an spezielle Fälle denkt. Die bohrenden Schmerzen, die ein Patient bei einer zahnärztlichen Behandlung manchmal auszuhalten hat, vermag auch der feinfühligste Arzt nicht unmittelbar zu verspüren. Er kann sie nur mittelbar aus den Wehlauten oder Zuckungen des Patienten entnehmen. Oder wenn jemand bei einer erfreulicheren Gelegenheit, etwa bei einem Gastmahl, das Behagen seines Tischnachbarn beim Genuß eines beliebten edlen Weines auch noch so deutlich nachempfinden kann, so ist es doch etwas anderes, wenn er in die Lage kommt, die kostbare Blume mit eigener Zunge zu würdigen. Was jemand fühlt, was er denkt, was er will, weiß unmittelbar nur er selber. Andere Menschen können das nur mittelbar aus seinen Äußerungen, Gebärden, Reden, Handlungen schließen. Wenn solche Äußerungen völlig fehlen, mangelt ihnen jeder Anhaltspunkt zur Feststellung seines augenblicklichen Seelenzustandes.

Der hier geschilderte Gegensatz zwischen unmittelbarer und mittelbarer Erkenntnis ist ein fundamentaler. Da es uns in erster Linie auf den Gewinn unmittelbarer Erkenntnis ankommt, beschäftigen wir uns im folgenden mit der Untersuchung des Zusammenhangs unserer eigenen seelischen Zustände mit den körperlichen Zuständen.

Zunächst stellen wir fest, daß es sich nur um bewußte Zustände handeln kann. Zwar spielen sich sicherlich viele Vorgänge, vielleicht sogar die ausschlaggebenden, in unserem Unterbewußtsein ab. Aber diese sind einer wissenschaftlichen Behandlung nicht fähig. Denn eine Wissenschaft des Unbewußten oder des Unterbewußten gibt es nicht. Sie wäre eine contradictio in adjecto, ein Widerspruch in sich. Was unterbewußt ist, weiß man nicht. Daher sind alle Probleme, die sich auf das Unterbewußtsein beziehen, Scheinprobleme.

Nehmen wir also einen einfachen bewußten Vorgang, der sich zwischen Leib und Seele abspielt. Wir stechen uns mit einer Nadel in die Hand und empfinden dabei einen Schmerz. Die Stichwunde ist der körperliche Teil, der Schmerz ist der seelische Teil des Vorganges. Die Wunde sehen wir, den Schmerz fühlen wir. Gibt es nun eine einwandfreie Methode, um den Zusammenhang zwischen den beiden Teilen des Vorganges aufzuklären? Es ist leicht einzusehen, daß davon nicht die Rede sein kann. Denn hier gibt es gar nichts aufzuklären. Die Wahrnehmung der Wunde und die Empfindung des Schmerzes sind elementare Erlebnisse, die in ursächlichem Zusammenhang stehen, die aber ebenso verschiedenen Charakter tragen wie das Erkennen und das Fühlen. Daher stellt die Frage nach ihrem Wesenszusammenhang kein sinnvolles Problem vor, sondern nur ein Scheinproblem.

Es versteht sich, daß die beiden Vorgänge: der Nadelstich und die Schmerzempfindung, sich in allen ihren Einzelheiten auf das genaueste prüfen lassen. Aber dazu bedarf es zweier verschiedener Methoden, die sich gegenseitig ausschließen. Ihnen entsprechen zwei verschiedene Standpunkte der Betrachtung. Ich will sie im folgenden den psychologischen und den physiologischen Standpunkt nennen. Die Betrachtung vom psychologischen Standpunkt aus wurzelt im Selbstbewußtsein, sie ist daher unmittelbar nur auf die Untersuchung der eigenen seelischen Vorgänge anwendbar. Die Betrachtung vom physiologischen Standpunkt dagegen ist auf die Vorgänge in der Umwelt gerichtet, sie erfaßt daher unmittelbar nur die körperlichen Vorgänge. Die beiden Standpunkte sind unvereinbar, eine Verwechselung führt stets zu Unklarheiten. Ebensowenig wie wir einen körperlichen Vorgang vom psychologischen Standpunkt aus prüfen können, ist es möglich, unsere seelischen Vorgänge unmittelbar vom physiologischen Standpunkt aus zu beurteilen. Wenn wir diesen Sachverhalt berücksichtigen, dann erscheint das Leib-Seele-Problem in einem anderen Licht. Denn bei der Untersuchung der Leib-Seele-Vorgänge gelangen wir zu ganz verschiedenen Resultaten, je nachdem wir die Vorgänge vom psychologischen oder vom physiologischen Standpunkt aus betrachten. Tun wir das erstere, so erfahren wir unmittelbar nur etwas über unsere seelischen Vorgänge, tun wir das letztere, so erfahren wir unmittelbar nur etwas über die körperlichen Vorgänge. Es ist daher nicht möglich, von einem einheitlichen Standpunkt aus sowohl die körperlichen als auch die seelischen Vorgänge unmittelbar zu überschauen, und da man, um zu einem klaren Resultat zu gelangen, den einmal eingenommenen Standpunkt, der den anderen ausschließt, festhalten muß, so verliert die Frage nach dem Zusammenhang der körperlichen und der seelischen Vorgänge ihren Sinn. Dann gibt es nur entweder körperliche oder seelische Vorgänge, aber niemals beide zugleich.

Darum hindert nichts zu sagen: Körperliche und seelische Vorgänge sind gar nicht verschieden von einander. Es sind die nämlichen Vorgänge, nur von zwei entgegengesetzten Seiten betrachtet. Mit diesem Satz löst sich das Rätsel, das der Lehre vom Parallelismus anhaftet: wie man ein Verständnis dafür finden kann, daß zwei so verschiedene Arten von Vorgängen, wie die körperlichen und die seelischen, so eng miteinander verkoppelt sind. Die Verkoppelung ist hiernach selbstverständlich. Damit erweist sich auch das Leib-Seele-Problem als ein Scheinproblem.

III

In den bisher besprochenen Fällen hatten wir es nur mit dem Erkennen und mit dem Fühlen zu tun. Körperliche Zustände und Vorgänge werden erkannt, seelische Zustände und Vorgänge werden gefühlt. Ganz anders und viel verwickelter wird die Sachlage, wenn zu dem Erkennen und Fühlen das Wollen hinzukommt. Denn hier erhebt sich das uralte Problem des Gegensatzes zwischen der Freiheit des Willens und der Gebundenheit durch das Gesetz der Kausalität, das auch für die Ethik eine gewisse Bedeutung besitzt und zu dessen Behandlung wir jetzt übergehen. Ist der Wille frei oder ist er kausal determiniert? Um diese Frage beantworten zu können, müssen wir zuerst die Methoden prüfen, die zur Untersuchung der Gesetzlichkeit der Willensvorgänge dienen können.

Da ist vor allem ein wichtiger Punkt zu beachten. Um in den gesetzlichen Ablauf eines Vorganges einen zutreffenden Einblick zu gewinnen, muß man vor allem dafür sorgen, daß durch die Anwendung der Untersuchungsmethode der Ablauf des Vorganges nicht beeinflußt wird. So darf man z. B. bei der Messung der Temperatur eines Körpers kein Thermometer benutzen, dessen Einführung eine Temperaturänderung des Körpers bewirkt, und bei der mikroskopischen Beobachtung von Vorgängen in einer lebenden Zelle darf man keine Beleuchtung verwenden, durch welche der normale Ablauf dieser Vorgänge gestört wird. Was für physikalische und biologische Vorgänge gilt, bleibt selbstverständlich auch für seelische Zustände und Vorgänge zutreffend. Es ist einer der elementarsten Grundsätze der experimentellen Psychologie, daß eine Beobachtung zu einem völlig falschen Ergebnis führen kann, wenn die Versuchsperson weiß, oder wenn sie auch nur vermutet, daß sie beobachtet wird. Deshalb wirkt unter Umständen die Beobachtung selber als eine gefährliche Fehlerquelle.

Wenden wir das Gesagte auf das vorliegende Problem an, so ist von einer wissenschaftlich einwandfreien Betrachtung des gesetzlichen Ablaufs einer Willensregung in erster Linie zu fordern, daß durch diese Betrachtung die Willensregung nicht beeinflußt wird. Daraus folgt ohne weiteres die Notwendigkeit einer wesentlichen Beschränkung in der Wahl eines zulässigen Standpunktes für die Betrachtung. Da nämlich die Betrachtung selber ebenso wie die zu betrachtende Willensregung ein seelischer Vorgang ist, so kann die Betrachtung unter Umständen den Ablauf der Willensregung beeinflussen und so das erzielte Ergebnis fälschen. Das ist nur dann nicht zu befürchten, wenn wir den Willen eines anderen Menschen ohne dessen Wissen betrachten, oder wenn ein Anderer unseren Willen ohne unser Wissen betrachtet. Dagegen wird die Fehlerquelle stets dann in Wirksamkeit treten, wenn wir versuchen, unseren eigenen Willen zu betrachten. Denn dann trifft der seelische Vorgang der Betrachtung mit dem seelischen Vorgang der Willensregung in unserm einheitlichen Selbstbewußtsein zusammen. Daher ist es unzulässig, vom Standpunkt des eigenen Ich aus den eigenen Willen zu betrachten, und zwar sowohl den gegenwärtigen als auch den zukünftigen Willen, denn dieser wird durch den gegenwärtigen Willen mitbedingt. Dagegen steht nichts im Wege, eine Willensregung des vergangenen Ich wissenschaftlich zu betrachten. Denn vergangene seelische Vorgänge werden durch nachträgliche Betrachtungen nicht beeinflußt. Zum Ausdruck dieses Sachverhalts will ich im folgenden zwischen dem äußeren und dem inneren Standpunkt der Betrachtung des Willens unterscheiden. Der äußere Standpunkt ist derjenige, von dem aus der Willensvorgang betrachtet werden kann, ohne dadurch eine Störung zu erleiden. Er wird eingenommen bei der Betrachtung der Willensvorgänge anderer Menschen, sowie auch bei der Betrachtung der vergangenen Willensvorgänge des eigenen Ich. Der innere Standpunkt ist derjenige, von dem aus der Willensvorgang nicht betrachtet werden kann, ohne daß dadurch der Vorgang gestört wird. Er wird eingenommen bei der Betrachtung der gegenwärtigen und der zukünftigen Willensvorgänge im eigenen Ich. Der äußere Standpunkt ist für die wissenschaftliche Untersuchung der Gesetzlichkeit von Willensvorgängen geeignet, der innere Standpunkt ist es nicht. Es versteht sich von selbst, daß diese beiden Standpunkte sich gegenseitig ausschließen und daß es sinnlos ist, beide gleichzeitig zu benutzen.

Wenn wir nun von dem hierfür allein zulässigen äußeren Standpunkt aus an die wissenschaftliche Betrachtung der Willensvorgänge herangehen, so lehrt uns die alltägliche Erfahrung, daß wir im Umgang mit anderen Menschen bei allen ihren Reden und Handlungen stets bestimmte Motive, also kausale Determiniertheit voraussehen, denn sonst wäre ihr Verhalten unberechenbar und jeder geordnete Verkehr mit ihnen unmöglich. Auch die wissenschaftliche Forschung verfährt nicht anders. Wenn ein Historiker den Entschluß *Julius Cäsars*, den Rubicon zu überschreiten, nicht auf seine politischen Überlegungen und sein angeborenes Temperament, sondern auf seine Willensfreiheit zurückführen wollte, so würde das einfach den Verzicht auf ein wissenschaftliches Verständnis bedeuten. Darum werden wir schließen müssen, daß der Wille vom äußeren Standpunkt der Betrachtung aus als kausal determiniert anzunehmen ist.

Ganz anders steht es mit dem inneren Standpunkt. Hier versagt, wie wir sahen, die wissenschaftliche Betrachtungsweise. Dafür tut sich aber hier eine andere Erkenntnisquelle auf, nämlich das Selbstbewußtsein. Dieses sagt uns unmittelbar, daß wir in jedem Augenblick, wie unseren Gedanken, so auch unserem Willen jeden beliebigen Inhalt geben können, sei es nach reiflicher Überlegung, sei es nach Gutdünken, oder auch aus reiner Laune. Dabei ist wohl zu beachten, daß es sich hier nicht etwa um eine Willensbetätigung handelt, die ja oft durch äußere Umstände gehemmt wird, sondern allein um die gesinnungsmäßige Willensrichtung. In dieser verfügen wir vollkommen frei. Man denke nur an den stillschweigenden Vorbehalt, den wir bei jedem von uns gesprochenen Wort machen können, die sogenannte reservatio mentalis. Das ist eine wirkliche, unmittelbar zu erlebende, keine nur scheinbare Freiheit, wie manche behaupten, weil sie die beiden entgegengesetzten Standpunkte nicht auseinanderhalten kön-

nen. Wer freilich nach der „wirklichen" Willensfreiheit fragt, ohne auf
den eingenommenen Standpunkt Rücksicht zu nehmen, der verfährt nicht
anders wie jemand, der ohne nähere Erläuterung die Frage aufwirft, welche Seite dieses Saales „wirklich" die rechte ist. Die Willensfreiheit beruht
nach dieser Darstellung auch nicht etwa, wie ebenfalls behauptet worden
ist, auf einem gewissen Mangel an Intelligenz. Der Grad der Intelligenz
spielt hier überhaupt keine Rolle. Auch das intelligenteste Wesen vermag
sich nicht von außen zu betrachten, ebensowenig wie auch der behendeste
Schnelläufer sich selber überholen kann.

Zusammenfassend können wir also sagen: Von außen betrachtet ist der
Wille kausal determiniert, von innen betrachtet ist der Wille frei. Mit der
Feststellung dieses Sachverhaltes erledigt sich das Problem der Willensfreiheit. Es ist nur dadurch entstanden, daß man nicht darauf geachtet hat,
den Standpunkt der Betrachtung ausdrücklich festzulegen und einzuhalten. Wir haben hier ein Musterbeispiel für ein Scheinproblem. Wenn diese
Wahrheit gegenwärtig auch noch mehrfach bestritten wird, so besteht doch
für mich kein Zweifel darüber, daß es nur eine Frage der Zeit ist, wann sie
sich zur allgemeinen Anerkennung durchringen wird.

IV

Zu welchen bedenklichen Folgen die unzulässigen Verwechslungen zweier
einander entgegengesetzter Standpunkte unter Umständen führen können,
läßt sich noch an manchen anderen Beispielen erkennen. Wir wollen uns
hier noch mit einem besonders häufigen Fall etwas beschäftigen: Das ist
die Verwechslung der wissenschaftlichen mit der religiösen Betrachtungsweise. Wenn auch Wissenschaft und Religion in ihren letzten Auswirkungen
in dem nämlichen Endziel ausmünden, nämlich in der Anerkennung einer die Welt beherrschenden allmächtigen Vernunft, so sind doch sowohl
ihre Ausgangspunkte als auch ihre Methoden grundverschieden. Und man
muß, um zu brauchbaren Resultaten zu gelangen, sorgfältig darauf achten, daß bei der Prüfung eines Problems der hierfür geeignete Standpunkt
gewählt und auch folgerichtig eingehalten wird. Diese Forderung findet
sich leider bis auf den heutigen Tag vielfach keineswegs erfüllt, vielmehr
wird oft kurzerhand von der einen zur anderen Betrachtungsweise über-
gesprungen, und zwar geschieht das von beiden Seiten her, d. h. man trifft
ebensowohl auf eine unzulässige Behandlung ethisch-religiöser Fragen von
wissenschaftlichem Standpunkt aus, wie umgekehrt eine Einmischung in
rein wissenschaftliche Probleme durch Betrachtungen religiöser Art. Ein
Beispiel für die erstgenannten Fälle bildet schon das soeben besprochene

Bewußtsein der Willensfreiheit, das man neuerdings auf das Versagen des Kausalgesetzes in der modernen Physik zurückzuführen versucht, obwohl es mit dem Kausalgesetz nicht das mindeste zu tun hat. Auf der gleichen Linie stehen die vielfachen Bemühungen, für das Dasein und die Persönlichkeit Gottes wissenschaftliche Gründe zu erbringen. Auf der anderen Seite finden wir als Beispiel den zeitweise heftigen Kampf der Kirche gegen das Kopernikanische Weltsystem, oder neuerdings den Sturmlauf gegen die physikalische Relativitätstheorie auf Grund von gefühlsmäßigen Betrachtungen und politischen Ausführungen, die mit Wissenschaft nicht das geringste zu tun haben.

Bei dieser Sachlage drängt sich aber eine grundsätzliche und folgenschwere Frage auf. Wenn wir in so zahlreichen Fällen die Wahrnehmung machen, daß große und wichtige Probleme bei der Nachprüfung sich als Scheinprobleme entpuppen, ja, daß das Wort „Wirklichkeit" manchmal einen ganz verschiedenen Sinn hat, je nachdem der Standpunkt der Betrachtung gewählt wird, kommt dann nicht unsere wissenschaftliche Erkenntnis auf einen flachen Relativismus hinaus? Gibt es denn überhaupt kein absolut gültiges Urteil, keine absolute Wirklichkeit, unabhängig von irgendeinem besonderen Standpunkt?

Es wäre schlimm, wenn dem so wäre. Nein, wohl gibt es in der Wissenschaft auch absolut richtige und endgültige Sätze, ebenso wie es in der Ethik absolute Werte gibt, und, was die Hauptsache ist, gerade diese Sätze und diese Werte sind die wichtigsten und erstrebenswertesten von allen. In der exakten Wissenschaft sind hier zu nennen die Größen der sogenannten absoluten Konstanten, wie das Elementarquantum der Elektrizität, oder das elementare Wirkungsquantum, und manche andere. Diese Konstanten ergeben sich immer als die nämlichen, nach welcher Methode man sie auch messen mag. Sie aufzufinden und alle physikalischen und chemischen Vorgänge auf sie zurückzuführen, kann man geradezu als das Endziel der wissenschaftlichen Forschung bezeichnen.

Und in der religiös-sittlichen Welt ist es nicht anders. Wohl spielt auch dort der Standpunkt der Betrachtung, wie er durch die jeweils vorliegenden besonderen Umstände bedingt wird, oft eine erhebliche Rolle. So erscheint die sittliche Forderung der Wahrhaftigkeit gar nicht selten in bedenklicher Weise verschoben und abgeschwächt. Ich will hier ganz absehen von den konventionellen Lügen, die im Interesse der Höflichkeit erfolgen; denn durch sie wird niemand getäuscht. Aber für die Wahrhaftigkeit, diese vornehmste aller Tugenden, läßt sich auch hier ein wohldefiniertes Gebiet aufzeigen, in dem ihrer sittlichen Forderung eine absolute, von jedem besonderen Standpunkt der Betrachtung unabhängige Bedeutung zukommt.

Das ist die Wahrhaftigkeit gegen sich selbst, gegenüber dem eigenen Gewissen. Hier gibt es unter allen Umständen nicht das leiseste Kompromiß, nicht die kleinste Abweichung, die sittlich zu rechtfertigen wäre. Wer gegen diese Forderung verstößt, vielleicht um irgendeinen augenblicklichen äußeren Vorteil zu gewinnen, indem er bewußt die Augen verschließt gegen die richtige Einschätzung der wirklichen Lage, der gleicht einem Verschwender, der sein Besitztum gedankenlos verschleudert, und der unweigerlich eines Tages für seinen Leichtsinn entsprechend schwer büßen muß.

Diese absoluten Werte in Wissenschaft und Ethik sind es, denen zuzustreben die eigentliche Aufgabe eines jeden geistig regsamen Menschen ausmacht, eine Aufgabe, die immer wieder in der einen oder anderen Form, entsprechend der jeweiligen Forderung des Tages, an ihn herantritt. Daß sie niemals ein Ende findet, dafür sorgt das von manchen Scheinproblemen durchsetzte, aber auch stets echte Probleme in unaufhörlichem Wechsel schaffende, uns alle beständig zu neuer Arbeit rufende werktätige Leben. Denn die Arbeit ist das, was unserem Lebensschiff erst den richtigen Tiefgang gibt, und für die Einschätzung des Wertes dieser Arbeit gibt es ein untrügliches Merkmal altehrwürdigen Ursprungs, ein Wort, das für alle Zeiten das letzte maßgebende Urteil ausspricht: An ihren Früchten sollt Ihr sie erkennen!

Gottfried Wilhelm Leibniz zur 300. Wiederkehr
seines Geburtstags (1. Juli 1646)

Von Max Planck[1]

Es ist eine ebenso schwierige wie verlockende Aufgabe, sich im einzelnen klarzumachen, was Leibniz dem Gegenwartsmenschen zu sagen hat. Erschöpfend läßt sie sich schon deshalb nicht behandeln, weil zur vollständigen Erfassung der geistigen Bedeutung dieses genialen Mannes eine Universalität der Bildung gehören würde, die nach ihm von keinem Sterblichen mehr erreicht worden ist. Aber auch jeder Versuch dazu wird ein gewisses Interesse beanspruchen dürfen, da auch eine einseitige Beleuchtung, wenn man sich nur ihrer Beschränktheit bewußt bleibt, und wenn man ihre Ergänzung durch andere Beleuchtungen offen läßt, zur Erkenntnis eines Gegenstandes beitragen kann, ähnlich wie durch verschiedene spezielle Flächenprojektionen schließlich auch ein plastisches Bild zu gewinnen ist.

Wenn wir uns die Frage stellen, inwieweit das Lebenswerk von Leibniz in die Gegenwart fortwirkt, so muß vor allem ein charakteristischer Umstand ins Auge fallen, der sich, mag man irgendeine beliebige Art seiner Tätigkeit betrachten, immer wieder herausstellt. Leibniz war Fachmann und Forscher in der Jurisprudenz, Historie, Religionswissenschaft, Staatswissenschaft, Mathematik, Naturwissenschaft, Technik, und auf jedem dieser Gebiete hat er Spuren seiner schöpferischen Arbeit hinterlassen, ohne daß man sagen kann, daß dabei, im großen gesehen, eines von ihnen besonders in den Vordergrund tritt. Aber ein gemeinsamer Unterschied ergibt sich, sobald man nicht nach Fächern, sondern nach Zielsetzungen innerhalb eines Faches ordnet. Je höher und weiter das Ziel, desto nachhaltiger und kräftiger die Wirkung bis in die Gegenwart. Von der schier unermeßlichen Fülle seiner Untersuchungen sind diejenigen am frühesten verblaßt, welche sich auf Lösungen naheliegender praktischer Aufgaben, auf unmittelbar Nützliches bezogen. Kalender-Reform, die Verbesserung der Seidenraupenzucht, die Erfindung der Rechenmaschine, die chemischen und alchimistischen

---

[1] Wir danken Hrn. Geheimrat Planck für die Überlassung des Manuskripts einer Ansprache, die er am 27. Juni 1935 in der Sitzung der Preuß. Akademie der Wissenschaften in Berlin gehalten hat und die bisher lediglich in den Sitzungsberichten der Akademie veröffentlicht worden war.

Studien, um nur einige hervorragende zu nennen, sind heute überholt und mehr oder weniger vergessen. Dagegen seine Infinitesimalrechnung, sein Prinzip der kleinsten Wirkung, seine allgemeine Staats- und Rechtslehre, seine philosophischen Ideen haben ihre Bedeutung bis auf die Gegenwart bewahrt und stehen gerade jetzt wieder im Vordergrund des allgemeinen Interesses.

Wenn man versucht, den Punkt, in welchem Leibniz die moderne Denkrichtung am unmittelbarsten beeinflußt, mit einem kurzen Wort zu charakterisieren, so kann man ihn vielleicht mit dem erst jetzt wieder nach seiner vollen Bedeutung gewürdigten Begriff der Ganzheit kennzeichnen. Dieser Begriff steht bei Leibniz von Anfang an im Mittelpunkt seines Denkens, er gehört mit zum Wesen seiner Anschauungsweise und entspricht ganz der Vielseitigkeit seiner praktischen Interessen. Bei jedem Erlebnis, bei jeder Untersuchung, bei jeder Gestaltung sucht Leibniz nach Zusammenhängen und Wechselbeziehungen, kein Stück der Natur oder des Geisteslebens betrachtet er als von den anderen isoliert, alle stehen vielmehr miteinander in Übereinstimmung und Harmonie. Daher kann auch keines von ihnen ohne das andere in seiner vollen Gesetzlichkeit begriffen werden, in jeder einzelnen Monade spiegelt sich das ganze Universum. Dementsprechend gibt es auch nirgends in der Welt scharfe Trennungslinien, jede Grenze ist fließend, überall finden sich stetige Übergänge, ausnahmslos herrscht das Hauptprinzip der Kontinuität.

Diese grundsätzliche Einstellung gibt auch den Schlüssel für die persönliche Haltung, die Leibniz den an ihn herantretenden praktischen Problemen gegenüber einnahm. Bei dringenden Kontroversen auf wirtschaftlichem, religiösem, politischem Gebiet nahm er nie einseitig Partei. Stets hatte er Verständnis auch für den anderen Standpunkt und eignete sich daher auch vorzüglich für die Rolle eines Vermittlers bei der Abwicklung schwieriger Angelegenheiten, was ihm von übelwollender Seite mehrfach den Vorwurf des Geschäftsgeistes und der Wichtigtuerei, ja der Charakterlosigkeit eintrug, aber mit Unrecht. Wohl war er unermüdlich tätig in seinen Bestrebungen zur geistigen und wirtschaftlichen Zusammenführung der Völker, in der Förderung gegenseitigen Verständnisses, in der Ausgleichung von Mißverständnissen und Widersprüchen, so unter anderem durch seine Versuche zur Einigung der verschiedenen christlichen Bekenntnisse, zur Schaffung einer Weltsprache, zur Gründung wissenschaftlicher Akademien. Aber wenn er zwischen Dogmatismus und Freigeisterei die mittlere Linie einzuhalten strebte, so ist das keineswegs ein Ausfluß lauer oder skeptischer Gesinnung. Niemand war tiefer religiös veranlagt und niemand hat schärfere Worte gegen die Gefahren des Atheismus gefunden als der Verfasser der Theodizee. Und daß er bei allen seinen kosmopolitischen Interessen ein stark ausgeprägtes Nationalgefühl besaß und mit allen Fasern seines Herzens an seinem deutschen Vaterlande hing, läßt sich unschwer an zahlreichen Belegen nachweisen.

Freilich steht dieser einzigartigen Universalität auch ihre verhängnisvolle Kehrseite gegenüber. Es ist eine bekannte Tatsache, daß das Bestreben, eine Sache stets von allen Seiten zu beleuchten und keinen Gesichtspunkt aus dem Auge zu lassen, leicht einen lähmenden Einfluß ausübt auf den Willen zur Innehaltung einer bestimmten Richtung. Es fehlte Leibniz, wie Adolf v. Harnack es gelegentlich ausdrückte, an der Kraft der Exklusive, an jener gesunden Einseitigkeit, ohne die es nun einmal nicht möglich ist, durch kräftigen Vorstoß einen durchschlagenden Erfolg zu erzielen, und damit steht wohl der eigentümliche Umstand in Zusammenhang, dessen wir schon anfangs gedachten und der über das äußere Schicksal des großen Mannes den Schleier der Tragik breitete. Je konkreter die Aufgabe war, desto weniger Erfolg war seinen Bemühungen beschieden. Weder auf politischem, noch auf religiösem, noch auf sozialem Gebiet gelang es ihm, irgendeinen seinen hohen Zielen entsprechenden nachhaltigen Fortschritt zu erzielen, zu weit war er überall seiner Zeit voraus.

Aber im ganzen lagen seine sichtbaren Erfolge nicht auf speziell organisatorischem, sondern auf allgemein wissenschaftlichem, vornehmlich philosophischem Gebiete. Immer stand dabei im Vordergrund seiner Betrachtungen das Prinzip der Kontinuität und leitete ihn zu Fragestellungen, die noch heute die wissenschaftliche Forschung beschäftigen. In einer der wichtigsten, ja vielleicht in der allerwichtigsten Frage, nämlich derjenigen, welche das Verhältnis des Physischen zum Psychischen betrifft, hat er nach dieser Richtung einen auch für die Gegenwart bedeutungsvollen Fortschritt angebahnt, indem er der Grenzlinie der beiden Gebiete nachging und dabei die Vorgänge im schwachbewußten oder unterbewußten Seelenleben aufdeckte, die „petites perceptions", Vorgänge, die noch nicht vollständig zu den bewußten gerechnet werden können, die aber doch dicht an der Schwelle des Bewußtseins liegen und deren ungeheure praktische Bedeutung für alle Willenshandlungen jetzt immer mehr erkannt wird.

Wie verhalten sich nun die Gesetze der physischen zu denen der psychischen Welt? Wie erklärt es sich, daß zwischen dem Ablauf der Vorgänge in der Außenwelt und den Gesetzen unseres Denkens eine so weitgehende Übereinstimmung besteht? Denn von vornherein muß es uns doch als das größte Rätsel erscheinen, wieso es kommt, daß wir Menschen die Fähigkeit besitzen, künftige Ereignisse in der Natur oder auch im Geistesleben anderer Menschen bis zu einem gewissen Grade vorauszusehen, und zwar um so genauer und vollständiger, je genauer und vollständiger wir die zeitlich und räumlich benachbarten Ereignisse kennen. Die oft versuchte Erklärung, daß wir eben einfach unsere eigenen Denkgesetze der Außenwelt aufprägen bzw. ihr anpassen, klingt zwar sehr verheißungsvoll und tiefsinnig, führt aber doch bei weiterer Verfolgung unweigerlich in die Irre. Denn jede Erkenntnistheorie, welche als einzige Richtschnur die formalen Gesetze des Denkens anerkennt und sich darauf beschränkt, diese Gesetze auf die Gegebenheiten des Erlebens anzuwenden, muß in letzter Linie stets bei einem unvernünftigen Solipsismus enden. Das ist ein positiver Tatbestand, dessen grundlegende Bedeutung für die Philosophie niemals scharf genug betont werden kann und der gegenüber den unaufhörlichen gegenteiligen Bemühungen immer wieder aufs neue in allen Einzelheiten klargelegt zu werden verdient. Denn nur von da aus läßt sich eine sachgemäße Einstellung zu den Hauptproblemen der Erkenntnistheorie gewinnen.

So bleibt die einfache Tatsache der Übereinstimmung der Denkgesetze mit den Naturgesetzen als ein ewig wunderbares Geheimnis bestehen, dessen Reiz den forschenden Menschengeist unaufhörlich zu Bemühungen antreiben wird, seinen Inhalt der Anschauung näher zu bringen. Die Stellung, die Leibniz ihm gegenüber einnahm, hat er selber in seinem berühmten Gleichnis mit den beiden gleichgehenden Uhren sinnfällig dargelegt.

Wie können wir es begreifen, wenn zwei verschiedene Uhren in ihrem Gang für alle Zeiten absolut genau übereinstimmen? Er sieht dafür drei Möglichkeiten: 1. Die Uhrwerke sind miteinander so eng gekoppelt, daß sie sich in ihrem Gang gegenseitig beeinflussen und dadurch regulieren. 2. Die Uhrwerke sind unabhängig voneinander, aber es steht ein Uhrmacher dabei, der auf ihren Gang aufpaßt und sie fortwährend korrigiert. 3. Die Uhrwerke sind unabhängig voneinander und werden auch von niemand kontrolliert. Aber sie sind von vornherein so genau gearbeitet, daß sie keiner Korrektur bedürfen und aus innerer Notwendigkeit für immer gleichmäßig gehen.

Leibniz entscheidet sich für die dritte Möglichkeit und formuliert damit das Prinzip der prästabilierten Harmonie zwischen Seele und Leib. Danach sind direkte Wechselwirkungen immer nur scheinbar, die Monaden haben keine Fenster, jede entwickelt sich nach ihren eigenen Gesetzen; aber diese Gesetze sind von vornherein so beschaffen, daß sie miteinander übereinstimmen. Der hier zugrunde gelegte Gedanke, welcher alle Kausalität an den Anfang verlegt, führt naturgemäß zu der Voraussetzung einer von vornherein waltenden allumfassenden Vernunft, eines göttlichen Schöpfers, in dem sich die höchste Kraft der Erkenntnis: die absolute Weisheit, mit der höchsten Kraft des Willens: der absoluten Gerechtigkeit und Güte, vereinigt. Und der Plan der Schöpfung gipfelt in dem Hauptsatz der Theodizee, daß unter allen von vornherein möglichen Welten die wirkliche Welt die beste ist.

Dieser Satz mag uns heute, da es immer schwerer fällt, in der Richtung der Menschheitsentwicklung einen vernünftigen Sinn zu finden, ob seiner Kühnheit fast grotesk anmuten. Ob Leibniz ihn gegenüber den Geschehnissen der Gegenwart, den Schrecken des Weltkrieges, dem allgemeinen gegenseitigen Mißtrauen und der weitgehenden Demoralisation der Völker noch aufrechterhalten würde? Wir müßten diese Frage auch dann bejahen, wenn wir nicht wüßten, daß Leibniz weder durch die grauenvollen Verwüstungen des Dreißigjährigen Krieges, in dessen Zeit seine ersten beiden Lebensjahre noch hineinreichen, noch durch die darauffolgende tiefe Erniedrigung seines Vaterlandes sich in seiner Weltanschauung irre machen ließ. Denn entscheidend ist allein der Umstand, daß der Inhalt der Theodizee sich aus der Geschichte überhaupt weder bestätigen noch widerlegen läßt. Er stellt sich vielmehr dar nicht als Ergebnis irgendwelcher Erfahrungen, sondern er bildet die Voraussetzung und den Ausgangspunkt der Leibnizschen Weltanschauung. Nach ihr läßt sich jeder scheinbare Widerspruch, jedes Leid, jede Ungerechtigkeit, die in der Welt vorkommt, immer darauf zurückführen, daß unser beschränkter menschlicher Verstand nicht fähig ist, den ganzen Zusammenhang zu erkennen, in welchem das einzelne Ereignis zu dem gesamten Schöpfungsplan steht. Wie durch Zerstörung eines einzelnen Teiles das Ganze gefördert werden kann, so vermag ein lokales Übel zur Verbesserung und Vervollkommnung der Allgemeinheit beizutragen. Es ist auch wohl nicht reiner Zufall, daß die Theodizee das einzige größere philosophische Werk ist, welches Leibniz selbst vollendet und herausgegeben hat. In anderen Fragen blieb er zeitlebens ein Suchender und gelangte nicht zu einem endgültigen Abschluß; hier dagegen fühlte er sich von vornherein auf festem Boden, auf dem Boden der grundsätzlichen Lebensbejahung, aus dem er immer wieder in allen seinen vielen geistigen und körperlichen Nöten Kraft und Nahrung zog, auch in diesem Sinn ein Vorbild für alle, die nach ihm kommen, und nicht zuletzt für seine Akademie.

Max Plancks wissenschaftliche Leistung

Von Armin Hermann

Plancks epochale wissenschaftliche Leistung war zur Jahrhundertwende die
Begründung der Quantentheorie. Ohne sich zunächst über die Tragweite
seines neuen Ansatzes klar zu sein, vollzog er den ersten Schritt weg von
der alten, klassischen Physik des 19. Jahrhunderts und hin zur modernen
Wissenschaft.

Eine physikalische Theorie läßt sich nach zwei Kriterien beurteilen:
nach ihrer philosophisch-erkenntnistheoretischen Bedeutung und nach
den technischen Anwendungen, die sie zur Folge hat. Nach beiden Kriterien
ist die Quantentheorie die mit Abstand wichtigste Gedankenschöpfung des
gesamten 20. Jahrhunderts.

Beispiele für die technischen Anwendungen sind der Maser und der
Laser sowie der Transistor, d. h. die gesamte Mikroelektronik. Was die
philosophisch-erkenntnistheoretische Bedeutung betrifft, sei nur die Wi-
derlegung des sogenannten „Determinismus" erwähnt, der das Denken des
18. und 19. Jahrhunderts beherrscht hatte. In seiner berühmten Unschär-
ferelation von 1927 sagt Werner Heisenberg, daß die Voraussetzungen, auf
denen der Determinismus beruht, prinzipiell nicht erfüllt werden können. Damit löste sich das Problem der Willensfreiheit, eines der „Sieben
Welträtsel", die Emil Du Bois-Reymond 1880 formuliert hatte: Das Weltge-
schehen ist nicht determiniert, die Willensfreiheit des Menschen ist keine
Fiktion.

Der Aufbau der Quantentheorie nahm fast drei Jahrzehnte in Anspruch,
von 1900 bis 1927, und nach und nach beteiligten sich daran fast alle führenden Physiker. Zuletzt mögen es etwa drei- bis vierhundert meist sehr junge
Wissenschaftler gewesen sein. Einer von ihnen, der aus Wien stammende
und später in die Vereinigten Staaten emigrierte Victor F. Weisskopf, hat
das bekannte Wort Churchills über die Rolle der britischen Jagdflieger in
der Luftschlacht um England 1940 auf die Quantenphysik übertragen und
gesagt: „Selten, vielleicht noch nie in der Geistesgeschichte, haben so wenig
Leute so viel in so kurzer Zeit erreicht." In der Tat kann man die Quantentheorie die größte Kulturleistung des Menschen im 20. Jahrhundert
nennen.

Als Max Planck einmal nach den genaueren Umständen seiner Entdeckung gefragt wurde, sprach er von einem „Akt der Verzweiflung": Von Natur sei er „friedlich und bedenklichen Abenteuern abgeneigt." Und doch hat der vorsichtige und konservative Max Planck den Umsturz im Weltbild der Physik eingeleitet.

Seit 1889 wirkte er als Professor der theoretischen Physik an der Friedrich-Wilhelms-Universität in Berlin. Von Anfang an hat er rege am wissenschaftlichen Leben in der Reichshauptstadt teilgenommen. Unter seiner aktiven Mitwirkung entstand 1899 aus der alten, 1845 gegründeten Physikalischen Gesellschaft zu Berlin die (heute noch existierende) Deutsche Physikalische Gesellschaft.

Zur Jahrhundertwende ging es hauptsächlich um die Eigenschaften der von erhitzten Körpern ausgesandten Wärmestrahlung. Man denke dabei an einen rotglühenden Kanonenofen oder eine elektrisch geheizte Kochplatte. Für die Verteilung der Strahlungsenergie auf die einzelnen Spektralbereiche (oder Farben) hatte der Physiker Wilhelm Wien eine Formel angegeben, die zunächst als richtig angesehen wurde. Die fortgesetzten Messungen, insbesondere die von Heinrich Rubens und Ferdinand Kurlbaum an der Physikalisch-Technischen Reichsanstalt, zeigten aber Abweichungen bei hohen Temperaturen und langen Wellen. Max Planck zog daraus den richtigen Schluß, daß die Wiensche Strahlungsformel „den Charakter eines Grenzgesetzes hat, dessen überaus einfache Form nur einer Beschränkung auf kurze Wellenlängen bzw. tiefe Temperaturen ihren Ursprung verdankt". Am 19. Oktober des Jahres 1900 teilte er bei einer Sitzung der Deutschen Physikalischen Gesellschaft zum ersten Mal sein neues Strahlungsgesetz mit. Er hatte es durch eine tiefsinnige, den Charakter der beiden Grenzgesetze (Wien bzw. Rubens/Kurlbaum) erfassende Interpolation abgeleitet.

Am darauffolgenden Tag erhielt Planck Besuch des Kollegen Rubens. Dieser berichtete, er habe noch in der Nacht das neue Plancksche Strahlungsgesetz mit seinen Meßdaten verglichen „und überall eine befriedigende Übereinstimmung gefunden".

Planck hatte sich schon sechs Jahre lang mit der Wärmestrahlung beschäftigt. Ein schöner Erfolg war ihm bereits 1899 beschieden gewesen. Er hatte eine neue Naturkonstante entdeckt, die man später das „Plancksche Wirkungsquantum" nannte und mit h bezeichnete. Ein neues wichtiges Ergebnis war im Oktober 1900 das Plancksche Strahlungsgesetz. Jetzt aber stellte sich die schwierigste Aufgabe: das neue Strahlungsgesetz aus den Prinzipien der Physik herzuleiten.

Das geschah innerhalb von wenigen Wochen. „Meine neue Formel ... bestätigt sich gut", heißt es in einem Brief Plancks vom 13. November 1900:

„Ich habe jetzt auch eine Theorie dazu, die ich in vier Wochen hier in der Physikalischen Gesellschaft vortragen werde." Auf der Sitzung am 14. Dezember 1900 hielt Planck nacheinander zwei Referate. Das entscheidende war das zweite mit dem Titel: „Zur Theorie des Gesetzes der Energieverteilung im Normalspektrum." Diesen Vortrag betrachten wir heute als den „Geburtstag der Quantentheorie".

Planck ging es darum, seine Untersuchungen über die Wärmestrahlung endlich zum Abschluß zu bringen. Dabei offenbarte er eine gewisse, ihm sonst fremde Ungeduld, und einige Ableitungen waren nicht ganz einwandfrei. Dabei machte er zum ersten Mal von einer Quantenformel Gebrauch und schrieb $\varepsilon = h \cdot v$. Die Formel bezieht sich nicht auf ein Atom, sondern auf ein artifizielles Mikrogebilde, einen sogenannten Oszillator, der elektromagnetische Strahlungsenergie der Frequenz v absorbiert und emittiert; h ist das Plancksche Wirkungsquantum. ε bedeutet die kleinste Energiemenge, die der Oszillator abgibt oder aufnimmt.

Ein Produkt ist dann und nur dann Null, wenn einer der Faktoren Null ist. Das ist im vorliegenden Fall nicht der Fall. Also ist ε eine zwar kleine, aber nicht unendlich kleine Größe. Und das ist ein Widerspruch zur klassischen Physik. „Natura non facit saltus", hatte Gottfried Wilhelm Leibniz konstatiert. Die Natur macht keine Sprünge. Die Plancksche Formel aber postuliert Energiesprünge. Das sind die später sogenannten „Quantensprünge".

Auf Spaziergängen im Grunewald soll Planck damals um die Jahrhundertwende seinem jüngsten Sohn, dem siebenjährigen Erwin, von einer epochalen Entdeckung erzählt haben, die ihm geglückt sei. Zeitgenössische schriftliche Zeugnisse darüber gibt es nicht. Offenbar wurde die Story in Physikerkreisen weitergetragen:

Sohn Erwin Planck hat aus dieser Zeit einmal berichtet, daß er mit dem Vater im Grunewald spazieren gegangen sei und daß Planck dem Sohn den ganzen Spaziergang über aufgeregt und beunruhigt über die Resultate seiner Untersuchungen erzählt habe. Er habe ihm etwa gesagt: Entweder ist das, was ich da jetzt herausbekommen habe, alles vollständiger Unsinn, oder es handelt sich vielleicht um eine der größten Entdeckungen der Physik seit Newton.

So hat es Werner Heisenberg einmal in einer Festrede erzählt. Ein anderer Bericht stammt von Arnold Sommerfeld, der sich auf den Naturphilosophen Bernhard Bavink berief. Bavink soll die Story direkt von Erwin Planck erfahren haben:

Der Vater habe ihm [d. h. Erwin] um das Jahr 1900 bei einem Spaziergang im Grunewald gesagt: „Heute habe ich eine Entdeckung gemacht, die ebenso wichtig ist wie die Entdeckung Newtons."

Planck war ein bescheidener Mann. Hat er wirklich, um sich seinem damals siebenjährigen Sohn verständlich zu machen, solche ihm sonst fremden Superlative gebraucht? Die Geschichte der Physik ist nicht arm an Legenden. Der Verfasser war deshalb lange skeptisch, bis ihm der Göttinger Physiker Robert Pohl ausdrücklich bestätigte: Er habe selbst die Story von Erwin Planck gehört.

Den Planckschen Quantenansatz $\varepsilon = h \cdot v$ würde man heute vielleicht wirklich als „eine der größten Entdeckungen seit Newton" bezeichnen. Die Bedeutung dieses Ansatzes kannte aber damals noch niemand. Planck war sich nicht bewußt, damit die bisherige Physik, die man später die „klassische" nannte, verlassen und ein neues Paradigma begründet zu haben.

Was hatte Planck aber dann mit „einer der größten Entdeckungen seit Newton" gemeint? Darüber gibt ein Brief Auskunft, den Robert Pohl 1972 an den Verfasser gerichtet hat:

Bei einer unserer Bootsfahrten sagte mir Erwin spontan: „Vater weiß nach seinen eigenen Worten, daß seine Entdeckung der neuen Naturkonstanten die gleiche Bedeutung hat, wie die von Kopernikus." Deswegen habe ich nach Plancks Tod dafür gesorgt, daß die Konstante mit ihrem numerischen Wert unten auf Plancks Grabstein angebracht wurde.

Diese Mitteilung von Robert Pohl macht Sinn. Die Bedeutung der Formel $\varepsilon = h \cdot v$ als Entree in eine neue physikalische Welt hatte damals niemand verstanden, auch Planck selbst nicht. Was er aber erkannt hatte, war die Bedeutung der Naturkonstanten h. In der Naturkonstanten h erblickte er eine „absolute Gegebenheit". Wir haben es schon erwähnt: Unter dem „Absoluten" verstand Planck das, was Platon eine „Idee" nannte im Unterschied zu den realen Phänomenen:

Ausgehen können wir immer nur vom Relativen. Alle unsere Messungen sind relativer Art. Das Material der Instrumente, mit denen wir arbeiten, ist bedingt durch den Fundort, von dem es stammt, ihre Konstruktion ist bedingt durch die Geschicklichkeit des Technikers, der sie ersonnen hat, ihre Handhabung ist bedingt durch die speziellen Zwecke, die der Experimentator mit ihnen erreichen will. Aus allen diesen Daten gilt es das Absolute, Allgemeingültige, Invariante herauszufinden, was in ihnen steckt.

Soweit Planck in seiner „Wissenschaftlichen Selbstbiographie". Als schönste und höchste Forschungsaufgabe erschien ihm immer die „Suche nach dem Absoluten", und in der Naturkonstanten h hatte er das Absolute gefunden. Das macht verständlich, daß er gegenüber seinem Sohn von „einer der größten Entdeckungen der Physik seit Newton (oder Kopernikus)" sprach.

Im Zusammenhang mit der Herleitung seines Strahlungsgesetzes hat Planck von einem „Opfer" an seinen bisherigen physikalischen Überzeugungen gesprochen. Auch das darf nicht auf die Quantensprünge, d. h. unstetige Energieübergänge, bezogen werden. Wie gesagt war diese Konsequenz zur Jahrhundertwende noch nicht absehbar.

Heute ist dem Physiker selbstverständlich, daß die Materie atomistisch konstituiert ist. Mit dieser Vorstellung hatte der geniale österreichische Physiker Ludwig Boltzmann mit Hilfe der Wahrscheinlichkeitsrechnung bereits 1877 die Verteilung der Energie auf die einzelnen Gasmoleküle ermittelt. Planck war ein entschiedener Gegner dieser Auffassung. Jetzt aber, Ende des Jahres 1900, geriet er in eine Zwangslage. Er mußte „um jeden Preis", wie er sagte, „und wäre er noch so hoch", eine theoretische Deutung seines Strahlungsgesetzes finden: „Da sich mir aber nun kein anderer Ausweg öffnete, so versuchte ich es mit der Methode Boltzmann." In einem „Akt der Verzweiflung", wie er sich ausdrückte, griff nun auch Planck zur Berechnung von Wahrscheinlichkeiten. Um Statistik treiben zu können, hatte Boltzmann in Gedanken die Gesamtenergie des Gases in bestimmte Elemente ε geteilt. ε ist eine beliebig kleine Energieportion. Nach der Rechnung vollzog Boltzmann dann den Grenzübergang $\varepsilon \rightarrow 0$. Damit verschwand die Hilfsgröße ε aus seinen Formeln.

Nach diesem Beispiel ging nun auch Max Planck vor. Es gelang ihm, für die elektromagnetischen Oszillatoren einen Ausdruck herzuleiten. (Für den Fachmann sei bemerkt, daß es sich um die „Entropie" handelte.) Dieser Ausdruck zeigt eine „ins Auge springende" Übereinstimmung mit einem anderen Ausdruck, den Planck direkt aus seiner Strahlungsformel gewonnen hatte und der deshalb die experimentell ermittelte Realität repräsentierte. Um vollends Identität der beiden Ausdrücke zu erreichen, mußte Planck setzen

$$\varepsilon = h \cdot \nu.$$

Anders als Boltzmann konnte also Planck den Grenzübergang $\varepsilon \rightarrow 0$ nicht ausführen. Ihm blieb nichts übrig, als diese Formel stehen zu lassen, wie sie war, und er kommentierte: „Das war eine rein formale Annahme, und ich dachte mir eigentlich nicht viel dabei.“

Wie ging die Entwicklung weiter? Die Physiker Lord Rayleigh, James Jeans und Hendrik Antoon Lorentz wollten das Rad zurückdrehen. Sie argumentierten, daß die Formel $\varepsilon = h \cdot v$ nicht stimmen könne und daß $h = 0$ gesetzt werden müsse. Folglich könne auch die Plancksche Strahlungsformel nicht stimmen. Als der große niederländische Theoretiker Lorentz solche Gedankengänge beim Internationalen Mathematikerkongreß in Rom im April 1908 vortrug, war Wilhelm Wien empört:

Der Vortrag, den Lorentz in Rom gehalten hat, hat mich schwer enttäuscht. Daß er weiter nichts vorbrachte, als die alte Theorie von Jeans ohne irgendeinen neuen Gesichtspunkt hineinzubringen, finde ich etwas dürftig. Außerdem liegt die Frage, ob man die Jeanssche Theorie für diskutabel halten soll, auf experimentellem Gebiet … Lorentz hat sich diesmal nicht als Führer der Wissenschaft erwiesen.

Der erste, der sich weiter nach vorne wagte, war Albert Einstein. Wir kommen damit zum Jahr 1905. Einstein veröffentlichte damals zwei epochale Arbeiten: die Lichtquantenhypothese und die Spezielle Relativitätstheorie. Wie hat Max Planck reagiert? Man sollte denken, daß er die Lichtquantenhypothese als zweiten Schritt in der Entwicklung der Quantentheorie lebhaft begrüßte. Man könnte weiter denken, daß er die Spezielle Relativitätstheorie ablehnte, denn mit diesem Fragenkreis hatte er sich noch nicht beschäftigt.

In Wirklichkeit war es in beiden Fällen gerade umgekehrt. Planck gehörte zu den Konservativen. Diese Lebenseinstellung machte sich in der Politik wie in der Wissenschaft geltend. Den Wilhelminischen Staat wie die elektromagnetische Wellentheorie des Lichtes betrachtete er als ehrwürdige und „nachgerade sehr stark fundierte Gebäude“. Deshalb wandte er sich entschieden gegen die Lichtquantenhypothese:

Die Huygenssche Wellentheorie und die Maxwell-Hertzsche Elektrodynamik, die zu den stärksten Erfolgen der Physik, ja der Naturforschung überhaupt gehören, sollen preisgegeben werden um einiger noch recht anfechtbarer Betrachtungen willen? Da bedarf es denn doch noch schwereren Geschützes, um das nachgerade sehr stark fundierte Gebäude der elektromagnetischen Lichttheorie ins Wanken zu bringen.

Gegen die Einsteinsche Korpuskulartheorie des Lichtes schien Planck „die größte Vorsicht geboten“. Mit anderen Worten: Er hielt sie für falsch.

Dabei war er sich über die Genialität des zwanzig Jahre jüngeren Kollegen völlig im klaren. In einem fulminanten Gutachten findet sich als einzige Einschränkung der Satz, daß Einstein mit seinen Spekulationen über die Lichtquanten „über das Ziel hinausgeschossen" habe.

Wir haben gefragt, wie Planck die beiden großen Arbeiten Einsteins von 1905 beurteilt hat. Die Lichtquantenhypothese, mit der Einstein den Quantenansatz Plancks aufgriff und weiterentwickelte, lehnte er also ab. Dagegen war Planck von der Speziellen Relativitätstheorie fasziniert und sogleich überzeugt. In einem Brief Plancks an Einstein vom 7. Juli 1907 findet sich der hübsche Satz: „Solange die Vertreter des Relativitätsprinzips noch ein so bescheidenes Häuflein bilden, wie es jetzt der Fall ist, ist es von doppelter Wichtigkeit, daß sie untereinander übereinstimmen."

Plancks Begeisterung für die Spezielle Relativitätstheorie läßt sich aus seiner wissenschaftlichen Weltanschauung verstehen. Wie schon gesagt: Als schönste und höchste Forschungsaufgabe erschien ihm das Suchen nach dem „Absoluten". In der Speziellen Relativitätstheorie verlieren Raum und Zeit ihren absoluten Charakter. Dagegen rückt die Lichtgeschwindigkeit als Naturkonstante und damit als „absolute Gegebenheit" ganz in den Mittelpunkt.

Als Planck die Arbeit Einsteins „Zur Elektrodynamik bewegter Körper" in den „Annalen der Physik" las, war für ihn die entscheidende Frage: Behält die von ihm entdeckte und für die Eigenschaften der Wärmestrahlung maßgebende Größe h ihren Charakter als Naturkonstante? Dazu gibt es einen interessanten Brief von Max Planck an seinen Jugendfreund und Kollegen Carl Runge vom 23. Februar 1908:

Interessant war mir immer, daß diese Naturkonstante auch dann invariant bleibt, wenn man, gemäß dem Relativitätsprinzip, von einem vorhandenen Koordinatensystem auf ein bewegtes übergeht, wobei doch fast alle übrigen Größen wie Raum, Zeit, Energie sich ändern. Dieser Umstand ist es gerade, der mich zur näheren Beschäftigung mit dem Relativitätsprinzip antrieb.

Deshalb also hat sich Planck sogleich für die Spezielle Relativitätstheorie interessiert! Es ging ihm um seine Naturkonstante h.

1918 erhielt Max Planck den Nobelpreis für Physik „in Anerkennung seiner Verdienste um die Entwicklung der Physik durch die Entdeckung des Wirkungsquantums". Schon zehn Jahre zuvor hätte er den Preis erhalten sollen.

Die Verleihung der Nobelpreise erfolgt häufig erst nach hin- und herwogenden Diskussionen. Ursprünglich waren die Protokolle Außenstehenden unzugänglich. Ende der siebziger Jahre hat die Schwedische Akademie der Wissenschaften beschlossen, alles Material, welches älter als fünfzig Jahre ist, der Forschung zugänglich zu machen. 1981 wurden bei einer Tagung die ersten Ergebnisse vorgelegt und anschließend publiziert.

Die Verleihung des Nobelpreises verläuft ähnlich wie die Berufung eines Universitätsprofessors. Es gibt für jeden Preis ein eigenes Komitee, vergleichbar einer Berufungskommission. Dieses Komitee bittet kompetente Fachleute – Ordinarien des Faches und frühere Preisträger – um Vorschläge.

1906 schlug Philipp Lenard, der Preisträger des Jahres 1905, Ludwig Boltzmann zum Nobelpreis vor. Dabei erwähnte er auch die „wichtigen Strahlungsgesetze des schwarzen Körpers":

Daß diese letzteren Gesetze ... zu den hervorragendsten Errungenschaften der neueren Physik gehören und daß sie also zur Grundlage einer Preiserteilung genommen zu werden verdienen, unterliegt wohl keinem Zweifel.

Explizit vorgeschlagen wurde Planck dann 1907 von Vilhelm Bjerknes in Stockholm sowie Anton Wassmuth in Graz und 1908 von Ivar Fredholm (ebenfalls Stockholm). In dem Vorschlag von Wassmuth heißt es:

Planck war es ..., der ausgehend von der elektromagnetischen Lichttheorie unter Benutzung einer unsterblichen Idee Boltzmanns ... auf *neuem, einwurfsfreiem* Wege zu dem nach ihm benannten, durch die Versuche vollständig bestätigten Strahlungsgesetze gelangte.

Da hatte der Kollege übertrieben. „Einwurfsfrei" war die Ableitung nicht. – Die Vorschläge gingen an das Nobelkomitee für Physik.

Die Hauptkandidaten waren im Jahre 1908 Gabriel Lippmann für sein Verfahren der Farbphotographie sowie Max Planck und Wilhelm Wien für die Wärmestrahlung. Wilhelm Wien wurde gestrichen, und schließlich ging der Vorschlag „Max Planck" an die Physikalische Klasse der Akademie. Hier kam auch die Quantenformel $\varepsilon = h \cdot v$ zur Sprache. Der Vorschlag des Komitees wurde mit einer Gegenstimme an die Gesamtakademie weitergereicht, bei der die letzte Entscheidung lag.

Hier brachte nun der bedeutende schwedische Mathematiker und Weierstraß-Schüler Magnus Gustav Mittag-Leffler den Vorschlag zu Fall. Planck habe die Ableitung seines Strahlungsgesetzes auf eine völlig neue Hypothese gegründet. Das sei die Hypothese der elementaren Wirkungsquanten. Diese könne jedoch kaum als plausibel angesehen werden. Obwohl das kein zwingender Grund sei, den Wert der Planckschen Untersuchung zu bestreiten, sei es doch wohl klüger, die endgültige Entscheidung zu vertagen.

Die Akademie folgte dieser Argumentation. So ging der Nobelpreis des Jahres 1908 nicht an Max Planck, sondern an Gabriel Lippmann. Vom heutigen Standpunkt muß man dazu sagen, daß der Mathematiker Mittag-Leffler den Unterschied zwischen Mathematik und theoretischer Physik zu wenig bedacht hat. Zu einem neuen Paradigma in der Physik gelangt man eben nur, wenn man Ansätze verwendet, die zunächst gar nicht einwandfrei begründet werden können. Die Berechtigung wird sich dann hinterher erweisen.

So kam es, daß Max Planck den Nobelpreis erst 1919 rückwirkend für 1918 zugesprochen erhielt. Entgegengenommen hat er den Preis bei der ersten Verleihung nach dem Weltkrieg im Juni 1920. Damals waren bereits Albert Einstein, Niels Bohr und Arnold Sommerfeld vorgeschlagen. Plancks Freund und Schüler Max von Laue hatte sich mit Erfolg an die Nobelstiftung gewandt: Es sei unmöglich, den Nobelpreis für eine Leistung auf dem Gebiete der Quantentheorie zu verleihen, bevor Max Planck, der Begründer der Theorie, den Preis erhalten habe.

Quellenverzeichnis

Brief von Max Planck an Heinrich Hertz vom 6. 7. 1890, Privatbesitz

Kondolenzbriefe anläßlich des Todes von Max Planck (4. 10. 1947)

von Erwin Schrödinger an Marga Planck vom 4. 10. 1947, Privatbesitz,
mit Genehmigung von Frau Ruth Braunizer, A-6236 Alpbach

von Albert Einstein an Marga Planck vom 10. 11. 1947, Privatbesitz,
mit Genehmigung des Albert Einsteinarchivs an der Hebräischen Universität Jerusalem, Israel

M. Planck: *Zur Geschichte der Auffindung des physikalischen Wirkungsquantums*, Vorträge und Erinnerungen, 5. Auflage, S. Hirzel, Stuttgart (1949), S. 15–27

M. Planck: *Die Entstehung und bisherige Entwicklung der Quantentheorie* (Nobelvortrag 1920), Vorträge und Erinnerungen, 5. Auflage, S. Hirzel, Stuttgart (1949), S. 125–138

M. Planck: *Persönliche Erinnerungen aus alten Zeiten*, Vorträge und Erinnerungen, 5. Auflage, S. Hirzel, Stuttgart (1949), S. 1–14

M. Planck: *Wissenschaftliche Selbstbiographie*, J. A. Barth, Leipzig (1948)

Zum 80. Geburtstag von Max Planck (23. 4. 1938) Akademische Verlagsgesellschaft, Frankfurt a. Main, Stimme der Wissenschaft, Begleitheft zur Schallplatte, S. 8–11

L. Meitner: *Max Planck als Mensch*, Die Naturwissenschaften 45 (1958), S. 406–408

M. Planck: *Dynamische und statistische Gesetzmäßigkeit*, Vorträge und Erinnerungen, 5. Auflage, S. Hirzel, Stuttgart (1949), S. 81–94

M. Planck: *Vom Relativen zum Absoluten*, Vorträge und Erinnerungen, 5. Auflage, S. Hirzel, Stuttgart (1949), S. 169–182

M. Planck: *Die Physik im Kampf um die Weltanschauung*, Vorträge und Erinnerungen, 5. Auflage, S. Hirzel, Stuttgart (1949), S. 285–300

M. Planck: *Vom Wesen der Willensfreiheit*, Vorträge und Erinnerungen, 5. Auflage, S. Hirzel, Stuttgart (1949), S. 301–317

M. Planck: *Religion und Naturwissenschaft*, Vorträge und Erinnerungen, 5. Auflage, S. Hirzel, Stuttgart (1949), S. 318–333

M. Planck: *Sinn und Grenzen der exakten Wissenschaft*, Vorträge und Erinnerungen, 5. Auflage, S. Hirzel, Stuttgart (1949), S. 363–380

M. Planck: *Scheinprobleme der Wissenschaft*, Vorträge und Erinnerungen, 5. Auflage, S. Hirzel, Stuttgart (1949), S. 350–362

M. Planck: *Gottfried Wilhelm Leibniz zur 300. Wiederkehr seines Geburtstags*, Zeitschrift für Naturforschung, Band 1, Heft 5 (1946)